U0680390

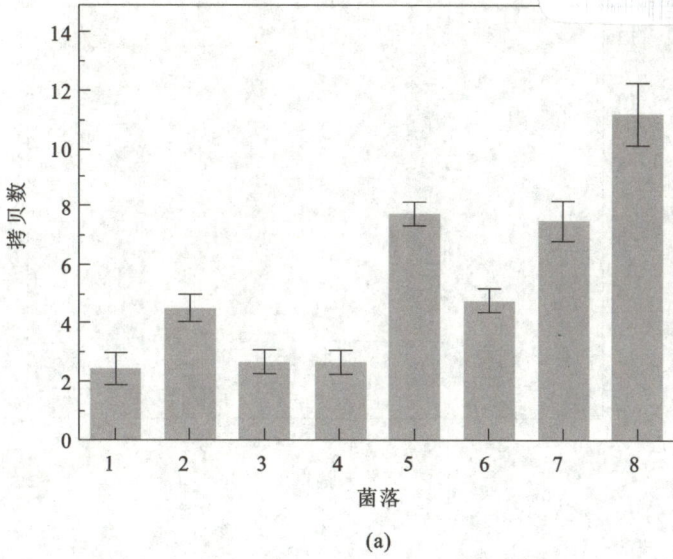

(a)

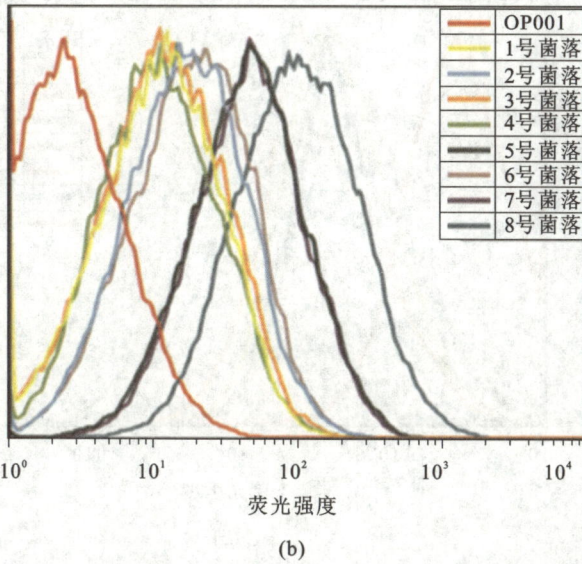

(b)

图 4-12   *gfpmut3a* 基因的拷贝数及 GFP 的荧光强度

(a) 拷贝数；(b) GFP 的荧光强度

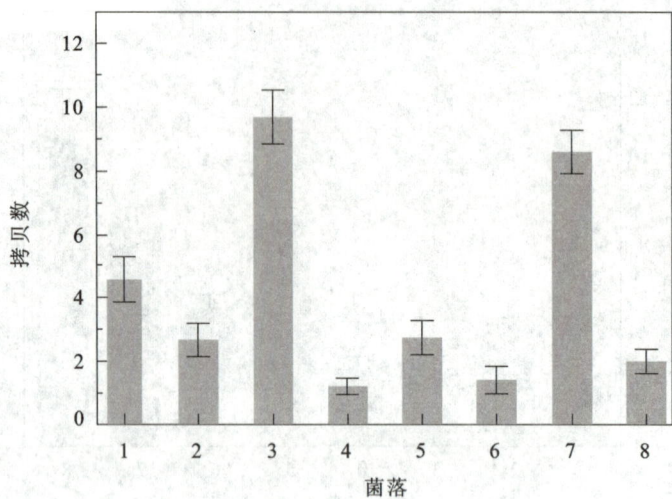

(a)

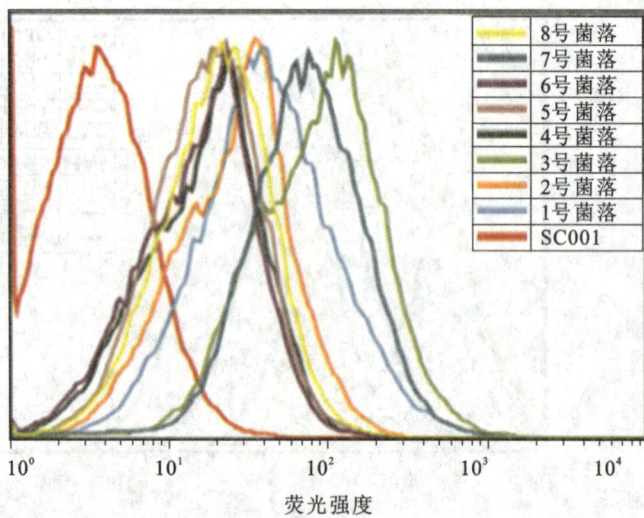

(b)

图 4-23 *gfpmut3a* 基因的拷贝数及 GFP 的荧光强度

（a）拷贝数；（b）GFP 的荧光强度

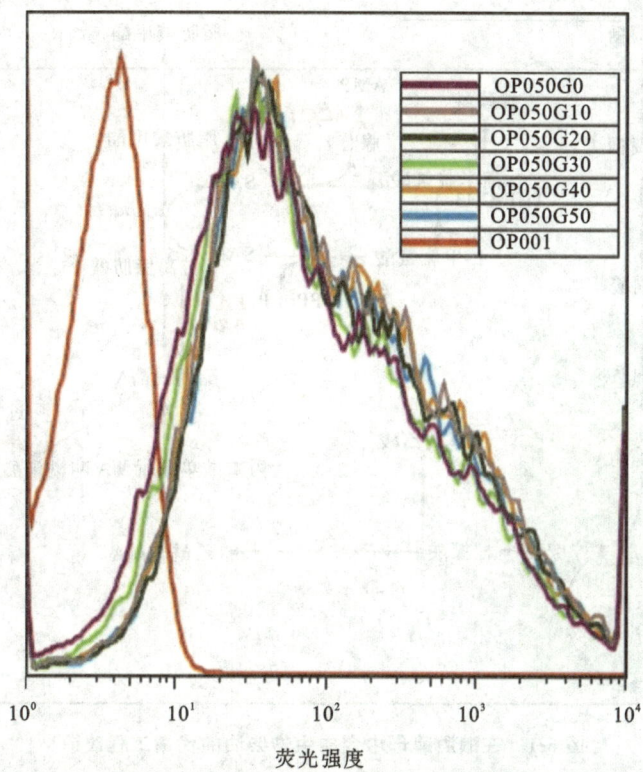

图 5-2 　菌株 OP050 不同代细胞的荧光强度

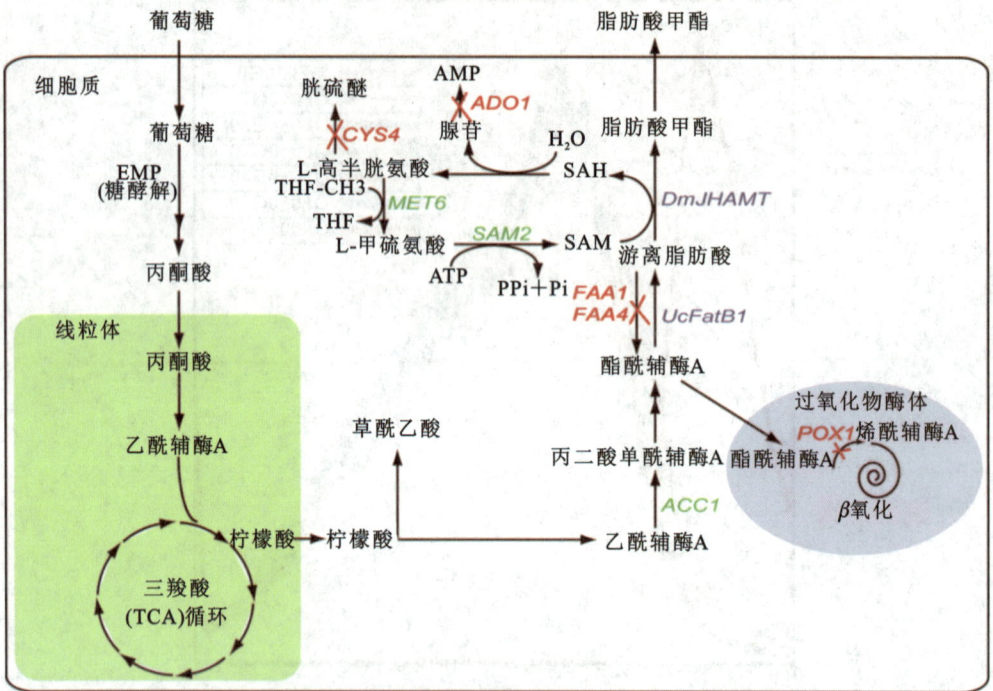

图 6-1　在酿酒酵母中合成生物柴油的代谢工程改造

注:黑色为内源代谢途径;蓝色基因为引入的外源基因;绿色基因表示需要过表达的基因;红色基因表示需要敲除的基因;红色叉号表示需要阻断的反应。

酵母基因组编辑技术的建立及应用

王来友 著

四川大学出版社
SICHUAN UNIVERSITY PRESS

图书在版编目（CIP）数据

酵母基因组编辑技术的建立及应用 / 王来友著 .
成都 : 四川大学出版社，2025. 6. -- ISBN 978-7-5690-
7875-6

Ⅰ. Q949.326.1

中国国家版本馆 CIP 数据核字第 2025W3M071 号

书　　名：酵母基因组编辑技术的建立及应用
　　　　　Jiaomu Jiyinzu Bianji Jishu de Jianli ji Yingyong
著　　者：王来友

选题策划：王　睿
责任编辑：王　睿
特约编辑：孙　丽
责任校对：蒋　玙
装帧设计：开动传媒
责任印制：李金兰

出版发行：四川大学出版社有限责任公司
　　　　　地址：成都市一环路南一段 24 号（610065）
　　　　　电话：（028）85408311（发行部）、85400276（总编室）
　　　　　电子邮箱：scupress@vip.163.com
　　　　　网址：https://press.scu.edu.cn
印前制作：湖北开动传媒科技有限公司
印刷装订：武汉乐生印刷有限公司

成品尺寸：170mm×240mm
印　　张：12.75
字　　数：254 千字

版　　次：2025 年 6 月 第 1 版
印　　次：2025 年 6 月 第 1 次印刷
定　　价：87.00 元

本社图书如有印装质量问题，请联系发行部调换

版权所有 ◆ 侵权必究

四川大学出版社
微信公众号

前　　言

酵母是一类兼性厌氧的单细胞真核微生物,在基础研究中常被用作真核生物基因功能和生理代谢机制研究的模式菌株。酵母在生物制造领域的应用研究中具有诸多优势:具有与哺乳动物细胞相似的蛋白翻译后修饰系统,利于外源蛋白的稳定高效表达;是公认安全(Generally Recognized as Safe,GRAS)的微生物,合成的生物产品不存在安全性问题等。目前,一些酵母已广泛用于生物制剂的合成,如酿酒酵母(*Saccharomyces cerevisiae*)和汉逊酵母(*Ogataea polymorpha*)。

高效的基因组编辑技术在基础和应用研究中具有关键作用。在汉逊酵母中已建立的基因组编辑技术有 PCR(Polymerase Chain Reaction,聚合酶链式反应)产物介导法、Cre-*loxP* 特异性重组技术、*mazF* 反筛系统和 CRISPR-Cas9 介导的基因组编辑方法。PCR 产物介导的一步法基因敲除会在基因组上留下筛选标记,Cre-*loxP* 系统在基因组上留下"疤痕",*mazF* 介导的反筛系统和现有 CRISPR-Cas9 系统介导的基因组编辑技术无法实现多元基因组编辑。因此,亟须在汉逊酵母中建立一套能够实现无痕多元基因组编辑的技术。

本书针对上述问题,在汉逊酵母中建立 CRISPR-Cas9 系统介导的基因组编辑技术。首先构建了组成型表达 Cas9 蛋白的载体 pWYE3208,线性化后转入野生型汉逊酵母菌株 OP001,获得组成型表达 Cas9 蛋白的汉逊酵母菌株 OP009。然后构建转录 gRNA 的载体,线性化后和修复模板一起转入菌株 OP009。转录 gRNA 的载体整合到基因组后转录出 gRNA,gRNA 能够引导 Cas9 蛋白到靶位点切割DNA,造成 DNA 双链断裂(Double-strand Break,DSB),修复模板通过同源双交换修复 DSB 完成基因编辑。最后,将转录 gRNA 的线性化载体和表达 Cas9 蛋白的线性化载体依次去除,获得基因编辑菌株。

本研究建立的 CRISPR-Cas9 系统介导的基因组编辑技术在汉逊酵母中实现了基因的敲除(包含多基因敲除)、点突变、整合(包含多位点整合和多拷贝整合),并将多拷贝整合方法推广到真核生物的模式菌株酿酒酵母中。该技术具有不引入筛选标记和能同时编辑多个位点等优势,为酵母基因组学、系统生物学、代谢工程及合成生物学研究提供了有力的工具。

本书共有 7 章,重点介绍了基于 CRISPR-Cas9 系统的无痕基因组编辑技术在汉逊酵母中的建立,应用该技术实现单位点基因组编辑、多位点基因组编辑,多元基因组编辑技术的推广并应用该技术在酵母中实现高附加值化合物的合成。

本书由南阳理工学院王来友负责撰写与统筹,共计 25.4 万余字。

由于著者水平有限,书中难免有疏漏之处,敬请批评指正。

王来友

2025 年 1 月

目　　录

1 绪 论

1.1 酵 母 概 述

酵母是一类单细胞真核生物,在基础研究和工业应用领域发挥着重要作用。在基础研究中,酵母常被用作研究真核生物基因功能和代谢途径的模式菌株。在工业应用领域,酵母作为合成生物制剂的平台具有诸多优势:具有与哺乳动物细胞相似的蛋白翻译后修饰系统,利于保持外源蛋白的天然活性;是公认安全的微生物,合成的生物产品不存在安全性问题;具有多拷贝整合外源基因的位点,如 rD-NA 簇,利于外源蛋白的稳定高效表达等。目前,酵母已广泛用于生物制剂的合成,其中许多生物制剂的前体物质是乙酰辅酶 A,如白藜芦醇、1-丁醇、类异戊二烯,因此乙酰辅酶 A 的代谢对这些物质的合成至关重要。乙酰辅酶 A 是酵母细胞中物质和能量代谢的重要中间产物,是联系合成和分解代谢的枢纽性物质。糖、脂肪、蛋白质三大营养物质通过乙酰辅酶 A 汇聚成一条共同的代谢通路——三羧酸循环和氧化磷酸化,并彻底氧化生成二氧化碳和水,释放能量用于 ATP 的合成。同时乙酰辅酶 A 是合成脂肪酸、酮体等能源物质的前体物质,也是合成胆固醇及其衍生物等生理活性物质的前体物质。酵母细胞中乙酰辅酶 A 的代谢在 4 个亚细胞区室完成:细胞质、线粒体、过氧化物酶体和细胞核。其中过氧化物酶体是由单层膜包裹的细胞器,含有多种氧化酶类,主要负责将脂肪酸 β 氧化生成乙酰辅酶 A。

1.1.1 酵母中乙酰辅酶 A 的代谢

在酵母细胞中,乙酰辅酶 A 的运输依赖 3 个系统:肉碱/乙酰肉碱穿梭系统、乙醛酸支路系统和柠檬酸裂解酶系统,其中前两个系统是酵母细胞中运输乙酰辅酶 A 的主要系统。在酿酒酵母中,乙酰辅酶 A 不能自由地在不同的细胞器之间穿梭,其代谢是在不同的细胞器中完成的(图 1-1)(Kwak et al.,2017;Nielsen,2014;

Song et al.，2016；van Rossum et al.，2016b)。酿酒酵母中的酶 YAT1、YAT2、CAT2、CRC1 和 HNM1 被证明参与了肉碱/乙酰肉碱穿梭系统。肉碱在酿酒酵母中不能从头合成，但细胞外的肉碱可通过细胞质膜上的转运蛋白 Hnmlp 被运送到细胞内。在此过程中，肉碱乙酰转移酶(CAT)负责将乙酰基团和肉碱结合生成乙酰肉碱中间体，随后乙酰肉碱中间体可以穿过线粒体和过氧化物酶体的双层膜。酵母中存在 4 个 CAT 蛋白，分别为 CAT2(在线粒体和过氧化物酶体中起主要作用的 CAT)、YAT1(定位于线粒体外膜)、YAT2(当乙醇作为碳源时开始转录)和 CRC1(定位于线粒体内膜)(van Rossum et al.，2016a)。

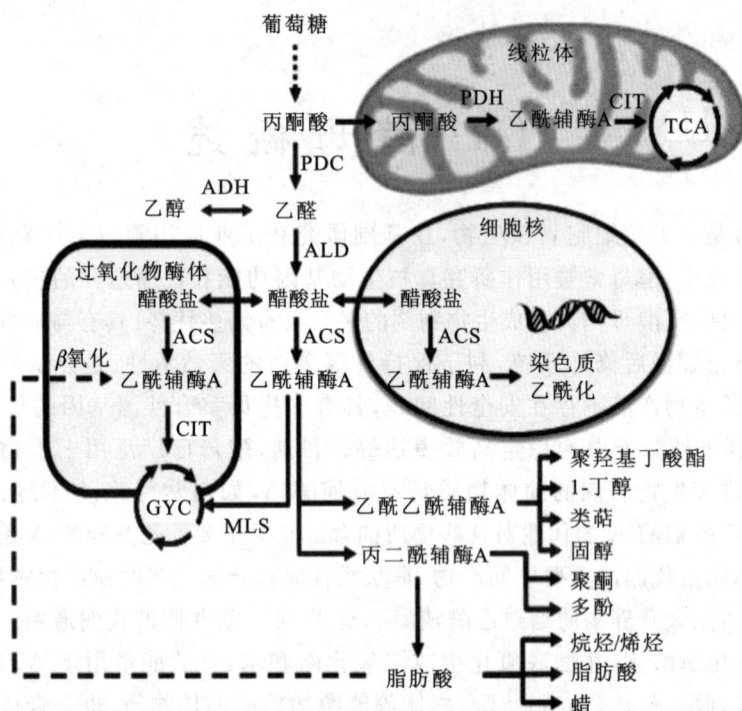

图 1-1　酿酒酵母中乙酰辅酶 A 的代谢网络

注：ACS 为乙酰辅酶 A 合成酶；ADH 为乙醇脱氢酶；ALD 为乙醛脱氢酶；CIT 为柠檬酸合酶；GYC 为乙醛酸循环；PDC 为丙酮酸脱氢酶；MLS 为苹果酸合酶；TCA 为三羧酸循环。

在有氧条件下，柠檬酸循环在糖的分解代谢和乙酰辅酶 A 的合成中起着重要作用。细胞质中经糖酵解代谢生成的丙酮酸和线粒体中经苹果酸脱氢酶催化苹果酸生成的丙酮酸，在线粒体中被丙酮酸脱氢酶(PDH)催化生成乙酰辅酶 A。在酿酒酵母中，PDH 是一种最大和最复杂的蛋白复合体，由丙酮酸脱氢酶结构域(E1)、二氢硫辛酰胺乙酰转移酶结构域(E2)、二氢硫辛酰胺脱氨酶结构域(E3)3 个催化元件组成。PDH 催化丙酮酸生成乙酰辅酶 A、NADH 和二氧化碳，这是一个不可逆的生化反应,同时需要 5 个辅因子的参与,即 FAD(黄素腺嘌呤二核苷酸)、硫辛酸、TPP(硫胺素焦磷酸)、辅酶 A 和 NAD^+。乙酰辅酶 A 与草酰乙酸在线粒体中柠檬酸合酶的催化下生成柠檬酸进入三羧酸循环(TCA)。在酿酒酵母中,柠檬酸合酶有 3 个同工酶,分别是 CIT1、CIT2 和 CIT3(van den Berg et al.,1998;Cardenas et al.,2016;Kozak et al.,2014b;Lian et al.,2014;van den Berg et al.,1995)。

在酿酒酵母的细胞质中,乙酰辅酶 A 主要来源于被称为丙酮酸脱氢酶支路的乙酰辅酶 A 合成酶途径。即便是在氧气充足的情况下,细胞中仍然有很大一部分的碳源经过乙酰辅酶 A 合成酶途径合成乙酰辅酶 A,为其他重要的化合物合成提供原料。乙酰辅酶 A 合成酶途径主要包括 3 个关键酶:丙酮酸脱氢酶(PDC)、乙醛脱氢酶(ALD)和乙酰辅酶 A 合成酶(ACS)。编码乙酰辅酶 A 合成酶的基因有 2 个:*ACS1* 和 *ACS2*(Carman et al.,2008;Chen et al.,2012;de Jong-Gubbels et al.,1997;Kozak et al.,2014a;van den Berg et al.,1996;van den Berg et al.,1995)。*ACS1* 基因和 *ACS2* 基因表达的产物 Acs1p 和 Acs2p 具有不同的动力学参数,在细胞代谢过程中具有不同的特性,Acs2p 对底物乙酸的 K_m 值(米氏常数)比 Acs1p 高约 30 倍。氧缺乏和高浓度的葡萄糖会抑制 *ACS1* 基因的表达,这对于非葡萄糖碳源的代谢具有重要作用,而 *ACS2* 基因在酵母细胞中是组成型表达(Chen et al.,2010;de Jong-Gubbels et al.,1998;Falcón et al.,2010)。

乙酰辅酶 A 羧化酶(ACC)催化乙酰辅酶 A 羧化生成丙二酸单酰辅酶 A 的反应是脂肪酸合成代谢的起始步骤。酿酒酵母细胞中存在 2 个 ACC 蛋白,一个定位于细胞质,另外一个定位于线粒体(Hoja et al.,2004)。ACC 蛋白的表达受到如 Ino2p、Ino4p 和 Opi1p 等磷脂代谢相关因子的调控(Tehlivets et al.,2007)。在体外,ACC1 蛋白可以被 AMP 活化蛋白激酶(AMPK)磷酸化而失活;在体内可被 Snf0p 蛋白磷酸化而失活(Witters et al.,1990)。

氨基酸乙酰化修饰是原核和真核生物蛋白合成后修饰的方式之一(Jones et al.,2011;Soppa,2010)。组蛋白乙酰化通过改变染色质的结构调节基因的转录(Kurdistani et al.,2004);非组蛋白乙酰化可以在多个层面调节细胞内的代谢,如 mRNA 稳定性、蛋白相互作用、蛋白定位、蛋白质降解或蛋白质功能(Spange et al.,2009;Yang et al.,2008)。到目前为止,酿酒酵母中一些组蛋白脱乙酰酶和组蛋白乙酰转移酶已被鉴定,它们负责组蛋白和非组蛋白的乙酰化反应和去乙酰化反应,但其作用机理仍不清楚(Glozak et al.,2005)。

1.1.2　酵母中的 rDNA 簇

应用酵母合成生物制剂的一个重要优势是酵母中存在能够多拷贝整合外源基因的位点,如 rDNA 簇和转座子序列等,能够实现外源基因的高效表达。将 rDNA

簇作为整合位点以提高目的基因整合拷贝数是应用酵母合成生物制剂时常用的策略,该策略在酿酒酵母、产朊假丝酵母(*Candida utilis*)、乳酸克鲁维酵母(*Kluyveromyces lactis*)和毕赤酵母(*Pichia pastoris*)等多种酵母中有着广泛的应用(Leite et al.,2013;Moon et al.,2016;Wu et al.,2005)。rDNA(Ribosomal DNA,核糖体 DNA)是指细胞核中编码核糖体 RNA 的 DNA 序列,在酵母细胞中一般存在高拷贝的 rDNA 单元串联重复,所有 rDNA 单元相同,均由两个转录区 5S 和 35S rDNA(包括 25S、5.8S 和 18S)序列以及两个非转录区 NTS1 和 NTS2 组成,如图 1-2 所示(Ganley et al.,2014;Kobayashi et al.,2017;Moon et al.,2016)。如在汉逊酵母中,大约 50~60 个 rDNA 单元在Ⅱ号染色体上串联重复,一个 rDNA 单元长达 8 kb;在酿酒酵母中,大约 150~200 个 rDNA 单元在ⅩⅡ号染色体上串联重复,每个 rDNA 单元长达 9.1 kb(Klabunde et al.,2002;Thomas,1980)。

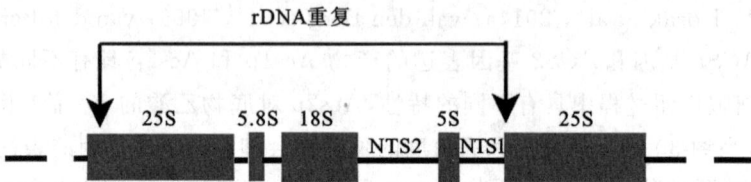

图 1-2 一个酵母 rDNA 重复单元的物理图谱

1.2 CRISPR-Cas 系统及其介导的基因组编辑技术

1.2.1 CRISPR-Cas 系统概述

CRISPR-Cas 系统是细菌和古细菌在生物进化过程中形成的一种适应性免疫防御系统,由成簇规律间隔短回文重复(Clustered Regulatory Interspaced Short Palindromic Repeat,CRISPR)序列和 Cas 核酸酶(CRISPR-associated Nuclease)组成,主要功能是帮助宿主抵御外源核酸(如外源质粒、噬菌体等)的入侵(Bao et al.,2015;Bessho et al.,2015;Zhao et al.,2015;Cong et al.,2013;Deltcheva et al.,2011;Deveau et al.,2010)。CRISPR-Cas 系统形成过程和抵御外源 DNA 入侵的机制如下(图 1-3)。① CRISPR 间隔区的获得:外源核酸序列被整合到 CRISPR 基因座 5′端两个重复序列之间形成间隔区;② CRIPSR-Cas 系统的表达:以间隔区核酸序列为模板转录的前体 crRNA(CRISPR RNA),前体 crRNA 成熟后与 tracrRNA(Trans-activating crRNA,反式激活 crRNA)形成

gRNA(Guide RNA,向导 RNA);③ 外源 DNA 的切割:具有核酸内切酶活性的
Cas 蛋白(如 Cas13、Cas12、Cas9 蛋白等)与 gRNA 形成核酸核蛋白复合体,gRNA
中的 crRNA 特异性识别外源 DNA 中与间隔序列互补配对的序列,引导复合体在
特定位置切割外源 DNA(DiCarlo et al.,2013;Doudna et al.,2014;Dow et al.,
2015;Fuller et al.,2015;Gao et al.,2016b;Huang et al.,2015;Jakociunas
et al.,2015;Jessop-Fabre et al.,2016)。

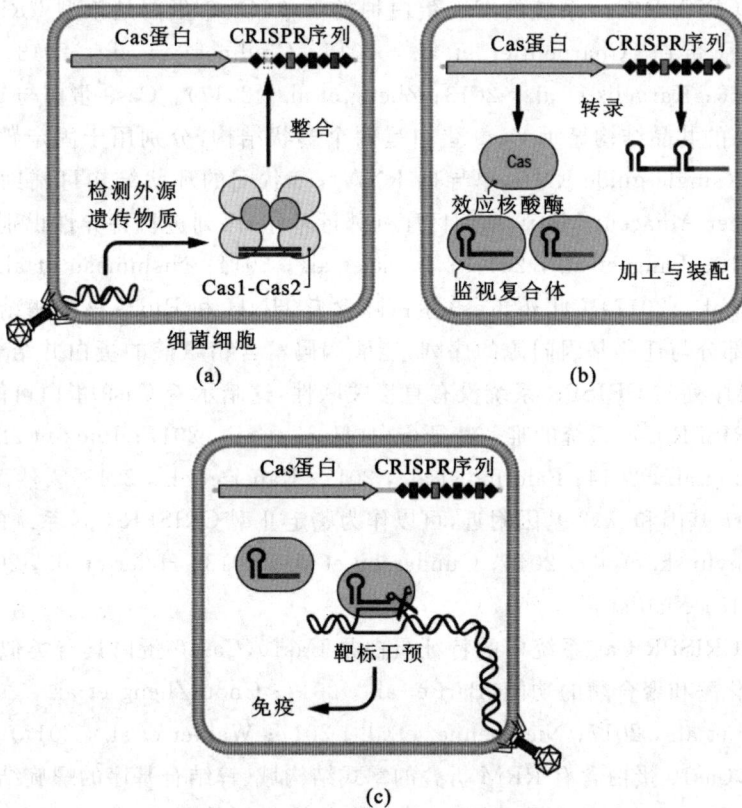

图 1-3　CRISPR-Cas 获得性免疫系统
(a) 外源 DNA 被 Cas1-Cas2 蛋白捕获并整合到 CRISPR 序列;(b) CRISPR 序列关联 Cas 蛋白表达;
(c) Cas 核酸酶-crRNA 复合体特异性降解外源 DNA

1.2.2　CRISPR-Cas 系统的种类和特征

　　早期,研究者根据 cas 基因操纵子的组成方式和不同的 Cas 蛋白之间的进化
关系,将 CRISPR-Cas 系统分成 Ⅰ 型、Ⅱ 型和 Ⅲ 型,它们分别含有 Cas3、Cas9 和
Cas10 蛋白(Jiang et al.,2017b;Juhas et al.,2017;Kleinstiver et al.,2016)。
随着科学的发展,新的 Ⅳ 型、Ⅴ 型和 Ⅵ 型 CRISPR-Cas 系统被相继发现。6 种

CRISPR-Cas 系统的特点如下。

Ⅰ型 CRISPR-Cas 系统由单一或多个操纵子负责编码,成分复杂且 cas 基因较多(Dolan et al.,2019;Zhang et al.,2019)。除了特征蛋白 Cas3 和泛表达蛋白 Cas1、Cas2 外,还包括 Cas5、Cas6 和 Cas7 等重复系列相关蛋白,这些相关蛋白的 RNA 酶活性能够帮助前体 crRNA 形成成熟的 crRNA(Brendel et al.,2014;Dixit et al.,2016;Maier et al.,2018;Makarova et al.,2011;Richter et al.,2017)。

Ⅱ型 CRISPR-Cas 系统的 Cas 蛋白种类简单,Cas9 蛋白是该型 CRISPR-Cas 系统的特征蛋白(Charpentier et al.,2015;Chylinski et al.,2013;Fonfara et al.,2016;Karvelis et al.,2013;Zheng et al.,2017)。Cas9 蛋白与 gRNA 和靶标 DNA 的共晶结构显示 Cas9 蛋白呈两个瓣状结构,分别用于固定靶标 DNA 和 sgRNA(single-guide RNA,单导向 RNA),瓣状间的环状结构可辅助对 PAM (Protospacer Adjacent Motif,前间区序列邻近基序)序列进行特异性识别(Hirano et al.,2016;Jiang et al.,2017a;Jinek et al.,2014;Nishimasu et al.,2014;Yamada et al.,2017)。此外,Cas9 蛋白除含有 HNH 和 RuvC 核酸酶结构域外,还含有一部分与迁移基因同源的序列,能够编码富含精氨酸的蛋白并结合 RNA。然而,这段序列与 CRISPR 系统没有直接关联性,这暗示着 Cas9 蛋白可能不是鉴定Ⅱ型 CRISPR-Cas 系统的唯一特征蛋白(Huai et al.,2017;Jinek et al.,2012;Nishimasu et al.,2014;Palermo et al.,2017;Raper et al.,2018)。然而 cas9 基因位于 cas1 基因和 cas2 基因附近,可以作为鉴定Ⅱ型 CRISPR-Cas 系统的一个重要标识(Chylinski et al.,2014;Gunderson et al.,2013;Heler et al.,2015;Wei et al.,2015;Xiao et al.,2017)。

Ⅲ型 CRISPR-Cas 系统中的特征蛋白是 Cas10,Cas10 蛋白具有类似 PolB 蛋白家族环化酶和聚合酶的功能(Bari et al.,2017;Chou-Zheng et al.,2017;Kazlauskiene et al.,2017;Niewoehner et al.,2017;Walker et al.,2017)。其晶体结构揭示,Cas10 蛋白含有 RRM 折叠的掌式结构域、锌结合基序的螺旋结构域、类似 A 蛋白家族的 DNA 聚合酶和 Cmr5 蛋白的 α 螺旋结构域(Cannone et al.,2013;Guo et al.,2019;Jung et al.,2015;Makarova et al.,2011;Rouillon et al.,2013;Zhu et al.,2012)。该蛋白通常与 HD 家族核酸酶融合并发挥作用(Kazlauskiene et al.,2017;Kazlauskiene et al.,2016;Mogila et al.,2019)。

Ⅳ型 CRISPR-Cas 系统在基因组和质粒上都有发现,且往往仅有独立的 cas 基因而无相关的 CRISPR 序列。Csf1 蛋白是Ⅳ型 CRISPR-Cas 系统的特征蛋白,该系统还含有 RAMP 蛋白:Csf2 蛋白和 Csf3 蛋白(Dasari et al.,2014;Gibson et al.,2009;Ozcan et al.,2019)。

Ⅴ型 CRISPR-Cas 系统与Ⅱ型 CRISPR-Cas 系统相似。Cpf1 蛋白是Ⅴ型

CRISPR-Cas 系统的特征蛋白,它具有 RuvC 核酸酶结构域,而缺乏 HNH 核酸酶结构域,能够识别富含胸腺嘧啶核苷酸的 PAM 序列,并在 gRNA 的指导下切割双链 DNA 产生黏性末端(Dong et al.，2016；Min et al.，2018；Stella et al.，2017；Yamano et al.，2016；Yamano et al.，2017)。Cpf1 蛋白与 crRNA 的共晶结构揭示了 Cpf1 蛋白识别 crRNA 的机制(Fonfara et al.，2016；Gao et al.，2016a；Kim et al.，2017b；Nishimasu et al.，2017；Swarts et al.，2018)。

Ⅵ型 CRISPR-Cas 系统的特征蛋白是 C2c2 蛋白,它含有 2 个 HEPN 结构域,具有核糖核酸酶活性。其晶体结构揭示,C2c2 蛋白的 2 个独立活性结构域行使不同的酶切活性,显示出了蛋白的功能多样性(Abudayyeh et al.，2016；Liu et al.，2017b；Liu et al.，2017c；O'Connell，2019；Shmakov et al.，2015；Tambe et al.，2018)。

多项研究发现,50% 的细菌和 90% 的古菌中存在至少一个 CRISPR 基因座,因此 CRISPR-Cas 系统数量极其庞大,现有的划分标准已无法将 CRISPR-Cas 系统进行分类(Burstein et al.，2017；Koonin et al.，2017a；Koonin et al.，2017b；Liu et al.，2018；Murugan et al.，2017)。有研究依据参与防御过程的 Cas 蛋白的数量,进一步将 CRISPR-Cas 系统分为 Class Ⅰ 和 Class Ⅱ 两大类(Koonin et al.，2017b；Makarova et al.，2015a)。Class Ⅰ 类切割外源核酸需要多个 Cas 蛋白参与形成复合物,它包括 Ⅰ 型、Ⅲ 型和 Ⅳ 型;而 Class Ⅱ 类只需要单一的 Cas 蛋白就能发挥切割外源核酸的作用,比如 Ⅱ 型的 Cas9 蛋白和 Ⅴ 型的 Cpf1 蛋白(Makarova et al.，2015b；Makarova et al.，2017；Shmakov et al.，2017)。依据目前已发现的 CRISPR-Cas 系统,将其分类汇总于图 1-4。

1.2.3　CRISPR-Cas 系统介导的基因组编辑技术

1.2.3.1　基因组编辑技术

在众多的 CRISPR-Cas 系统中,Ⅴ 型的 CRISPR-Cpf1 系统和 Ⅱ 型的 CRISPR-Cas9 系统因蛋白组分简单、应用方便,已被广泛应用于基因组编辑、基因组成像、基因组筛选、基因诊疗、基因转录调控、生态应用等研究领域(Bannikov et al.，2017；Kim et al.，2018；Knight et al.，2018；Liu et al.，2017a；Martinez-Lage et al.，2017；Minkenberg et al.，2017；Singh et al.，2017a；Singh et al.，2017b；Wang et al.，2016a；Wang et al.，2017；Zhang et al.，2017)。

来源于嗜热链球菌(*Streptococcus thermophilus*)和酿脓链球菌(*Streptococcus pyogenes*)的 CRISPR-Cas9 系统,其组成元件包括 crRNA、tracrRNA 和 Cas9 核酸酶(Hsu et al.，2014；Kleinstiver et al.，2016；Kleinstiver et al.，2015；Muller

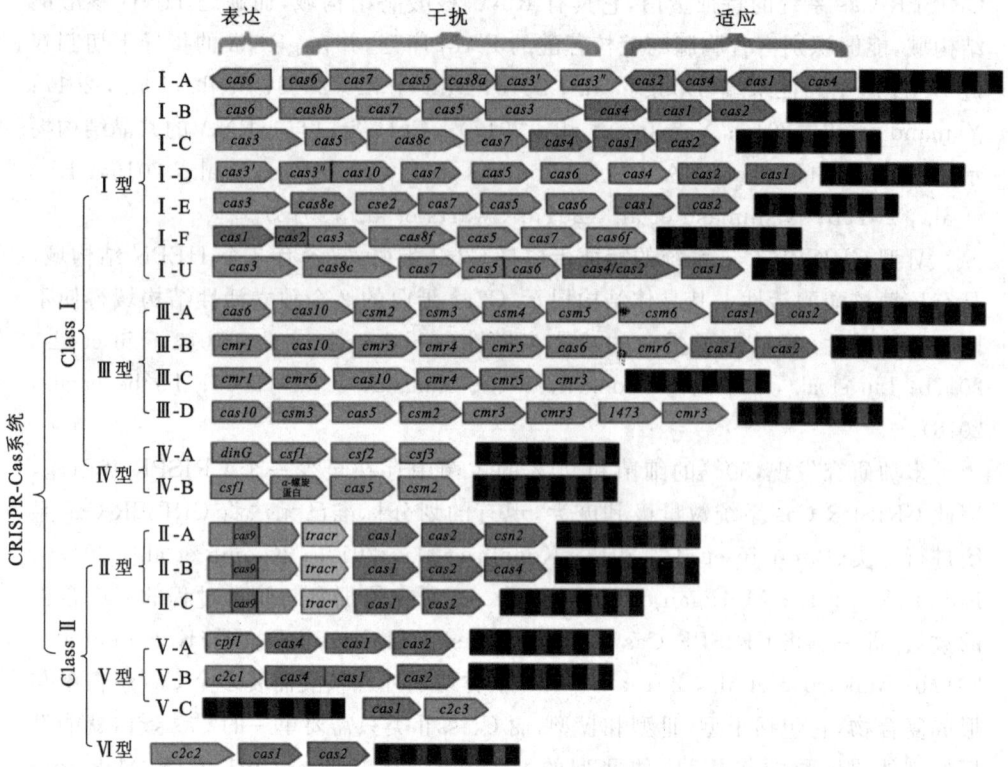

图 1-4 CRISPR-Cas 系统的分类、典型结构代表和功能组成元件

et al.，2016）。2012 年，Jinek 等（2012）将 CRISPR-Cas9 系统中 crRNA 和 tracrRNA 两个非编码 RNA 改造成一个 sgRNA，使得 CRISPR-Cas9 系统进一步简化为只含有 gRNA 和 Cas9 核酸酶这两种组分的系统。gRNA 利用一段含有约 20 个核苷酸的 RNA 序列，通过碱基互补配对与靶 DNA 特异性结合，Cas9 核酸酶在 gRNA 的引导下在 PAM 序列位点上游 3 bp 处切割双链 DNA，造成 DNA 双链断裂（DNA Double-Strand Break，DSB），裂口处形成平末端（图 1-5）。

这之后不久，麻省理工学院张锋实验室、哈佛大学 Church 实验室和 Doudna 实验室等利用 CRISPR-Cas9 系统实现了哺乳动物细胞基因组多个位点的编辑（DiCarlo et al.，2013；Doudna et al.，2014a；Kim et al.，2017a；Kim et al.，2016；Nunez et al.，2016）。张锋实验室应用 CRISPR-Cas9 系统进一步在小鼠中实现了基因组编辑，扩展了 CRISPR-Cas9 系统在哺乳动物基因组编辑技术中的应用（Nelson et al.，2016；Platt et al.，2014；Wu et al.，2014）。

2014 年，Oh 等（2014）和 van Pijkeren 等（2014）在罗伊氏乳杆菌（*Lactobacillus reuteri*）中应用 CRISPR-Cas9 系统和 ssDNA（Single-stranded DNA，单链

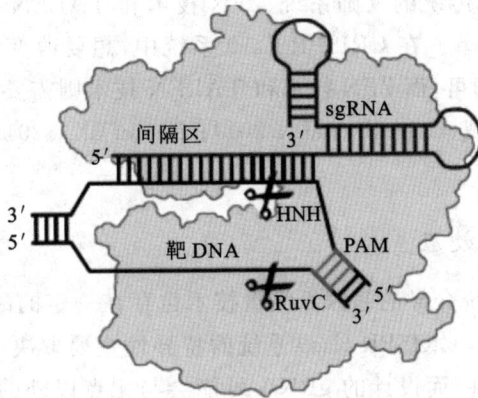

图 1-5　CRISPR-Cas9 介导的基因组编辑技术

DNA)介导的同源重组,使基因编辑效率达到 90% 以上;2015 年,Jiang 等(2015)在 3 个不同种属的链霉菌中建立了 CRISPR-Cas9 系统介导的基因组编辑技术,实现了基因敲除;2016 年,Altenbuchner(2016)在枯草芽孢杆菌(*Bacillus subtilis*)中建立了 CRISPR-Cas9 系统介导的基因组编辑技术,进一步扩展了 CRISPR-Cas9 系统在原核细胞中的应用。到目前为止,CRISPR-Cas9 系统已在动物、植物和微生物中被广泛应用于基因组编辑。

CRISPR-Cpf1 是 Class Ⅱ中的Ⅴ型 CRISPR-Cas 系统,Cpf1 蛋白与 Cas9 蛋白切割 DNA 双链的机制存在以下几点区别:① Cpf1 蛋白由单一的 crRNA 引导,Cas9 蛋白需要由 crRNA 和 tracrRNA 两个 RNA 结构组成的 gRNA 引导;② Cpf1蛋白的 PAM 序列富含胸腺嘧啶核糖核苷酸,如 NTTT,而 Cas9 蛋白的 PAM 序列为 NGG(N 可以是任意一种脱氧核糖核苷酸);③ Cpf1 蛋白在离 PAM 序列比较远的位点切割 DNA,产生黏性末端,而 Cas9 蛋白在 PAM 序列位点上游 3 bp 处切割 DNA,产生平末端。目前,CRISPR-Cpf1 系统介导的基因组编辑技术已经在人、小鼠、烟草和蓝藻等生物中得到了广泛的应用(Chew, 2018; Jiang et al. , 2017b; Nakade et al. , 2017; Yin et al. , 2017; Zaidi et al. , 2017)。

CRISPR-Cas9 系统介导的基因组编辑技术,与传统的基因编辑方法相比有着很多优势:① 与 ZFN(锌指核酸酶)技术和 TALEN(转录激活因子样效应物核酸酶)技术相比有着更多的可编辑位点。理论上,基因组中每 8 bp 就有一个能被 Cas9 蛋白识别的 PAM 序列位点。而对于 ZFN 技术和 TALEN 技术,在基因组中分别平均要500 bp 和 125 bp 才会有一个合适的编辑位点(Doudna et al. , 2014; Gupta et al. , 2014; LaFountaine et al. , 2015; Zhao et al. , 2016)。② 可以同时编辑多个位点。Odipio 等(2017)、Tothova 等(2017)和 Zerbini 等(2017)应用 CRISPR-Cas9 系统介导的基因组编辑技术在人类造血干细胞模型中实现了同时编辑多个位点,这对于传统的反筛系统、ZFN 技术和 TALEN 技术而言是难以实现的。③ 载体构建简单。在 CRISPR-Cas9 系统中,想要改变识别位点只需改变一段短的 RNA 序列即可;而 ZFN 技术和 TALEN 技术则需要根据不同的靶序列构建复杂的蛋白识别域(Carroll et al. , 2014；Lee et al. , 2015；Petersen et al. , 2015)。

1.2.3.2　脱靶效应

CRISPR-Cas9 系统介导的基因组编辑技术也存在一定的缺陷,主要是脱靶效应(Off-target Effect)。CRISPR-Cas9 系统的特异性主要取决于 gRNA 与基因组上的序列结合的特异性,而设计的 gRNA 可能会与靶点以外的 DNA 序列形成错配,导致非预期的基因突变,即脱靶效应(Zischewski et al. , 2017；Rudmann, 2013；Seok et al. , 2018；Tsai et al. , 2017；Zhang et al. , 2015)。

(1)引起脱靶效应的因素。

① gRNA 的错配。

Tsai 等(2015)利用染色质免疫共沉淀-高通量测序技术(ChIP-Seq),应用无催化活性的 Cas9 蛋白(dCas9)分别与 12 种不同的 gRNA 形成复合体,并与 HEK293T 细胞中的基因组位点结合,绘制了全基因组结合位点图谱。图谱表明与 dCas9 蛋白结合的脱靶位点数量从 10 个到 1000 多个不等,并且脱靶位点数量取决于 gRNA 的序列。科研人员对细胞进行体外基因编辑时发现,gRNA 与靶序列的互补结合可以容忍多达 7 个碱基的错配(Khair et al. , 2015；O'Geen et al. , 2015；Yang et al. ,2016；Zhao et al. , 2018)。

② PAM 序列位点。

gRNA 引导 Cas9 蛋白结合到靶序列时,要求其下游必须有 PAM 序列。Pattanayak 等(2011;2013;2014)应用体外选择和高通量测序技术对 gRNA 的特异性进行了研究,发现 gRNA-Cas9 复合物的特异性取决于 gRNA 中临近 PAM 序列的 7~12 个碱基序列与靶基因的互补配对。非经典的 PAM 序列包括 NAG、NGA、NAA、NGT、NGC 和 NCG 等,可在 gRNA/PAM 序列结合处形成 1 bp 的"隆起型"错配。

(2)脱靶效应的优化策略。

脱靶突变可能会破坏其他正常基因的功能并导致基因组不稳定等情况,为了解决这些问题,研究者们找到许多寻找脱靶位点的生物化学方法,如 CIRCLE-Seq、GUIDE-Seq 和 ChIP-Seq,使人们可以简便、快速、全面地对 CRISPR-Cas9 系统的脱靶位点进行鉴定,从而减少脱靶效应,增加 CRISPR-Cas9 基因组编辑系统的精确性(Kim et al. , 2015a；Khair et al. , 2015；Kim et al. , 2015b；O'Geen et al. ，2015；Tsai et al. ，2017b；Yang et al. ，2016；Zhao et al. ，2018)。

① 提高 gRNA 特异性。

通常将 gRNA 中靠近 PAM 序列的 10～12 bp 的碱基对称为种子区(Seed Region)，种子区决定 gRNA 与靶序列识别的特异性，其余序列在不同程度上影响结合的特异性(Gu et al. ，2014；Iribe et al. ，2017)。Ravon 等(2012)发现 CRISPR-Cas9 系统介导的基因编辑效率与 gRNA 种子区的 GC 含量成正比，并且种子区序列与脱靶位点 DNA 序列存在 3 个或更多碱基错配时，脱靶效应显著降低甚至消失。因而在设计 gRNA 时，可选择 GC 含量在 40%～60%，并且与靶基因序列之外的基因组 DNA 同源性较低的序列来提高 gRNA 的特异性(Jackson et al. ，2006；Kamola et al. ，2015；Ui-Tei et al. ，2008)。

② 改造 Cas9 蛋白。

通过对野生型 *cas9* 基因进行基因突变提高 CRISPR-Cas9 系统的特异性。一种方法是将 Cas9 蛋白中的一个酶切位点失活，得到突变型 $Cas9^{D10A}$ 切口酶和 $Cas9^{H840A}$ 切口酶。突变型 Cas9 切口酶只能对单链进行切割，因而需要 2 条 gRNA 同时引导，在 DNA 2 条链产生 2 个临近的切口，才能造成 DNA 双链断裂。所以，只有 2 条 gRNA(Paired-gRNAs)同时发生错配时才会产生脱靶效应，这极大降低了脱靶概率。应用 Cas9 核酸酶和 paired-gRNAs 进行基因组编辑，能有效提高基因敲除效率，并将脱靶概率降低至原来的 0.06%～2%(Friedland et al. ，2015；Hainzl et al. ，2017；Song et al. ，2017；Zhong et al. ，2019)。另一种方法是将 Cas9 蛋白的核酸酶结构域进行突变，产生失去核酸酶活性的 dCas9 蛋白，然后将 dCas9 蛋白与 FokⅠ蛋白结合形成 Cas9-FokⅠ融合蛋白，当 2 个 gRNA 引导 Cas9-FokⅠ融合蛋白结合到相距 15～20 bp 的靶 DNA 区域时，FokⅠ蛋白发生二聚化而被激活，对 DNA 进行切割，形成 DNA 双链断裂，应用这种核酸酶可以在人类细胞中实现高效精确的基因编辑(Boyle et al. ，2017；Lin et al. ，2018；Pflueger et al. ，2018)。目前已开发出具有高度特异性的 Cas9 蛋白突变体，可以避免野生型 Cas9 蛋白的绝大多数脱靶突变，例如增强型突变体 eSpCas9、高保真突变体 SpCas9-HF1、高精度突变体 HypaCas9 等(Chen et al. ，2017；Kulcsar et al. ，2017)。因此，研究者可以通过选择优化后的 Cas9 蛋白来降低脱靶效应。

1.3 汉逊酵母及其遗传操作的研究现状

汉逊酵母(*Ogataea Polymorpha*)属于真菌门半子囊菌纲内孢霉目酵母科汉逊酵母属，为单细胞低等真核生物，广泛存在于变质的橙汁、玉米面、多种昆虫的肠道及土壤中(Kurylenko et al., 2014; Moussa et al., 2012; Voronovsky et al., 2009; Wagner et al., 2016; Xu et al., 2014)。

汉逊酵母能够以甲醇为唯一碳源和能源生长,是甲醇营养型酵母的模式菌株,在基础研究和工业应用领域发挥着重要作用。在基础研究中汉逊酵母常被用于研究甲醇利用、细胞自噬、过氧化物酶体生物合成和硝酸盐同化等。在工业应用领域中,汉逊酵母作为生物制剂生产平台有着诸多优势:① 是真核生物,更能稳定有效地表达一些酶复合体;② 糖基化水平与人体接近,这不但对保持重组蛋白的天然活性非常重要,而且对医疗用途蛋白的安全性也至关重要(Gemmill et al., 1999; Oh et al., 2008; Puxbaum et al., 2015);③ 易于外源基因的多拷贝整合(Chen et al., 2008; Moussa et al., 2012; Ubiyvovk et al., 2011; Xu et al., 2014); ④ 具有强诱导型启动子,能实现外源蛋白的高效表达(Dusny et al., 2016; Kang et al., 2001; Pereira et al., 1996; Suppi et al., 2013; Talebkhan et al., 2016); ⑤ 是公认安全的微生物,适合于药物发酵;⑥ 是最耐热的酵母,生长温度最高可以达到50 ℃(Oh et al., 2008);⑦ 具有独特的分泌表达优势,只有少量的内源蛋白被分泌到胞外,因此分泌表达的外源蛋白能占到胞外蛋白的90%以上,可以在很大程度上简化蛋白纯化过程(Fokina et al., 2015; Tsai et al., 2015; Yoo et al., 2019);⑧ 生长、分裂速度快,易于培养,在简单廉价的合成或半合成培养基中就能实现高密度发酵(Gemmill et al., 1999; Oh et al., 2008; Puxbaum et al., 2015)。

汉逊酵母作为生物制剂生产平台具备产品安全性高、活性高和生产效率高等优势,是当前国际上公认的最理想的生物制剂表达系统。目前,汉逊酵母已经成功地表达了许多药用、工业用蛋白质及酶制剂,如具有诊断和治疗价值的真核生物蛋白——水蛭素、乙型肝炎病毒表面抗原B(乙肝疫苗)、人干扰素、胰岛素、青霉素、明胶、尿酸氧化酶、植酸酶等,其中乙肝疫苗已经上市(Chen et al., 2008; Kurylenko et al., 2014; Moussa et al., 2012; Voronovsky et al., 2009; Xu et al., 2014)。

1.3.1 PCR 产物介导的一步法基因敲除技术

PCR 产物介导的一步法基因敲除是最原始的基因敲除技术,即应用两端带有靶基因同源臂筛选标记的基因表达盒,通过同源双交换直接替换掉靶基因。Gonzalez 等(1999)以来自酿酒酵母的 *URA3* 基因作为筛选标记对汉逊酵母的 *YNR1* 基因进行了基因敲除,当同源臂是 1 kb 时,敲除效率为84%。但是应用该技术完成基因敲除后会在基因组上留下筛选标记基因,这将影响后续的遗传操作。

1.3.2 Cre-*loxP* 系统介导的无标记基因修饰系统

Cre-*loxP* 系统由 Cre 重组酶和两个 *loxP* 序列组成,Cre 重组酶由大肠杆菌噬菌体 P1 的 *cre* 基因编码,能识别和结合特定的 DNA 序列,并启动位点特异性重组事件发生;*loxP* 是一段长度为 34 bp 的 DNA 序列,包括两个 13 bp 的反向重复序列和一个 8 bp 的不对称间隔序列(图 1-6)(Liu et al. , 2016;Mahonen et al. , 2004;Saha et al. , 2013;Yoon et al. , 1998;Yu et al. , 2008)。Cre 重组酶能特异性识别 *loxP* 序列,催化两个 *loxP* 序列之间发生位点特异性重组,从而将两个 *loxP* 序列分别连接在筛选标记的两侧,通过双交换使 *loxP* 序列位点与筛选标记共同整合到基因组上(Dohlemann et al. , 2016;Fukiya et al. , 2004;Haffke et al. , 2013;Pfannkuche et al. , 2008;Thomson et al. , 2003;Yu et al. , 2002)。然后诱导表达 Cre 重组酶,两个 *loxP* 序列进行特异性重组,剔除它们中间的筛选标记,仅在基因组上留下一个 *loxP* 序列(图 1-7)。*loxP* 序列之间可以是汉逊酵母中成功应用的筛选标记,如 *zeo*^R^、*G418*、*URA3* 等基因(Minorikawa et al. , 2011;Mizutani et al. , 2005;Sakai et al. , 1995;Sato et al. , 2000;Zhou et al. , 2002)。Qian 等(2009)应用 Cre-*loxP* 系统介导的无标记基因修饰系统在汉逊酵母中实现了无标记基因敲除,然而应用该系统完成基因敲除后会在基因组上留下一个 *loxP* "疤痕",这将会对后续的遗传操作造成干扰。

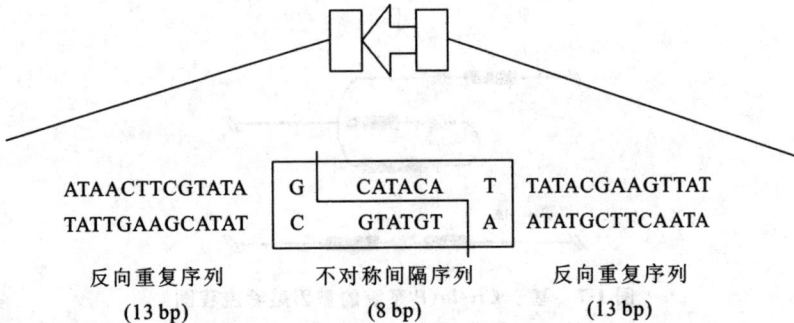

ATAACTTCGTATA　　G　CATACA　T　TATACGAAGTTAT
TATTGAAGCATAT　　C　GTATGT　A　ATATGCTTCAATA

反向重复序列　　　　　不对称间隔序列　　　　　反向重复序列
(13 bp)　　　　　　　　(8 bp)　　　　　　　　(13 bp)

图 1-6　*loxP* 序列结构图

1.3.3　*mazF* 基因介导的反筛系统

来自大肠杆菌的 *mazF* 基因可以编码一种毒素蛋白 MazF。MazF 蛋白是一种不依赖于核糖体的核糖核酸内切酶,能识别 mRNA 中的 ACA 序列并水解其第一个 A 位点 5′ 或 3′ 端的磷酸二酯键,从而阻止蛋白的合成,继而造成细胞死亡(Amitai et al. , 2009;Cho et al. , 2017a;Mets et al. , 2017;Vesper et al. , 2011;Zorzini et al. , 2016)。目前,*mazF* 基因在微生物的遗传改造中已有广泛的应用(Cheah et al. , 2013;Liu et al. , 2014a;Liu et al. , 2014b;Morimoto et al. , 2009;Van Zyl et al. , 2019;Yang et al. , 2009)。Song 等(2014)用大肠杆菌的 *mazF* 基因作为反向筛选基因,在汉逊酵母中建立了一种无标记基因敲除方法。

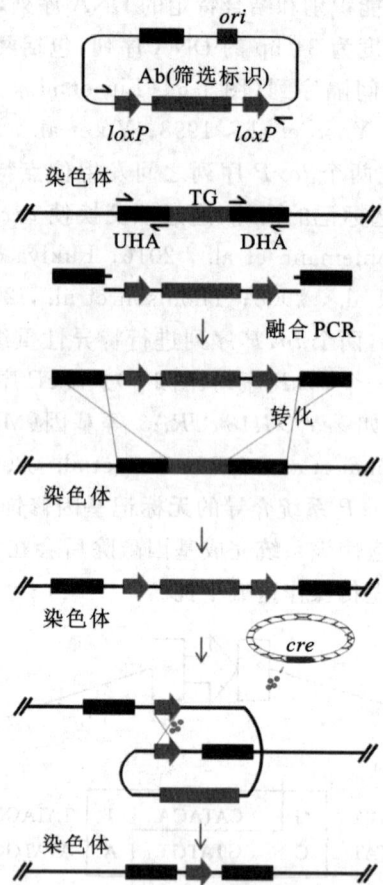

图 1-7　基于 Cre-*loxP* 系统的基因敲除流程图

注:UHA 为上游同源臂;DHA 为下游同源臂。

mazF 基因介导的反筛系统由 *mazF* 基因和博来霉素抗性基因 *zeo^R* 分别作为反向筛选标记和正向筛选标记组成,*mazF* 基因的表达受甲醇诱导型启动子 P$_{MOX}$ 控制。该过程的原理如图 1-8 所示,通过第一次双交换将 *mazF* 基因表达盒和博来霉素抗性基因表达盒整合至染色体,赋予菌体博来霉素抗性。第二次单交换中,mazF 蛋白毒性发挥作用,促使整合载体从基因组上交换下来,从而完成基因组编辑。Song 等(2014)应用 *mazF* 基因介导的反筛系统在汉逊酵母中实现了无痕基因敲除,然而该系统每次只能编辑基因组上一个位点。

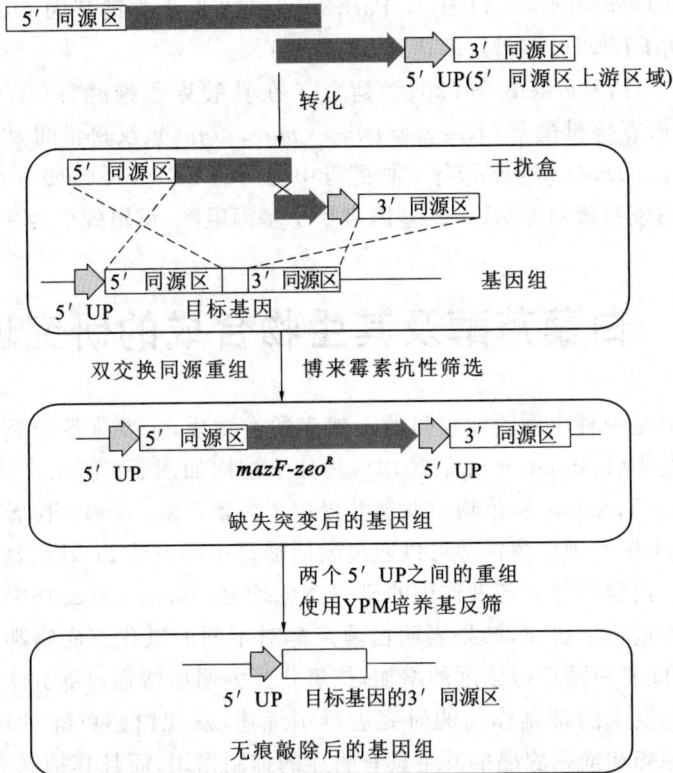

图 1-8 利用 *mazF* 基因介导的反筛系统进行基因敲除流程图

1.3.4 CRISPR-Cas9 系统介导的基因组编辑技术

2017 年 6 月,Numamoto 等(2017)发表了在汉逊酵母中应用 CRISPR-Cas9 系统进行基因组编辑的相关研究,他们首先应用汉逊酵母中的启动子 *OpSNR6* 基因控制 gRNA 的转录,对 *OpADE2* 基因进行了基因阻断,编辑效率仅为 0.1%。有研究表明,细胞中 gRNA 的丰度会影响 CRISPR-Cas9 系统的编辑效率,因此为了提高编辑效率,研究者计划使用具有较高转录活性的 RNA 启动子控制 gRNA 的表达(Birmingham et al.,2006)。他们从汉逊酵母基因组中鉴定了 80 个 tRNA 序列,考虑到在细胞中具有较高密码子使用频率的 tRNA 基因有着较强的表达,他们从 80 个 tRNA 基因中选出了具有最高密码子使用频率的 tRNA^{CUG} 基因。然后将目标 gRNA 与 tRNA^{CUG} 共同转录成 tRNA^{CUG}-gRNA,经过核糖核酸酶 RNase P 和 tRNase Z 的加工修饰,形成成熟的 gRNA。他们使用改进后的 CRISPR-Cas9 系统再次对 *OPADE2* 基因进行了基因阻断,编辑效率提高到 38%。为了进一步验证改进后的 CRISPR-Cas9 系统的高效性,他们分别阻断了磷酸信号传导途径[Phosphate Signal Transduction（PHO）Pathway]中的 3 个关键基因 *OpPHO1*、*Op-PHO11* 和 *OpPHO84*，编辑效率达到 30%～71%。

2018 年 2 月，Juergens 等（2018）建立了在乳酸克鲁维酵母（*Kluyveromyces lactis*）、马克斯克鲁维酵母（*Kluyveromyces marxianus*）、汉逊酵母和汉逊酵母亚种（*Ogataea parapolymorpha*）等 4 种酵母中通用的 CRISPR-Cas9 系统，他们在汉逊酵母中应用该系统对 *OpADE2* 基因进行了基因阻断，编辑效率为 9%。

1.4 白藜芦醇及其生物合成的研究现状

白藜芦醇是一种生物活性较强的天然多酚类物质，主要来源于葡萄、花生、虎杖及桑椹等植物（Jeandet et al.，2012），其分子结构如图 1-9 所示。1939 年，日本科学家 Michio Takaoka 从植物中发现并提取了白藜芦醇。2003 年，澳大利亚籍教授 David Sinclair 发现白藜芦醇可以通过激活酵母中的 *SIRT1* 基因延长酵母的寿命。此后关于白藜芦醇的药理作用的研究急剧增多，Wang 等（2016b）对白藜芦醇的抗氧化能力进行了研究，结果表明白藜芦醇对不同的氧化态底物都有明显的清除作用，而且随着白藜芦醇浓度的增加，抗氧化能力明显增强。部分学者将关于白藜芦醇对肿瘤发生的抑制作用的研究进行了综述，发现白藜芦醇对乳腺癌、直肠癌、肝癌、胰腺癌和前列腺癌的发生具有明显的抑制作用，而且其抑制效果与物种、癌细胞种类、年龄和机体免疫能力有关；对绝大多数动物模型中肿瘤的发生具有抑制效应，对免疫力弱的幼鼠中肿瘤发生的抑制作用较小（Baltaci et al.，2017；Sadi et al.，2016；Wang et al.，2016b；Wang et al.，2016c）。基于其重要的生理作用，白藜芦醇被广泛应用于医药、食品、化妆品等行业。2016 年，全球的白藜芦醇市场需求量约为 100 t，而白藜芦醇的生产量仅为 50～60 t，需求缺口较大，造成白藜芦醇价格高昂，国内市场含量为 99% 的白藜芦醇售价约为 3.2 万元/kg（Lu et al.，2016）。

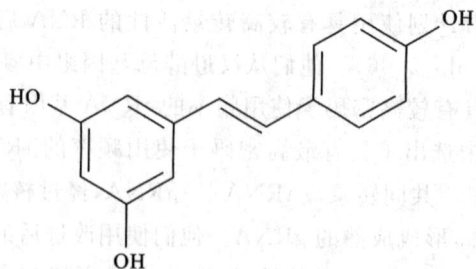

图 1-9 白藜芦醇的分子结构

目前,从葡萄、花生、虎杖及桑椹等植物中进行提取是白藜芦醇的主要生产方法。因植物生长周期长,白藜芦醇含量低,提取成本高,植物提取法提取白藜芦醇的生产成本居高不下(Lu et al.，2016)。相比之下,微生物发酵法工艺简单,不受气候等环境条件的影响,生产成本低,周期短,污染少。因此,开展低成本微生物发酵法合成白藜芦醇的研究具有重大前景和重要意义。

应用微生物发酵法合成白藜芦醇的代谢途径如图 1-10 所示,由于绝大多数微生物中缺少合成白藜芦醇所需的酪氨酸氨解酶基因(TAL)、4-香豆酸辅酶 A 连接酶基因($4CL$)和芪合酶基因(STS),因此用微生物发酵法合成白藜芦醇需要把这 3 个外源基因引入目标菌株。

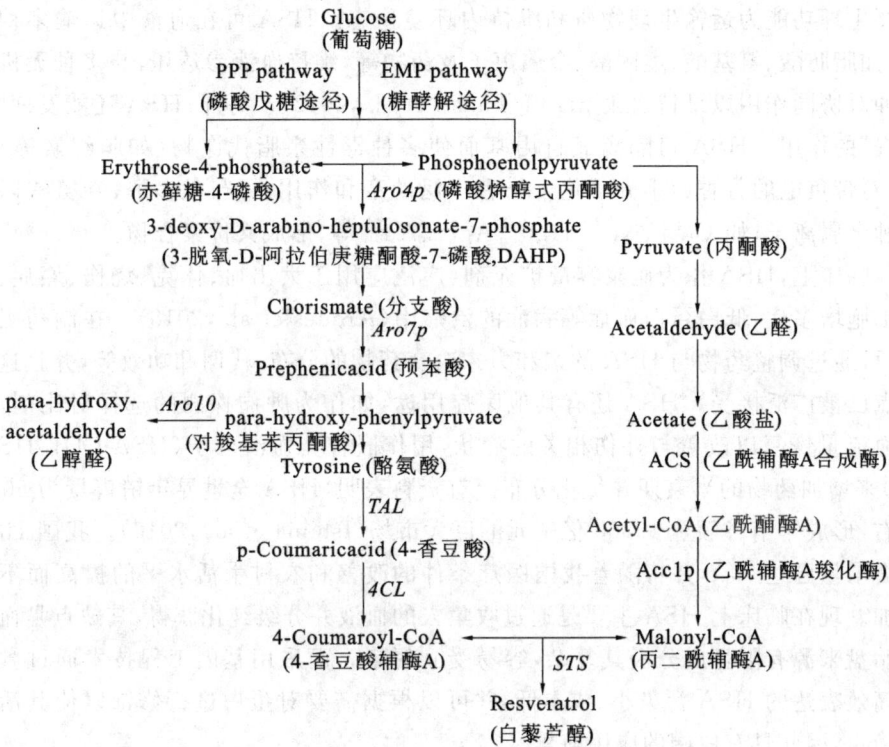

Glucose
(葡萄糖)

PPP pathway　　EMP pathway
(磷酸戊糖途径)　(糖酵解途径)

Erythrose-4-phosphate ← Phosphoenolpyruvate
(赤藓糖-4-磷酸)　　　　(磷酸烯醇式丙酮酸)
　　　　　　　　　　$Aro4p$

3-deoxy-D-arabino-heptulosonate-7-phosphate
(3-脱氧-D-阿拉伯庚糖酮酸-7-磷酸,DAHP)　　　　Pyruvate (丙酮酸)

Chorismate (分支酸)　　　　　　　　Acetaldehyde (乙醛)
　　$Aro7p$

Prephenicacid (预苯酸)

para-hydroxy-　$Aro10$　　　　　　　　　　　　Acetate (乙酸盐)
acetaldehyde ← para-hydroxy-phenylpyruvate
(乙醇醛)　　　　(对羟基苯丙酮酸)　　　　　　　ACS | (乙酰辅酶A合成酶)

Tyrosine (酪氨酸)　　　　　　　　Acetyl-CoA (乙酰酶A)
　　TAL　　　　　　　　　　　　　Acc1p | (乙酰辅酶A羧化酶)

p-Coumaricacid (4-香豆酸)

　　$4CL$

4-Coumaroyl-CoA ←　　　　　　Malonyl-CoA
(4-香豆酸辅酶A)　　STS　　　　(丙二酰辅酶A)

Resveratrol
(白藜芦醇)

图 1-10　应用微生物发酵法合成白藜芦醇的代谢途径

国内外研究者主要以大肠杆菌或酿酒酵母为出发菌株合成白藜芦醇。以大肠杆菌为出发菌株从头合成白藜芦醇的最高产量仅为 25.76 mg/L,而且大肠杆菌中的内毒素使得用其合成的生物制剂具有安全隐患(汪建峰等,2014)。因此,越来越多的研究者以酿酒酵母作为出发菌株研究白藜芦醇的合成。Li 等(2016)利用酿酒酵母从头合成白藜芦醇,通过增加宿主菌株中前体物质丙二酰辅酶 A 和酪氨酸的供给,使白藜芦醇的产量达到了 812 mg/L,为目前已报道文献中重组酵母菌株的最高产量。尽管如此,该产量与应用微生物发酵法工业化生产合成白藜芦醇的要求还相距甚远。

1.5 人血清白蛋白和戊二胺概述

1.5.1 人血清白蛋白

人血清白蛋白(Human Serum Albumin,HSA)是血液系统的重要组成部分,主要生理功能为运输生理物质和维持内环境稳态。HSA 可在血液中运输多种配基,如脂肪酸、氨基酸、类固醇、金属离子及药物等,维持血液渗透压,与多种无机盐缓冲对协同作用以维持血浆 pH 值(Fanali et al.,2012)。另外,HSA 还能发挥"清道夫"的作用。HSA 可隔离氧自由基而使多种毒性亲脂代谢物(如胆红素等)失活;对带负电的芳香族小分子化合物有广泛的亲和作用;可与吡多醛、谷氨酸以及多种金属离子,如 Cu^{2+}、Ni^{2+}、Hg^{2+}、Ag^{2+}、Au^{2+} 等,形成共价聚合物。

临床上,HSA 作为血浆容量扩充剂,广泛应用于大出血、休克、烧伤、癌症、红白细胞增多症、低白蛋白血症等病症的治疗中(Arques et al.,2018)。在制药工业中,可通过调整药物与 HSA 的亲和力来改变药物的分布、代谢和功效等,并且这一观点已被广泛接受。HSA 还有其他医疗用途,如作为肿瘤探测的选择对比剂,用于血流量恢复以改善与外伤相关的症状,用作嵌合体血清分子(HSA-CD4、HSA-Cu)来增加药物的半衰期并优化分布。有资料表明,HSA 全世界年销售量为 600 t 左右,形成年销售额至少 300 亿美元的巨大市场(Ishima et al.,2016)。我国 HSA 年需求量已达 70 t,并将随着我国医疗条件的改善和农村生活水平的提高而不断增加。现在临床上 HSA 主要是通过收集人的血液并分级纯化获得,其缺点是血浆和胎盘来源有限且成分极其复杂,容易受到污染。而采用基因工程技术通过微生物高效表达的 HSA 污染小、成本低,并可以根据需要对蛋白进行修饰以使其活性更稳定,因此具有广阔的应用前景。

研究人员在 1981 年首次报道了 HSA 在大肠杆菌(*E. coli*)中的成功表达(Lawn et al.,1981)。*E. coli* 表达的 HSA 是以甲硫氨酸为 N 端的 HSA 的前源蛋白,它在细胞内形成的包涵体需进行蛋白复性才可与天然白蛋白完全一致。但由于 HSA 分子量较大,在原核生物中的表达量不高(毫克级)且分泌效果不够理想,许多学者开始研究 HSA 在真核细胞中的表达。酵母作为真核生物,具有对所表达的蛋白进行翻译后修饰、易于大规模培养等优点,逐渐替代了大肠杆菌,用于生产外源蛋白。研究人员分别采用了酿酒酵母、汉逊酵母、裂殖酵母、乳酸克鲁维氏酵母、毕赤酵母等表达系统作为宿主细胞来分泌表达重组人血清白蛋白,其中汉逊酵母表达系统最为理想(Chen et al.,2013)。

1.5.2 戊二胺

1,5-戊二胺,又名戊二胺、尸胺,是一种具有生物活性的含氮碱,可以作为一种正常生理物质存在于生物体中,同时也可以作为一种肉毒胺存在于腐败物中。通常情况下,细胞内的戊二胺是由赖氨酸在赖氨酸脱羧酶的催化脱羧作用后产生。戊二胺在农业、医药和工业等领域中具有广泛应用。在农业上,戊二胺参与植物的多种生理过程,如细胞分裂与伸长、胚胎产生、开花坐果、果实发育以及胁迫反应等。在医药方面,戊二胺是合成喹嗪碱的前体物质,喹嗪碱可用于治疗心律不齐、催产、缓解低血糖等,戊二胺也可作为一种治疗痢疾的特效药物。在工业上,戊二胺有着广泛的应用前景:① 用戊二胺合成的新型异氰酸酯与用己二胺合成的异氰酸酯相比,具有抗化学腐蚀能力强、耐磨性强等优点;② 用戊二胺和己二酸聚合得到的聚酰胺 56(尼龙 56)在弹性、阻燃性、流动性等方面都优于聚酰胺 66(Kennedy et al.,2007)。

大肠杆菌的遗传背景清楚,戊二胺的合成机制明确,因此大肠杆菌是研究戊二胺合成的常用宿主。研究者或者利用大肠杆菌的静息细胞合成戊二胺,或者根据大肠杆菌中戊二胺的代谢途径,对大肠杆菌进行代谢工程改造,利用糖类发酵直接合成戊二胺。Liu 等(2022)构建了过表达 $cadA$ 基因,同时适量表达赖氨酸-戊二胺逆向转运蛋白基因 $cadB$ 的大肠杆菌工程菌,工程菌发酵后投入底物赖氨酸,戊二胺在发酵液中的产量达到 $100\sim300$ g/L。为了直接利用糖类合成戊二胺,Qian 等(2022)利用大肠杆菌 K12W3110 作为宿主,对戊二胺代谢途径进行了改造:① 删除编码降解戊二胺的 $speE$、$speG$、$ygjG$、$puuA$ 和 $puuP$ 基因,使戊二胺降解和利用途径失活;② 利用强启动子 P_{lac} 过表达 $cadA$ 基因;③ 通过强启动子 P_{trc} 替换原启动子过表达 $lysC$、$dapA$、$dapB$ 和 $lysA$ 基因来增加底物赖氨酸的合成;④ 把 ddh 基因整合到染色体的 $iclR$(异柠檬酸裂合酶)调节基因位点,增加草酰乙酸的供给。最终,大肠杆菌工程菌合成戊二胺的产量为 0.13 g/g 葡萄糖。

1.6 生物柴油及其生物合成的研究现状

随着社会的发展和工业化进程的加快,煤、石油和天然气等非再生矿物资源的储存量不断减少,同时矿物资源的燃烧会产生温室气体如二氧化碳和其他有害气体,造成全球变暖和空气污染(Mandal et al.,2020;Nady et al.,2020;Rasmey et al.，2020)。为此，世界各国都在大力发展可再生的新型能源(Lian et al.，2015)。

生物能源是一种重要的可再生新型能源，在世界能源消耗中所占的比重越来越高(Sherkhanov et al.，2016；Leung et al.，2010)。生物柴油(Biodiesel)是生物能源的重要组成部分，是由脂肪酸与甲醇或乙醇经酯化而形成的脂肪酸甲酯(Fatty Acid Methyl Ester，FAME)或脂肪酸乙酯(Fatty Acid Ethyl Esters，FAEE)，目前生物柴油的主要形式是脂肪酸甲酯(Arumanayagam et al.，2019；Ma et al.，2019)。与普通柴油相比，生物柴油具有燃烧性能好、产生污染少、储存和运输安全等优点(熊雨，2019)。因此，生物柴油受到许多国家的青睐，生物柴油行业急剧扩张。目前，生产生物柴油的原料主要是食用植物油脂。但是种植生产植物油脂的农作物需要耗费人力和时间，且产油农作物的生长需要占用大量的耕地，使得使用植物油脂合成生物柴油的成本极高(Oguro et al.，2017)。同时，过多地使用食用油脂合成生物柴油会造成"与民争油"的问题，大规模种植油料作物也会造成"与粮争地"的问题(李艾军，2019)。

为解决这些问题，寻找廉价的油脂来合成生物柴油势在必行。微生物油脂(Microbial Lipids)又称单细胞油脂，是由酵母、霉菌和细菌等微生物利用碳水化合物作为碳源在自身体内合成的油脂(Tanadul et al.，2018；McNeil et al.，2018；Tsakona et al.，2018)。与油料作物相比，利用微生物生产油脂有着诸多优势：微生物能够利用廉价的培养基生长，成本低；微生物生长周期短，适应性强，新陈代谢旺盛，易繁殖和选育；微生物的培养不需要占用耕地；微生物的生长不受季节和气候条件的影响。因此，应用微生物油脂合成生物柴油具有重大前景和重要意义。

目前，应用微生物油脂合成生物柴油的思路首先是利用微生物积累油脂，然后将油脂从细胞内提取出来，最后在体外让甘油三酯(TAG)和甲醇反应，生成脂肪酸甲酯形式的生物柴油(王海京等，2017)(图 1-11)。

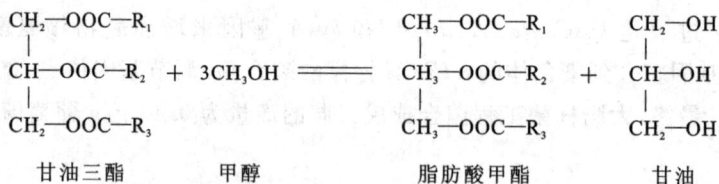

$$
\begin{array}{l}
CH_2-OOC-R_1 \\
| \\
CH-OOC-R_2 \quad + \quad 3CH_3OH \quad \Longleftrightarrow \quad
\end{array}
\begin{array}{l}
CH_3-OOC-R_1 \\
| \\
CH_3-OOC-R_2 \\
| \\
CH_3-OOC-R_3
\end{array}
\quad + \quad
\begin{array}{l}
CH_2-OH \\
| \\
CH-OH \\
| \\
CH_2-OH
\end{array}
$$

甘油三酯　　　　　甲醇　　　　　　　脂肪酸甲酯　　　甘油

图 1-11　甘油三酯和甲醇生成脂肪酸甲酯的化学反应方程式

目前关于利用微生物合成生物柴油的研究主要集中在以下几个方面。

① 寻找廉价培养基，降低成本。Tsakona 等(2018)以富含面粉的厨房废弃物水解液为底物，用斯达油脂酵母(*Lipomyces Starkeyi*)进行发酵，细胞干重达到30.5 g/L，油脂积累量达到 12.2 g/L。Juanssilfero 等(2019)以从老油棕树干上榨

取的汁液为培养基,发酵斯达油脂酵母生产油脂,细胞干重达到 27.7 g/L,油脂积累量达到 15.2 g/L。

② 优化培养条件。吴开云等(2011)通过单因素试验和多因素正交试验,发现斯达油脂酵母的最优培养条件是葡萄糖 90 g/L,$(NH_4)_2SO_4$ 3.5 g/L,接种量 10%,培养温度 28 ℃。在此优化条件下对斯达油脂酵母进行摇瓶发酵,获得的菌体生物量较优化前提高了 25.19%,油脂产量较优化前提高了 97.84%。Calvey 等(2016)发现高碳氮比和较低的氧浓度有利于油脂的积累,当初始碳氮比为 72∶1 时,油脂产量最高达 10 g/L。王华等(2010)探究了 Mg^{2+}、Ca^{2+}、Fe^{3+}、Zn^{2+}、Mn^{2+} 和 Cu^{2+} 等 6 种金属离子对斯达油脂酵母生长和油脂积累的影响,发现除 Mn^{2+} 外,其余 5 种离子都有利于菌体的生长和油脂的积累,Mn^{2+} 浓度越高,越不利于油脂积累。

③ 通过诱变选育优良菌株。Tapia 等(2012)通过紫外诱导突变和添加浅蓝霉素进行筛选,得到一株高产油脂的菌株,该菌株的油脂积累量比野生型菌株提高了 30.7%。Yamazaki 等(2019)通过随机突变和密度梯度离心分离,得到一株高产油脂的突变体,其油脂产量比野生型菌株提高了 1.5~2 倍。

目前以微生物油脂和甲醇为原料合成生物柴油的方法主要有以酸、碱作为催化剂的酯交换法,以生物酶作为催化剂的酯交换法和超临界酯交换法等。酸、碱介导的酯交换法存在反应条件苛刻,反应产物与催化剂难以分离和产生大量酸性或碱性废水污染环境等缺点。生物酶介导的酯交换法虽然反应条件温和、环境友好,但是脂肪酶的成本较高且副产物甘油会黏附在脂肪酶表面,从而减小反应物和催化剂的接触面积,降低反应速率。超临界酯交换法是近几年发展起来的一种新方法,具有反应时间短、反应前处理和反应后处理相对简单等优点,但苛刻的工艺条件和昂贵的设备限制了其进一步发展(张雁玲等,2019)。

综合看来,目前利用微生物合成生物柴油存在以下问题:① 研究还停留在培养基的选择、培养条件的优化和对菌株的诱变选育阶段,缺少对微生物的系统代谢工程改造。② 微生物油脂包含在菌体细胞内,由于细胞壁坚韧,在提取油脂之前要对菌体细胞进行破壁处理,因此合成生物柴油的成本增加。③ 酯交换反应需要使用甲醇作为甲基供体,而甲醇是一种对人体有害的化学物质,增加了生产过程中的安全成本。

1.7 研究目的、意义、内容和技术路线

1.7.1 研究目的及意义

汉逊酵母是一种甲醇营养型酵母,在基础研究和应用研究中发挥着重要作用,其作为合成生物制剂的宿主具有高效、安全和经济等优势。目前,汉逊酵母的基因组编辑技术中 PCR 产物介导的一步法基因敲除技术会在基因组上留下筛选标记、Cre-loxP 系统介导的编辑技术会在基因组上留下"疤痕"、mazF 基因介导的反筛系统和现有的 CRISPR-Cas9 系统介导的基因组编辑技术每次只能编辑一个位点,无法进行多元基因组编辑。因此亟须在汉逊酵母中建立一套能够实现无痕多元基因组编辑的技术。

本书建立的 CRSIPR-Cas9 系统介导的基因组编辑技术,与传统的基因编辑技术相比有着诸多优势:① 与 Cre-loxP 系统相比可以实现无痕编辑;② 与 mazF 基因介导的反筛系统相比可以同时编辑多个位点。

本研究以汉逊酵母和酿酒酵母为研究对象,首先基于 CRISPR-Cas9 系统建立了一套新的基因组编辑技术,为酵母的基础研究和应用研究提供了强有力的基因组编辑工具;其次,应用多拷贝整合方法将相关基因整合到汉逊酵母基因组上,在汉逊酵母中实现了白藜芦醇、HSA 和戊二胺的生物合成,并在酿酒酵母过氧化物酶体中合成白藜芦醇,为白藜芦醇、HSA 和戊二胺的生物合成提供了新的思路;最后,对酿酒酵母进行系统的代谢工程改造以合成生物柴油,将为酿酒酵母细胞工厂的构建及应用提供新的思路和策略。

1.7.2 研究内容

本书以汉逊酵母和酿酒酵母为研究对象,建立了 CRISPR-Cas9 系统介导的基因组编辑技术,并应用该技术在汉逊酵母中合成了白藜芦醇、HSA 和戊二胺。主要包括以下研究内容。

① 应用 CRISPR-Cas9 系统在汉逊酵母中建立新的基因组编辑技术。

② 应用 CRISPR-Cas9 系统介导的基因组编辑技术在汉逊酵母中实现基因敲除、点突变和整合。

③ 应用 CRISPR-Cas9 系统介导的基因组编辑技术在汉逊酵母中实现多基因同时敲除和多位点同时整合。

④ 以汉逊酵母 OprDNA 簇为整合位点,应用 CRISPR-Cas9 系统在汉逊酵母

中建立多拷贝整合方法。

⑤ 应用建立的多拷贝整合方法,分别实现合成白藜芦醇的融合表达盒、HSA 基因和 *cadA* 基因的高拷贝整合,在汉逊酵母中合成白藜芦醇、HSA 和戊二胺。

⑥ 以酿酒酵母 *OprDNA* 簇为整合位点,应用 CRISPR-Cas9 系统在酿酒酵母中建立多拷贝整合方法。

⑦ 在酿酒酵母过氧化物酶体中合成白藜芦醇。

⑧ 引入外源基因,构建生物柴油的从头合成途径,获得高效合成生物柴油的酿酒酵母工程菌。

1.7.3　技术路线

本书在酵母中建立了 CRISPR-Cas9 系统介导的基因组编辑技术,并应用其合成白藜芦醇、HSA、戊二胺和生物柴油,按照如图 1-12 所示技术路线进行。

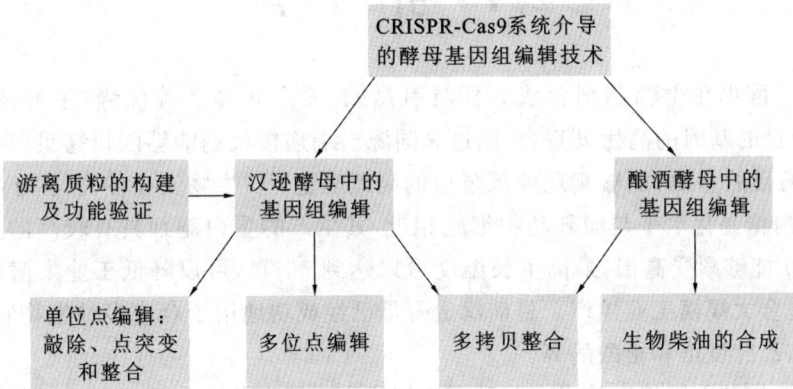

图 1-12　技术路线图

2 基因组编辑技术在汉逊酵母中的建立

2.1 引　　言

汉逊酵母在生物制剂合成方面具有高效、安全和经济等优势,主要体现在:① 易于目的基因的高拷贝整合,通过非同源末端连接机制能够随机拷贝整合超过100 个的目的基因,能够实现外源蛋白的高效表达;② 生物安全性高,由于汉逊酵母的蛋白糖基化水平与哺乳动物细胞相近,其生产的蛋白制剂具有较高的生物安全性;③ 能够耐受高温,最高生长温度可以达到 50 ℃,可以降低工业发酵的冷凝成本,适合大规模工业生产。目前汉逊酵母已经成功地用于合成多种生物制剂,如水蛭素、乙肝疫苗和植酸酶等。

高效的基因组编辑技术在基础和应用研究中具有关键作用。在汉逊酵母中已建立的基因组编辑技术有 PCR 产物介导法、Cre-loxP 特异性重组技术、mazF 基因介导的反筛系统和 CRISPR-Cas9 系统介导的基因组编辑方法。但这些基因组编辑技术均存在一定的缺陷。因此,亟须在汉逊酵母中建立一套能够实现无痕多元基因组编辑的技术。

由于汉逊酵母中不存在稳定的游离质粒,因此本书选择在基因组上表达 Cas9 蛋白和转录 gRNA。首先构建了组成型表达 Cas9 蛋白的载体 pWYE3208,线性化后转入野生型汉逊酵母菌株 OP001,获得组成型表达 Cas9 蛋白的汉逊酵母菌株 OP009。然后构建转录 gRNA 的载体,线性化后和修复模板一起转入菌株 OP009。转录 gRNA 的载体整合到基因组后转录出 gRNA,gRNA 能够引导 Cas9 蛋白到靶位点切割 DNA,造成 DSB,修复模板通过同源双交换修复 DSB 完成基因编辑。最后,将转录 gRNA 的线性化载体和表达 Cas9 蛋白的线性化载体依次去除,获得基因编辑菌株。

2.2 实验材料与设备

2.2.1 实验材料

本章使用的菌株和质粒见附录 1 中附表 1 和附表 2,引物见附表 3。

2.2.2 培养基及生物化学试剂的制备

LB 液体培养基:加入蛋白胨 10.00 g/L、酵母粉 5.00 g/L、氯化钠 10.00 g/L,调节 pH 值为 7.00,121 ℃高压灭菌 20 min,常温储存备用。

LB 固体培养基:加入蛋白胨 10.00 g/L、酵母粉 5.00 g/L、氯化钠 5.00 g/L、琼脂 20.00 g/L,调节 pH 值为 7.00,121 ℃高压灭菌 20 min。

YPD 液体培养基:加入酵母粉 10.00 g/L、酪蛋白胨 20.00 g/L,121 ℃高压灭菌 20 min,加入已灭菌的葡萄糖溶液,葡萄糖终浓度为 20.00 g/L。

YPD 固体培养基:加入酵母粉 10.00 g/L、酪蛋白胨 20.00 g/L、琼脂 20.00 g/L,121 ℃高压灭菌 20 min,加入已灭菌的葡萄糖溶液,葡萄糖终浓度为 20.00 g/L。

葡萄糖溶液(200.00 g/L):称取 80.00 g 葡萄糖,加入 320 mL 去离子水,充分加热溶解,待冷却至室温后定容至 400 mL,115 ℃单独灭菌 15 min,室温储存备用。

琼脂糖凝胶:称取 0.6 g 琼脂糖置于三角瓶中,加入 60 mL TAE 缓冲液,将该三角瓶置于微波炉加热至琼脂糖溶解,再冷却至 65 ℃左右,加入溴化乙锭,充分混匀后倒入制胶容器中,冷却至室温后使用。

Tris-HCl 溶液(0.05 mol/L,pH=8.00):称量 6.06 g Tris-base,加入 800 mL 去离子水,充分搅拌溶解,溶液冷却至室温后用浓盐酸将 pH 值调至 8.00,溶液定容至 1 L。

$CaCl_2$ 溶液:称量 1.33 g 无水 $CaCl_2$,加入 30 mL 甘油、140 mL 去离子水溶解,121 ℃高压灭菌 20 min。

蛋白酶 K(0.01 g/mL):称量 0.10 g 蛋白酶 K,用无菌去离子水溶解,定容至 10 mL,分成适量小份后,保存于 −20 ℃冰箱备用。

1% DNFB:量取 1 mL 2,4-二硝基氟苯,加入乙腈定容至 100 mL。

10%甘油:100 mL 甘油加入去离子水定容至 1 L,121 ℃高压灭菌 20 min。

80%甘油:800 mL 甘油加入去离子水定容至 1 L,121 ℃高压灭菌 20 min。

55%(体积分数)乙腈:量取 550 mL 乙腈,加入去离子水定容至 1 L。

KH_2PO_4 溶液(0.04 mol/L):称量 5.44 g KH_2PO_4,用 800 mL 去离子水溶解,以 KOH 将 pH 值调至 7.20(KOH 的添加量约为 1.82 g),定容至 1 L。

$NaHCO_3$ 溶液(0.50 mol/L):称量 42.00 g $NaHCO_3$,用 800 mL 去离子水溶解,以 NaOH 将 pH 值调至 9.00,定容至 1 L。

氨苄青霉素(100 μg/mL):称量 1 g 氨苄青霉素钠盐,加入 10 mL 无菌水充分溶解,使用无菌滤膜过滤除菌,保存于 -20 ℃ 冰箱备用。

博来霉素(100 μg/mL 和 50 μg/mL):称量 1 g 和 0.5 g 博来霉素,分别加入 10 mL 无菌水充分溶解,使用无菌滤膜过滤除菌,保存于 -20 ℃ 冰箱备用。

卡那霉素(50 μg/mL):称量 0.5 g 卡那霉素,加入 10 mL 无菌水充分溶解,使用菌滤膜过滤除菌,保存于 -20 ℃ 冰箱备用。

RNaseA(10 mg/mL):称量 0.1 g RNaseA,用无菌去离子水溶解,用容量瓶定容至 100 mL,分成适量小份后,保存于 -20 ℃ 冰箱备用。

溶菌酶(100 mg/mL):称量 1 g 溶菌酶,用无菌去离子水溶解,用容量瓶定容至 10 mL,分成适量小份后,保存于 -20 ℃ 冰箱备用。

TELiAc:取 0.10 mL 10×TE 和 0.10 mL 1 mol/L LiAc 与 0.80 mL 去离子水混匀,现用现配。

STET:称量 8.00 g 蔗糖,溶于 0.05 L 去离子水,加入 5.00 mL 1.00 mol/L 的 Tris-HCl(pH 值 8.00)、0.01 L 0.50 mol/L 的 EDTA、5.00 mL Triton X-100,定容至 1000 mL。

PLATE:取 0.10 mL 0.10 mL 10×TE、1 mol/L LiAc、0.80 mL 50% PEG4000 混匀,现配现用。

2.2.3 仪器和设备

本章使用的主要仪器和设备见表 2-1。

表 2-1　　　　　　　　　　主要仪器和设备

仪器/设备名称	型号规格	厂家
洁净工作台	SW-CJ 型	苏州安泰空气技术有限公司
洁净工作台	DL 型	北京东联哈尔仪器制造有限公司
台式高速离心机	5424 型	德国艾本德公司
台式高速离心机	5418 型	德国艾本德公司
高速冷冻离心机	5810R 型	德国艾本德公司
高速冷冻离心机	Sorvall RC6+	美国赛默飞世尔科技公司
电泳仪	JY300C	北京君意东方电泳设备有限公司

续表

仪器/设备名称	型号规格	厂家
BTX 电穿孔仪	ECM-399	美国自然基因科技有限公司
高压液相色谱	Agilent 1200 型	安捷伦科技有限公司
超高压液相色谱	Agilent 1600 型	安捷伦科技有限公司
气相色谱仪	GC-2010 Plus	岛津企业管理(中国)有限公司
梯度 PCR 仪	TProfessional 型	德国 Biometra 公司
梯度 PCR 仪	Mastercycler Pro 型	德国艾本德公司
PCR 仪	TC9639 型	美国 Benchmark 公司
PCR 仪	Mastercycler Personal 型	德国艾本德公司
实时定量 PCR 仪	LightCylcer 96	瑞士罗氏集团
微量紫外分光光度计	NanoDrop 2000c	美国赛默飞世尔科技公司
紫外/可见分光光度计	UV-2802	尤尼柯(上海)仪器有限公司
UVP 凝胶成像仪	JY04S-3B 型	北京君意东方电泳设备有限公司
可见分光光度仪	V-1100D 型	上海美谱达仪器有限公司
流式细胞分析仪	BD FACSCalibur	美国 BD 公司
电热恒温培养箱	DNP-9082BS-Ⅲ	上海新苗医疗器械制造有限公司
多功能摇床	HYG-C 型	苏州培英实验设备有限公司
恒温气浴摇床	SKY-211C	上海苏坤实业有限公司
恒温气浴振荡器	SHZ-82A 型	常州荣华仪器制造有限公司
恒温振荡器	THZ-C 型	苏州培英实验设备有限公司
高压蒸汽灭菌锅	D-1 型	湖北永大换热设备有限公司
不锈钢高压灭菌锅	LX-C50L	合肥华泰医疗设备有限公司
恒温鼓风干燥箱	DHG-9003BS-Ⅲ	上海新苗医疗器械制造有限公司
生物传感分析仪	SBA-40D	山东省科学院生物研究所
细胞超声波破碎仪	JY92-Ⅱ型	南京舜玛仪器设备有限公司
磁力加热搅拌器	DF-Ⅱ型	常州荣华仪器制造有限公司
超低温冰箱	702 型	美国赛默飞世尔科技公司
超低温冰箱	900 型	美国赛默飞世尔科技公司
医用低温冰箱	MDF-U539-C	日本三洋公司
涡旋振荡器	Vortex-6 型	海门市其林贝尔仪器制造有限公司
微型台式真空泵	GL-802 型	海门市其林贝尔仪器制造有限公司
超纯水机	Milli-Q reference 型	美国密理博公司

2.3 实验方法

2.3.1 大肠杆菌感受态细胞的制备

（1）平板活化培养：从−80 ℃冰箱保存的冻存管中挑取目的菌株，用接种针在 37 ℃恒温箱预热的 LB 平板上使用划线法接种，于 37 ℃恒温箱培养 12 h。

（2）液体活化培养：从 LB 平板上挑取单菌落接种到 5 mL LB 液体培养基中，在摇床中以 37 ℃、200 r/min 振荡培养 12 h。

（3）取 1 mL 培养 12 h 的菌液转接到 50 mL LB 液体培养基中，在摇床中以 37 ℃、200 r/min 振荡培养至 OD_{600} 值为 0.40～0.60。

（4）将培养好的菌液放置在冰上冷却至 4 ℃以下（用经过无水乙醇喷洒消毒的温度计进行温度测定，确保温度降至 4 ℃），再转移至无菌并预冷至 4 ℃以下的 50 mL 离心管中。

（5）预冷离心机至 4 ℃，以 8000g 离心 10 min，弃去上清液，收集菌体。

（6）加入 30 mL 预冷的 solution Ⅰ 溶液重悬菌体，于冰上静置 30 min。

（7）重复步骤(5)。

（8）加入 2 mL 预冷的 solution Ⅰ 溶液重悬菌体细胞，并以每管 100 μL 分装至预冷的 1.5 mL 离心管中。制备的感受态细胞可以直接用于化学转化或冻存于 −80 ℃冰箱备用。

2.3.2 大肠杆菌感受态细胞的化学转化

（1）取 100 μL 大肠杆菌感受态细胞，加入 10 μL 连接产物或 2 μL 质粒。

（2）混匀，于冰上静置 30 min。

（3）在 42 ℃下热激 90 s。

（4）迅速转移至冰上，冰浴 3 min。

（5）将 1 mL LB 液体培养基加入 15 mL 无菌离心管中，37 ℃预热备用。

（6）将冰浴 3 min 后的菌液加入预热的 LB 液体培养基中，在摇床中以 37 ℃、160 r/min 振荡复苏 1 h。

（7）取 0.1～1 mL 复苏菌液，涂布于含有相应抗生素的 LB 平板上，于 37 ℃恒温箱倒置培养 12 h。

2.3.3 大肠杆菌的质粒提取

使用天根生化科技(北京)有限公司的质粒小提试剂盒，具体步骤如下。

（1）向吸附柱 CP3 中加入 500 mL 平衡液 BL，以 12000g 离心 2 min，倒掉收集管中的废液，将吸附柱 CP3 重新放回收集管。

（2）取 1～2 mL 的过夜培养菌液，加入离心管中，以 12000g 离心 2 min，尽量吸净上清液。

（3）加入 250 μL 溶液 P1，涡旋振荡，重悬菌体。

（4）加入 250 μL 溶液 P2，轻轻地上下翻转 6～8 次，使菌体充分裂解。

（5）加入 350 μL 溶液 P3，轻轻地上下翻转 6～8 次，此时有白色絮状沉淀析出，以 12000g 离心 10 min。

（6）将上清液转移到吸附柱 CP3 中，尽量不要吸出沉淀，室温放置 2 min，以 12000g 离心 2 min，倒掉收集管中的废液，将吸附柱 CP3 重新放回收集管。

（7）向吸附柱 CP3 中加入 600 μL 漂洗液 PW，以 12000g 离心 1 min，倒掉收集管中的废液，将吸附柱 CP3 重新放回收集管。

（8）重复步骤（7）。

（9）以 12000g 空载离心 2 min，去除吸附柱 CP3 中的残液。

（10）将吸附柱 CP3 放到一个干净的离心管中，60 ℃金属浴中加热 5 min，使乙醇挥发干净，然后向吸附柱 CP3 的吸附膜中间位置悬空滴加 50 μL 无菌去离子水，以 12000g 离心 2 min。

（11）为了增加质粒的提取量，可将得到的溶液重新加到吸附柱 CP3 中，重复步骤（10）。

2.3.4 大肠杆菌基因组 DNA 的提取

使用天根生化科技（北京）有限公司的细菌基因组 DNA 提取试剂盒，具体步骤如下。

（1）取 4 mL 细菌培养液，12000 r/min 离心 1 min，尽量吸净上清液。

（2）向菌体沉淀中加入 200 μL 缓冲液 GA，振荡至菌体重悬。向管中加入 20 μL 蛋白酶 K 溶液，混匀。

（3）加入 220 μL 缓冲液 GB，振荡 15 s，70 ℃金属浴中放置 10 min，溶液应变清亮，短暂离心以去除管盖内壁的水珠。（加入缓冲液 GB 时可能会产生白色沉淀，一般 70 ℃时会消失，不会影响后续实验，如果溶液未变清亮，说明细胞裂解不彻底，可能导致提取的 DNA 量少和提取出的 DNA 不纯。）

（4）加入 220 μL 的无水乙醇，振荡 15 s 充分混匀，此时可能出现絮状沉淀，短暂离心以去除管盖内壁的水珠。

（5）将步骤（4）所得的溶液和絮状沉淀都加入吸附柱 CB3 中，吸附柱 CB3 放入收集管中，12000g 离心 30 s，倒掉废液，将吸附柱 CB3 放回收集管中。

（6）向吸附柱 CB3 中加入 500 μL 缓冲液 GD,12000 r/min 离心 30 s,倒掉废液,将吸附柱 CB3 放回收集管中。

（7）向吸附柱 CB3 中加入 600 μL 漂洗液 PW,12000 r/min 离心 30 s,倒掉废液,将吸附柱 CB3 放回收集管中。

（8）重复步骤（7）。

（9）12000 r/min 离心 2 min,倒掉废液,将吸附柱 CB3 于室温放置数分钟,以彻底去除吸附材料中残余的漂洗液。

（10）将吸附柱 CB3 置于一个干净的离心管中,向吸附柱 CB3 的吸附膜中间位置悬空滴加 50～100 μL 无菌去离子水,室温放置 5 min,12000 r/min 离心 2 min,将溶液收集到离心管中。

（11）为了增加基因组 DNA 的提取量,可以将步骤（10）所得到的溶液重新加入吸附柱 CB3 中,重复步骤（9）。

2.3.5　DNA 的纯化和回收

采用天根生化科技（北京）有限公司的琼脂糖凝胶回收试剂盒,操作步骤如下。

（1）向吸附柱 CA2 中加入 500 μL 平衡液 BL,12000 r/min 离心 2 min,倒掉收集管中的废液,将吸附柱 CA2 重新放回收集管中。

（2）将目的 DNA 条带从电泳结束的琼脂糖凝胶中切下,称得质量,放入无菌离心管中。

（3）向离心管中加入 3 倍凝胶体积的溶胶液 PN,置于 60 ℃水浴,期间不断温和地上下翻转离心管,直至胶块充分溶解。

（4）将胶溶液冷却至室温,加入吸附柱 CA2 中,室温放置 2 min,12000 r/min 离心 2 min,倒掉废液,将吸附柱 CA2 重新放回收集管中。

（5）向吸附柱 CA2 中加入 600 μL 漂洗液 PW,12000 r/min 离心 1 min,倒掉废液,将吸附柱 CA2 重新放回收集管中。

（6）重复步骤（5）。

（7）12000 r/min 离心 2 min,尽量除去漂洗液。

（8）将吸附柱 CA2 置于室温数分钟,彻底晾干。

（9）将吸附柱 CA2 放入无菌离心管中,向吸附膜中间位置悬空滴加适量无菌去离子水,置于 60 ℃水浴加热 2 min,12000 r/min 离心 2 min。

（10）为了增加基因组 DNA 的回收率,可以将得到的溶液重新加入吸附柱 CA2 中,重复步骤（9）。

2.3.6 载体的构建

2.3.6.1 基因克隆

本章采用高保真聚合酶(KAPA HiFi Hostart DNA Polymerase)进行目的片段的 PCR 扩增,反应体系及程序分别如表 2-2 和表 2-3 所示。

表 2-2   **KAPA HiFi 高保真 PCR 反应体系**

成分	体积
5×DNA 聚合酶缓冲液	10.00 μL
dNTP(各 2.5 mmol/L)	3.00 μL
正向引物(10 μmol/L)	2.00 μL
反向引物(10 μmol/L)	2.00 μL
DNA 模板	1.00 μL
DNA 聚合酶	1.00 μL
无菌去离子水	补足至 50.00 μL

表 2-3   **KAPA HiFi 高保真 PCR 反应程序**

步骤	温度	时间	循环数
预变性	95 ℃	5 min	1
变性	98 ℃	30 s	
退火	55~66 ℃	30 s	共 25~35
延伸	72 ℃	根据片段大小确定,每 1 kb 延伸 30 s	
持续延伸	72 ℃	10 min	1

反应结束后,用 1‰琼脂糖凝胶电泳分离检测目的片段,用 PCR 产物纯化回收试剂盒进行纯化后备用。

2.3.6.2 载体的双酶切

将所需要的载体根据生产商提供的双酶切反应体系(表 2-4)进行双酶切。

表2-4   双酶切反应体系

成分	体积
10×限制性内切酶缓冲液	5.00 μL
质粒 DNA 或 PCR 纯化产物	5.00~40.00 μL(根据浓度确定)
限制性内切酶 I	1.00 μL
限制性内切酶 II	1.00 μL
无菌去离子水	补足至 50.00 μL

双酶切后的载体经 DNA 纯化回收试剂盒纯化后,与纯化后的 DNA 目的片段按照表2-5所示体系进行吉布森组装(Gibson Assembly),组装时间为 1~4 h。连接完成后直接转化大肠杆菌 EC135 感受态细胞。

表2-5   吉布森组装所用体系

成分	体积
2×NEBuilder 高保真 DNA 组装预混液	10.00 μL
载体片段	根据 DNA 含量确定(X)
外源片段	根据 DNA 含量确定(Y)
无菌去离子水	补足至 20.00 μL

注:$X:Y$(摩尔比)为 $1:3 \sim 1:2$。

2.3.6.3 阳性克隆鉴定

将 2.3.6.2 节获得的转化子进行传代培养后,通过对菌落使用日本 Takara 公司的 Taq DNA 聚合酶来筛选阳性克隆,反应体系和反应程序分别如表2-6和表2-7所示。

表2-6   常规 Takara Taq DNA 聚合酶 PCR 反应体系

成分	体积
10×DNA 聚合酶缓冲液	2.50 μL
dNTP(各 2.5 mmol/L)	1.00 μL
正向引物(20 μmol/L)	0.50 μL
反向引物(20 μmol/L)	0.50 μL
DNA 模板	挑取少许菌落
DNA 聚合酶	0.25 μL
无菌去离子水	补足至 25.00 μL

表 2-7 **Takara Taq DNA 聚合酶 PCR 反应程序**

步骤	温度	时间	循环数
预变性	95 ℃	5 min	1
变性	95 ℃	20 s	
退火	56～62 ℃	30 s	共 25～35
延伸	72 ℃	根据片段大小确定,每 1 kb 延伸 1 min	
持续延伸	72 ℃	10 min	1

扩增结束后,取 5 μL 产物进行琼脂糖凝胶电泳检测,筛选有目的片段扩增的阳性克隆。将阳性克隆划线培养,挑取单菌落于相应液体培养基中扩大培养,提取质粒并送至北京六合华大基因科技有限公司进行测序,测序正确的克隆使用甘油管保藏。

2.3.7 真菌基因组 DNA 的提取

(1) 挑取真菌单菌落,于 YPD 液体培养基中培养 12 h。

(2) 将菌液转移至 1.5 mL 离心管中,离心收集菌体。向离心管中加入 250 μL 玻璃珠、500 μL TENTS 溶液(由 Tris 试剂、EDTA 试剂、SDS 试剂组成)、250 μL 氯仿-异戊醇,涡旋振荡 8 min 以破碎菌体。

(3) 以 4 ℃、10000 r/min 离心 10 min,吸取上清液 400 L,转移至新的离心管中。

(4) 加入 1 mL 乙醇混匀,于 −20 ℃ 静置 15 min。

(5) 以 4 ℃、10000 r/min 离心 10 min,弃上清液。

(6) 加入 200 μL TE(Tris-EDTA 缓冲液)+RNaseA(核糖核酸酶 A),于室温静置 20 min。

(7) 加入 66 μL 3 mol/L NaAc、520 μL 无水乙醇,于 −20 ℃ 静置 15 min。

(8) 以 4 ℃、10000 r/min 离心 10 min,弃上清液。沉淀用 75% 乙醇洗涤一次,室温晾干。加入 50 μL dd H_2O(双重去离子水)稀释 DNA,于 −20 ℃ 冻存备用。

2.3.8 汉逊酵母感受态细胞的制备

(1) 从 YPD 平板上挑取汉逊酵母单菌落于 5 mL YPD 液体培养基中,于 37 ℃、200 r/min 摇床培养 12 h。

(2) 取 0.5 mL 培养液转接到 50 mL 新鲜 YPD 液体培养基中,于 37 ℃ 培养至 OD_{663} 为 1.2～1.5。

（3）以 3500g 离心 10 min,收集汉逊酵母细胞。

（4）加入 30 mL TED 缓冲液重悬细胞。

（5）于 37 ℃、200 r/min 摇床培养 15 min。

（6）于 4 ℃、3500g 离心 5 min,沉淀细胞。

（7）加入 30 mL 预冷的 ETM 缓冲液轻轻悬浮细胞。

（8）于 4 ℃、3500g 离心 5 min,沉淀细胞。

（9）加入 10 mL 预冷的 ETM 缓冲液轻轻悬浮细胞。

（10）于 4 ℃、3500g 离心 5 min,沉淀细胞。

（11）加入 200 μL 预冷的 ETM 缓冲液轻轻悬浮细胞,即制得感受态细胞,以 60 μL/管进行分装,立即使用或者于 −80 ℃保存备用。

TED 缓冲液组分为 100 mmol/L Tris-HCl、50 mmol/L EDTA、25 mmol/L 二硫苏糖醇,调节 pH 值为 8.0。ETM 缓冲液组分为 270 mmol/L 蔗糖、10 mmol/L Tris-HCl、1 mmol/L $MgCl_2$,调节 pH 值为 8.0。

2.3.9　汉逊酵母感受态细胞的转化

（1）取 60 μL 汉逊酵母感受态细胞,加入 1~5 μg DNA。

（2）将混合物加入内径为 2 mm 的电极杯中。

（3）采用电击仪转化,电压设置为 1.5 kV,电击脉冲 4~5 ms。

（4）立即加入 1 mL YPD 液体培养基,然后转移到 15 mL 离心管中。

（5）于 37 ℃静置培养 1 h,37 ℃摇床培养 1~3 h。

（6）取 100~200 μL 培养液涂布在含有抗生素的 YPD 平板上。

（7）于 37 ℃培养 2~3 d。

2.4　结果与分析

2.4.1　表达组成型 Cas9 蛋白线性化载体的获得

以汉逊酵母菌株 OP001 基因组为模板、OP230 和 OP231 为引物,扩增 *OpMET2* 基因下游同源臂,得到长度为 1570 bp 的 PCR 产物;以 OP232 和 OP233 为引物,扩增 *OpMET2* 基因上游同源臂,得到长度为 1535 bp 的 PCR 产物。以质粒 pCRCT 为模板、OP234 和 OP235 为引物,扩增 *cas9* 基因表达盒,得到长度为 4615 bp 的 PCR 产物。将上述 3 个 PCR 产物进行纯化。以限制性内切酶 *Bgl* Ⅱ 和 *Xba* Ⅰ 对质粒 pWYE3200 进行双酶切,得到长度为 2325 bp 的片段,并对该片段进行纯化。将纯化后的 3 个 PCR 产物和双酶切质粒所得片段进行吉布森组装反应。采用化学转化法将反应产物转化至大肠杆菌 EC135,在含博来霉素(50 μg/mL,后同)的 LB 平板上筛选转化子,转化子传代培养三代后,以 OP232 和 OP233 为引物,采用菌落 PCR 鉴定转化子,对鉴定结果为阳性的转化子提取质粒,并对质粒测序,测序正确的质粒命名为 pWYE3208 ($MET2$upHA-$P_{S:TEF1}$-$cas9$-$MET2$downHA)(图 2-1)。以限制性内切酶 Spe I 酶切质粒 pWYE3208,纯化后获得表达组成型 Cas9 蛋白的线性化载体。

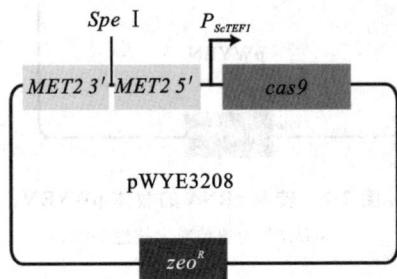

图 2-1 Cas9 蛋白表达载体 pWYE3208

注:zeo^R 为博来霉素抗性基因。

将所得表达 Cas9 蛋白的线性化载体转化到汉逊酵母菌株 OP001 中,在含博来霉素(100 μg/mL,后同)的 YPD 平板上筛选重组菌转化子。提取转化子基因组,以 OP384 和 OP385 为引物进行 PCR 验证,并纯化 PCR 产物送至测序。将测序结果正确的重组菌命名为 OP009(OP001$\Delta$$OpMET2$::$P_{S:TEF1}$-$cas9$)。

2.4.2 转录 gRNA 线性化载体的获得

以汉逊酵母菌株 OP001 基因组为模板、OP141 和 OP272 为引物,扩增 $OpADE2$ 基因下游同源臂,得到长度为 1558 bp 的 PCR 产物;以 OP273 和 OP144 为引物,扩增 $OpADE2$ 基因上游同源臂,得到长度为 1570 bp 的 PCR 产物;以酿酒酵母菌株 SC001 基因组为模板、OP145 和 OP202 为引物,扩增启动子 $P_{S:SNR52}$,得到长度为 317 bp 的 PCR 产物;以质粒 pCRCT 为模板、OP203 和 OP86 为引物,扩增 gRNA 转录盒(包括包含 N_{20} 的 crRNA、tracrRNA 和终止子 SUP4t,其中 N_{20} 设计在引物 OP203 里),得到长度为 179 bp 的 PCR 产物。将上述 4 个 PCR 产物进行纯化。以限制性内切酶 Bgl II 和 BamH I 对质粒 pWYE3201 进行双酶切,得到长度为 2648 bp 的片段,并对该片段进行纯化。将纯化后的 4 个 PCR 产物和双酶切质粒所得片段进行吉布森组装反应。采用化学转化法将反应产物转化至大肠杆菌 EC135,在含卡那霉素(50 μg/mL,后同)的 LB 平板上筛选转化子,转化子传代培养三代后,以 OP145 和 OP86 为引物,通过菌落 PCR 鉴定转化子,将鉴定结果

为阳性的转化子提取质粒,并将质粒测序,测序正确的质粒命名为 pWYEN($OpADE2$ upHA-$P_{ScSNR52}$-gRNA-SUP4t-$ADE2$ downHA,"pWYEN"的"N"代表每个转录 gRNA 的质粒的编号)(图 2-2)。以限制性内切酶 Kpn Ⅰ(或 Spe Ⅰ或 Sph Ⅰ)酶切质粒 pWYEN,纯化后获得转录 gRNA 的线性化载体。

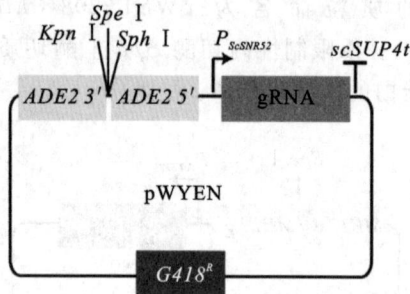

图 2-2 转录 gRNA 的载体 pWYEN

注:$G418^R$ 为遗传霉素抗性基因。

2.4.3 汉逊酵母中 CRISPR-Cas9 系统介导的无痕基因组编辑流程

在汉逊酵母中应用 CRISPR-Cas9 系统进行无痕基因组编辑需要 4 个步骤(图 2-3),下面进行具体介绍。

(1)表达 Cas9 蛋白线性化载体的整合:将表达 Cas9 蛋白的载体 pWYE3208 线性化后转化到野生型汉逊酵母菌株中。通过同源双交换,Cas9 蛋白表达盒替换掉 $OPMET2$ 基因,获得表达 Cas9 蛋白的菌株。此时菌株对博来霉素具有抗性并且是蛋氨酸营养缺陷型。

(2)基因编辑:将转录 gRNA 的载体和修复模板共同转入表达 Cas9 蛋白的菌株中。转录 gRNA 的线性化载体通过同源双交换替换掉 $OpADE2$ 基因,同时 gRNA 进行转录,引导 Cas9 蛋白到达靶位点,对靶位点进行特异性切割,使 DNA 双链断裂。修复模板通过同源双交换对 DNA 断裂进行修复,完成基因编辑。此时菌株对博来霉素和 G418 具有抗性,并且是蛋氨酸和腺嘌呤营养缺陷型。

(3)转录 gRNA 线性化载体的去除:以野生型汉逊酵母菌株基因组为模板,扩增出 $OpADE2$ 基因及其上、下游同源臂。将此 PCR 产物纯化后,转入步骤(2)所得菌株。通过同源双交换,$OpADE2$ 基因替换掉转录 gRNA 的线性化载体。此时菌株失去对 G418 的抗性并且恢复合成腺嘌呤的能力。

(4)表达 Cas9 蛋白的线性化载体的去除:以野生型汉逊酵母菌株基因组为模板,扩增出 $OpMET2$ 基因及其上、下游同源臂。将此 PCR 产物纯化后,转入步骤(3)所得菌株。通过同源双交换,$OpMET2$ 基因替换掉表达 Cas9 蛋白的线性化载体。此时菌株失去对博来霉素的抗性并且恢复合成蛋氨酸的能力。

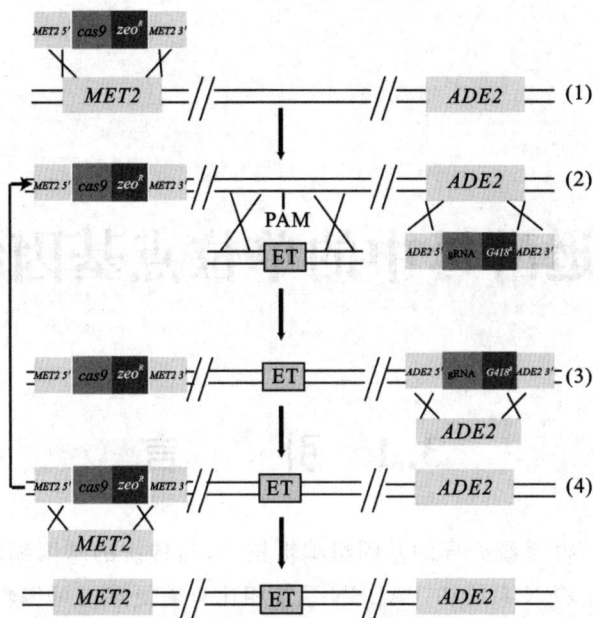

图 2-3　汉逊酵母中 CRISPR-Cas9 系统介导的无痕基因组编辑流程图

注:PAM 指 PAM 位点,是 CRISPR-Cas9 系统中识别和切割 DNA 时所需的特点核苷酸序列,位于靶标序列邻近位置;ET 代表编辑模板。

3 汉逊酵母中的单位点基因组编辑

3.1 引　言

CRISPR-Cas9 系统介导的基因组编辑技术,与传统的基因编辑方法相比有着很多优势:① 与 ZFN 系统和 TALEN 系统相比有着更多的可编辑位点。理论上,基因组中每 8 bp 就有一个能被 Cas9 蛋白识别的 PAM 位点;而对于 ZFN 系统和 TALEN 系统在基因组中分别平均要 500 bp 和 125 bp 才会有一个合适的编辑位点(Doudna et al.,2014b;Gupta et al.,2014;LaFountaine et al.,2015;Zhao et al.,2016)。② 可以同时编辑多个位点,这对于传统的反筛系统、ZFN 系统和 TALEN 系统而言是难以实现的(Odipio et al.,2017;Tothova et al.,2017;Zerbini et al.,2017)。③ 载体构建简单。在 CRISPR-Cas9 系统中,想要改变识别位点只需改变一段短的 RNA 序列即可;而 ZFN 系统和 TALEN 系统则需要根据不同的靶序列构建复杂的蛋白识别域(Carroll et al.,2014;Lee et al.,2015;Petersen et al.,2015)。

为验证本书第 2 章构建的基因组编辑技术,本章利用建立的 CRISP-Cas9 系统介导的基因编辑技术对汉逊酵母 *OpLEU2* 基因和 *OpURA3* 基因分别进行了敲除;对 *OpURA3* 基因进行了精确点突变,获得突变株 OP040(OP001*OpURA3*^{G73T});将 *gfpmut3a* 基因分别在 *OpLEU2*、*OpURA3* 和 *OpHIS3* 基因的位点进行了整合。

3.2 实验材料与设备

3.2.1 实验材料

本章使用的菌株和质粒见附录 1 中附表 1 和附表 2,引物见附表 3。

3.2.2 培养基及生物化学试剂的制备

本章使用的培养基及生物化学试剂的制备同 2.2.2 节。

3.2.3 仪器和设备

本章使用的主要仪器和设备同 2.2.3 节。

3.3 实 验 方 法

3.3.1 流式细胞仪检测

(1) 培养需检测菌株。

(2) 以 4 ℃、5000g 离心收集菌体,用 1 mL PBS 缓冲液重悬菌体。

(3) 以 4 ℃、5000g 离心收集菌体,用 1 mL PBS 缓冲液再次重悬菌体。

(4) 重悬后的样品置于冰上待分析。

(5) 以野生型细胞作为对照,使用 BD FACSCalibur 流式细胞仪计数 30000 个细胞。

(6) 使用 FlowJo 软件分析实验结果。

3.3.2 其他实验方法

大肠杆菌感受态细胞的制备及化学转化,大肠杆菌的质粒提取,大肠杆菌基因组 DNA 的提取、纯化和回收,载体的构建,真菌基因组 DNA 的提取,汉逊酵母感受态细胞的制备及转化等实验方法与 2.3 节相同。

3.4　结果与分析

3.4.1　*OpLEU2* 基因的敲除

3.4.1.1　转录 *OpLEU2* gRNA 线性化载体的构建

以汉逊酵母菌株 OP001 基因组为模板、OP141 和 OP272 为引物,扩增 *OpADE2* 基因下游同源臂,得到长度为 1558 bp 的 PCR 产物;以 OP273 和 OP144 为引物,扩增 *OpADE2* 基因上游同源臂,得到长度为 1570 bp 的 PCR 产物。以酿酒酵母菌株 SC001 基因组为模板、OP145 和 OP158 为引物,扩增启动子 $P_{Sc\text{-}SNR52}$,得到长度为 317 bp 的 PCR 产物。以质粒 pCRCT 为模板、OP159 和 OP86 为引物,扩增 gRNA 转录盒(包括包含 N_{20} 的 crRNA、tracrRNA 和终止子 SUP4t,其中 N_{20} 设计在引物 OP159 中),得到长度为 179 bp 的片段。将上述 4 个 PCR 产物进行纯化。以限制性内切酶 *Bgl* Ⅱ 和 *Bam*H Ⅰ 对质粒 pWYE3201 进行双酶切,得到长度为 2648 bp 的片段,并对该片段进行纯化。将纯化后的 4 个 PCR 产物和双酶切质粒所得片段进行吉布森组装反应。采用化学转化法将反应产物转化至大肠杆菌 EC135,在含卡那霉素的 LB 平板上筛选转化子,转化子传代培养三代后,以 OP145 和 OP86 为引物,采用菌落 PCR 鉴定转化子,对鉴定正确的转化子提取质粒,并将质粒测序,测序正确的质粒命名为 pWYE3209(*OpADE2* upHA-$P_{Sc\text{-}SNR52}$-*OpLEU2* gRNA-SUP4t-*OpADE2* downHA),以限制性内切酶 *Kpn* Ⅰ 酶切质粒 pWYE3209,纯化后获得转录 *OpLEU2* gRNA 的线性化载体。

3.4.1.2　敲除 *OpLEU2* 基因所用修复模板的获得

以汉逊酵母菌株 OP001 基因组为模板、OP190 和 OP98 为引物,扩增 *OpLEU2* 基因上游同源臂,得到长度约为 1000 bp 的 PCR 产物;以 OP99 和 OP191 为引物,扩增 *OpLEU2* 基因下游同源臂,得到长度约为 1000 bp 的 PCR 产物。将上述 2 个 PCR 产物进行纯化。以 OP190 和 OP191 为引物,以上述 2 个纯化后的 PCR 片段为模板,进行重叠 PCR(Overlap PCR)。将重叠 PCR 产物进行纯化,作为敲除 *OpLEU2* 基因的修复模板。

3.4.1.3　*OpLEU2* 基因的无痕敲除

将线性化的质粒 pWYE3209 和修复模板共同转化到汉逊酵母菌株 HP009 感

受态细胞中,同时将线性化的质粒 pWYE3201 和修复模板共同转化到汉逊酵母菌株 HP009 感受态细胞中作为对照。在含 G418 的 YPD 平板上筛选转化子,从红色菌落中随机挑选 8 个转化子,提取它们的基因组,以 OP101 和 OP102 为引物进行 PCR,检测 $OpLEU2$ 基因的敲除效率。如图 3-1 所示,在被鉴定的转化子中有 58.33%±7.22%的转化子成功敲除了 $OpLEU2$ 基因,在对照组中没有检测到基因敲除菌落。

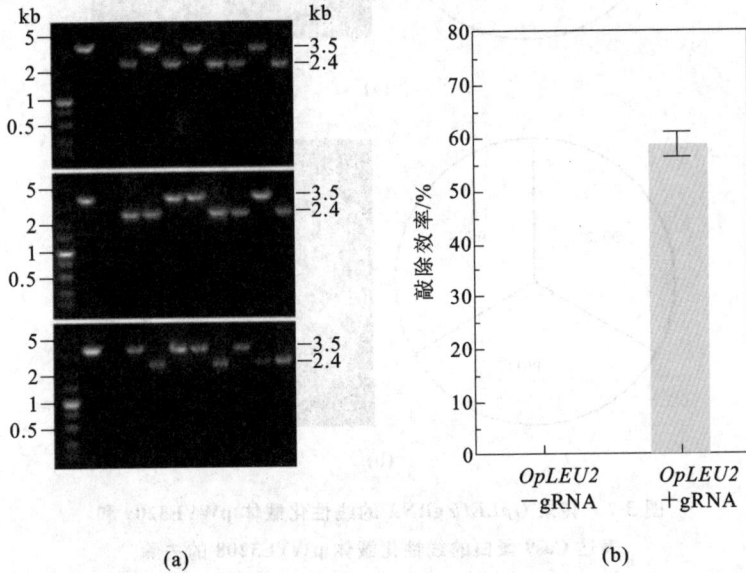

(a)   (b)

图 3-1 $OpLEU2$ 基因的敲除效率

(a) PCR 鉴定 $OpLEU2$ 基因敲除的凝胶电泳图;(b) 敲除 $OpLEU2$ 基因的效率统计

注:泳道 1 为 DNA marker;泳道 2 为阴性对照;泳道 3 为空白对照;泳道 4~11 为用于检测 $OpLEU2$ 基因敲除的目标菌落;$OpLEU2$－gRNA 为不携带 gRNA 的空白对照。

3.4.1.4 $OpLEU2$ 基因敲除菌株中线性化载体的去除

选取 PCR 验证正确的 $OpLEU2$ 基因敲除菌株,提取基因组,测序验证 $OpLEU2$ 基因是否成功敲除,将测序正确的菌株命名为 OP032(OP001$\Delta OpMET2$::$P_{S\text{-}TEF1}$-$cas9$ $\Delta OpADE2$::$OpLEU2$gRNA $\Delta OpLEU2$)。依次将转录 $OpLEU2$gRNA 的线性化载体 pWYE3209 和表达 Cas9 蛋白的线性化载体 pWYE3208 去除。如图 3-2,将菌株 OP032 中的线性化载体 pWYE3209 去除后获得菌株 OP033(OP001$\Delta OpMET2$::$P_{S\text{-}TEF1}$-$cas9$ $\Delta OpLEU2$),菌株 OP033 能够在 SC-ADE(腺嘌呤缺陷型)平板上正常生长。将菌株 OP033 中的线性化载体 pWYE3208 去除后获得菌株 OP034(OP001$\Delta OpLEU2$),菌株 OP034 能够在 SC-MET(蛋氨酸缺陷型)平板上生长。

(a)

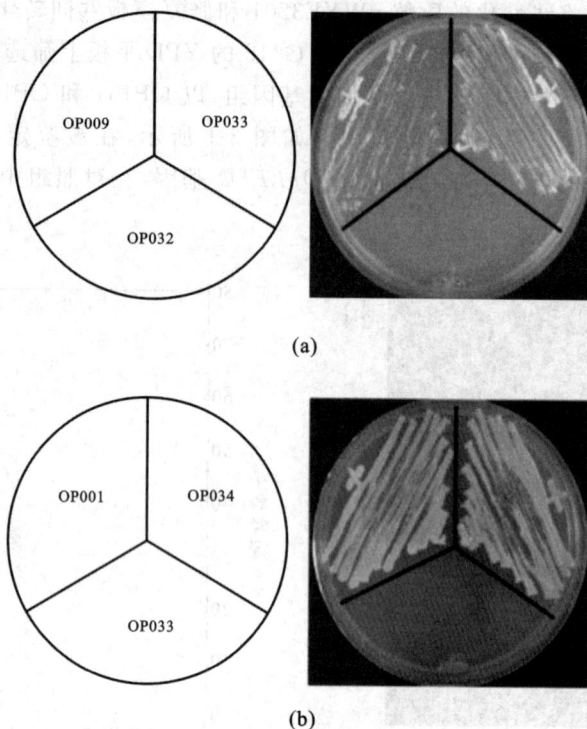

(b)

图 3-2   转录 *OpLEU2* gRNA 的线性化载体 pWYE3209 和
表达 Cas9 蛋白的线性化载体 pWYE3208 的去除

（a）SC-ADE 平板；（b）SC-MET 平板

3.4.1.5   *OpLEU2* 基因无痕敲除的功能验证

挑取菌株 OP034 的菌落,同时挑取野生型汉逊酵母菌株 OP001 的菌落作为对照分别在 YPD 平板和 SC-LEU(亮氨酸缺陷型)平板上进行划线培养,如图 3-3 所示,*OpLEU2* 基因敲除菌(OP034)能在 YPD 平板上生长而不能在 SC-LEU 平板上生长,野生型汉逊酵母菌株 OP001 既能在 YPD 平板上生长又能在 SC-LEU 平板上生长,进一步证明了 *OpLEU2* 基因的成功敲除。

3.4.2   *OpURA3* 基因的敲除

3.4.2.1   转录 *OpURA3* gRNA 线性化载体的构建

以汉逊酵母菌株 OP001 基因组为模板、OP141 和 OP272 为引物,扩增 *OpADE2* 基因下游同源臂,得到长度为 1558 bp 的 PCR 产物;以 OP273 和 OP144 为引物,扩增 *OpADE2* 基因上游同源臂,得到长度为 1570 bp 的 PCR 产物。以酿

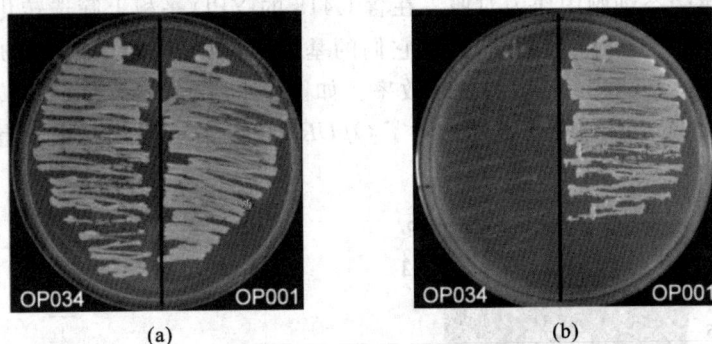

图 3-3　营养缺陷型分析验证 *OpLEU2* 基因的敲除

(a)YPD 平板；(b)SC-LEU 平板

酒酵母菌株 SC001 基因组为模板、OP145 和 OP158 为引物,扩增启动子 $P_{ScSNR52}$,得到长度为 317 bp 的 PCR 产物。以质粒 pCRCT 为模板、OP159 和 OP86 为引物,扩增 gRNA 转录盒(包括包含 N_{20} 的 crRNA、tracrRNA 和终止子 SUP4t,其中 N_{20} 设计在引物 OP159 中),得到长度为 179 bp 的片段。将上述 4 个 PCR 产物进行纯化。以限制性内切酶 *Bgl* Ⅱ和 *Bam*H Ⅰ对质粒 pWYE3201 进行双酶切,得到长度为 2648 bp 的片段,并对该片段进行纯化。将纯化后的 4 个 PCR 产物和双酶切质粒所得片段进行吉布森组装反应。采用化学转化法将反应产物转化至大肠杆菌 EC135,在含卡那霉素的 LB 平板上筛选转化子,转化子传代培养三代后,以 OP145 和 OP86 为引物,采用菌落 PCR 鉴定转化子,对鉴定正确的转化子提取质粒,并将质粒测序,测序正确的质粒命名为 pWYE3211(*OpADE2* upHA-$P_{ScSNR52}$-*OpURA3* gRNA-SUP4t-*OpADE2* downHA),以限制性内切酶 *Kpn* Ⅰ酶切质粒 pWYE3211,纯化后获得转录 *OpURA* gRNA 的线性化载体。

3.4.2.2　敲除 *OpURA3* 基因所用修复模板的获得

以汉逊酵母菌株 OP001 基因组为模板、OP419 和 OP351 为引物,扩增 *OpURA3* 基因上游同源臂,得到长度约为 1000 bp 的 PCR 产物;以 OP352 和 OP422 为引物,扩增 *OpURA3* 基因下游同源臂,得到长度约为 1000 bp 的 PCR 产物。将上述 2 个 PCR 产物进行纯化。以 OP419 和 OP422 为引物,以上述 2 个纯化后的 PCR 片段为模板,进行重叠 PCR。将重叠 PCR 产物进行纯化,作为敲除 *OpURA3* 基因的修复模板。

3.4.2.3　*OpURA3* 基因的无痕敲除

将线性化的质粒 pWYE3211 和修复模板共同转化到汉逊酵母菌株 OP009 感受态细胞中,同时将线性化的质粒 pWYE3201 和修复模板共同转化到汉逊酵母菌株 OP009 感受态细胞中作为对照。在含 G418 的 YPD 平板上筛选转化子。从红色菌落中随机挑选 8 个转化子,提取它们的基因组,以 OP371 和 OP373 为引物进行 PCR,检测 $OpURA3$ 基因的敲除效率。如图 3-4 所示,在被鉴定的转化子中有 $65.28\% \pm 2.41\%$ 的转化子成功敲除了 $OpURA3$ 基因,在对照组中没有检测到基因敲除菌落。

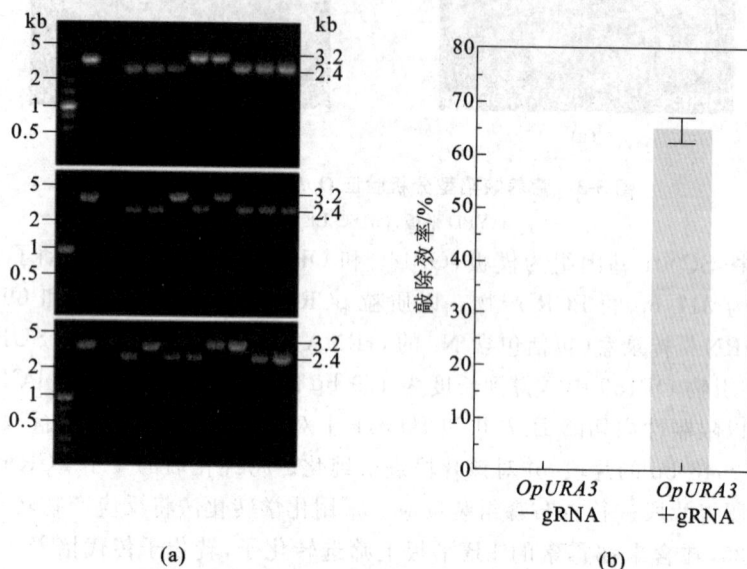

图 3-4 $OpURA3$ 基因的敲除效率

(a) PCR 鉴定基因 $OpURA3$ 敲除的凝胶电泳图;(b) 敲除 $OpURA3$ 基因的效率统计

注:泳道 1 为 DNA marker;泳道 2 为阴性对照;泳道 3 为空白对照;泳道 4~11 为用于检测 $OpURA3$ 基因敲除的目标菌落;URA3−gRNA 为不携带 gRNA 的空白对照。

3.4.2.4 $OpURA3$ 基因敲除菌株中线性化载体的去除

选取 PCR 验证正确的 $OpURA3$ 基因敲除菌株,提取基因组,测序验证 $OpURA3$ 基因是否成功敲除,将测序正确的菌株命名为 OP035(OP001$\Delta OpMET2$::$P_{\&TEF1}$-cas9 $\Delta OpADE2$::$OpURA3$gRNA $\Delta OpURA3$)。依次将转录 $OpURA3$ gRNA 的线性化载体 pWYE3211 和表达 Cas9 蛋白的线性化载体 pWYE3208 去除。如图 3-5 所示,将菌株 OP035 中的线性化载体 pWYE3211 去除后获得菌株 OP036(OP001$\Delta OpMET2$::$P_{\&TEF1}$-cas9 $\Delta OpURA3$),菌株 OP036 能够在 SC-ADE 平板上正常生长。将菌株 OP036 中的线性化载体 pWYE3208 去除后获得菌株 OP037(OP001$\Delta OpURA3$),菌株 OP037 能够在 SC-MET 平板上生长。

(a)

(b)

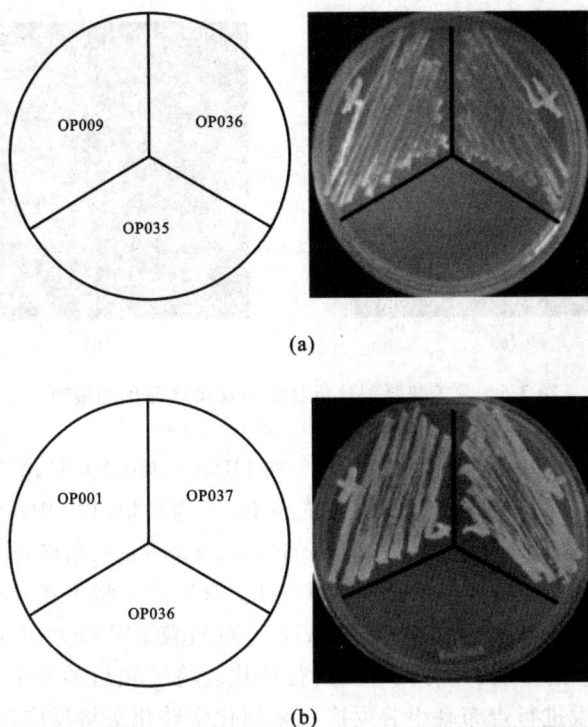

图 3-5　转录 *OpURA3* gRNA 的线性化载体 pWYE3211 和
表达 Cas9 蛋白的线性化载体 pWYE3208 的去除
(a) SC-ADE 平板；(b) SC-MET 平板

3.4.2.5　*OpURA3* 基因无痕敲除的功能验证

挑取菌株 OP037 的菌落,同时挑取野生型汉逊酵母菌株 OP001 的菌落作为对照,分别在 YPD 平板和 SC-URA(尿嘧啶缺陷型)平板上进行划线培养,如图 3-6 所示,*OpURA3* 基因敲除菌(OP037)能在 YPD 平板上生长而不能在 SC-URA 平板上生长,野生型汉逊酵母 OP001 既能在 YPD 平板上生长又能在 SC-URA 平板上生长,进一步证明了 *OpURA3* 基因的成功敲除。

3.4.3　*OpURA3* 基因的精确点突变

3.4.3.1　转录 *OpURA3* gRNA* 线性化载体的构建

以汉逊酵母菌株 OP001 基因组为模板、OP141 和 OP272 为引物,扩增 *OpADE2* 基因下游同源臂,得到长度为 1558 bp 的 PCR 产物;以 OP273 和 OP144 为引物,扩增 *OpADE2* 基因上游同源臂,得到长度为 1570 bp 的 PCR 产物。以酿

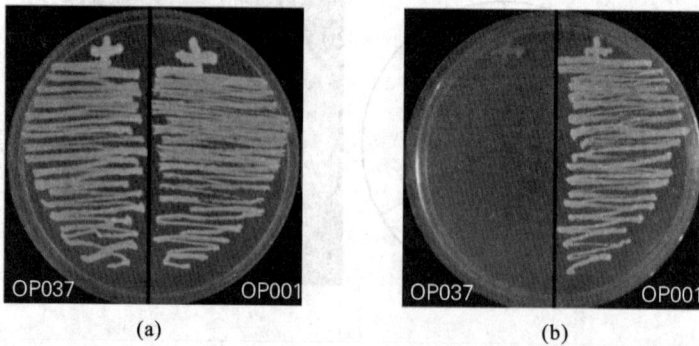

图 3-6　营养缺陷型分析验证 *OpURA3* 基因的敲除

（a）YPD 平板；（b）SC-URA 平板

酒酵母菌株 SC001 基因组为模板、OP145 和 OP368 为引物,扩增启动子 $P_{ScSNR52}$,得到长度为 317 bp 的 PCR 产物。以质粒 pCRCT 为模板,以 OP369 和 OP86 为引物,扩增 gRNA 转录盒(包括包含 N_{20} 的 crRNA、tracrRNA 和终止子 SUP4t,其中 N_{20} 设计在引物 OP369 中),得到长度为 179 bp 的片段。将上述 4 个 PCR 产物进行纯化。以限制性内切酶 *Bgl* Ⅱ 和 *Bam*H Ⅰ 对质粒 pWYE3201 进行双酶切,得到长度为 2648 bp 的片段,并对该片段进行纯化。将纯化后的 4 个 PCR 产物和双酶切质粒所得片段进行吉布森组装反应。采用化学转化法将反应产物转化至大肠杆菌 EC135,在含卡那霉素的 LB 平板上筛选转化子,转化子传代培养三代后,以 OP145 和 OP86 为引物,采用菌落 PCR 鉴定转化子,对鉴定正确的转化子提取质粒,并将质粒测序,测序正确的质粒命名为 pWYE3229(*OpADE2*upHA-$P_{ScSNR52}$-*OpURA3*gRNA*-*OpADE2*downHA),以限制性内切酶 *Kpn* Ⅰ 酶切质粒 pW-YE3229,纯化后获得转录 *OpURA3*gRNA* 的线性化载体。

3.4.3.2　*OpURA3* 基因精确点突变所用修复模板的获得

以汉逊酵母菌株 OP001 基因组为模板、OP353 和 OP361 为引物,扩增点突变位点上游同源臂,得到长度约为 1000 bp 的 PCR 产物;以 OP362 和 OP370 为引物,扩增点突变位点下游同源臂,得到长度约为 1000 bp 的 PCR 产物。将上述 2 个 PCR 产物进行纯化。以 OP353 和 OP370 为引物,以上述 2 个纯化后的 PCR 片段为模板,进行重叠 PCR。将重叠 PCR 产物进行纯化,作为 *OpURA3* 基因精确点突变的修复模板。

3.4.3.3　*OpURA3* 基因的精确点突变

将线性化的质粒 pWYE3229 和修复模板共同转化到汉逊酵母菌株 OP009 感受态细胞中,同时将线性化的质粒 pWYE3201 和修复模板共同转化到汉逊酵母菌株 OP009 感受态细胞中作为对照。在含 G418 的 YPD 平板上筛选转化子。从红色菌落中随机挑选 52 个转化子,分别在 YPD 平板和 SC-URA 平板上划线培养。根据菌落在两个平板上的生长表现,计算 *OpURA3* 基因的精确点突变效率,结果如图 3-7 所示,在被鉴定的转化子中有 31.40%±4.02% 的转化子发生了精确点突变,在对照组中没有检测到精确点突变菌落。

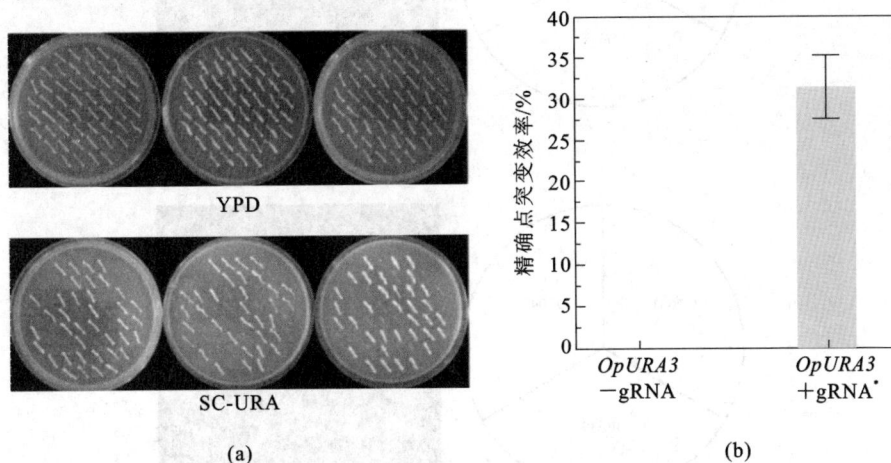

图 3-7 *OpURA3* 基因的精确点突变效率

(a) 通过营养缺陷型分析鉴定精确点突变;(b) *OpURA3* 基因精确点突变的效率统计

注:*OpURA3*－gRNA 为不携带 gRNA 的空白对照。

3.4.3.4 *OpURA3* 基因精确点突变菌株中线性化载体的去除

选取营养缺陷型分析验证正确的精确点突变菌株,提取其基因组,测序验证点突变,将测序正确的菌株命名为 OP038(OP001$\Delta OpMET2::P_{ScTEF1}$-cas9 $\Delta OpADE2::OpURA3$gRNA* $OpURA3^{G73T}$)。依次将转录 *OpURA3* gRNA* 的线性化载体 pWYE3229 和表达 Cas9 蛋白的线性化载体 pWYE3208 去除。如图 3-8 所示,将菌株 OP038 中的线性化载体 pWYE3229 去除后获得菌株 OP039(OP001$\Delta OpMET2::P_{ScTEF1}$-cas9 $OpURA3^{G73T}$),菌株 OP039 能够在 SC-ADE 平板上正常生长。将菌株 OP039 中的线性化载体 pWYE3208 去除后获得菌株 OP040(OP001$OpURA3^{G73T}$),菌株 OP040 能够在 SC-MET 平板上生长。

3.4.3.5 *OpURA3* 基因精确点突变的功能验证

挑取 OP040 的菌落,同时挑取野生型汉逊酵母菌株 OP001 的菌落作为对照,分别在 YPD 平板和 SC-URA 平板上进行划线培养,如图 3-9 所示,*OpURA3* 基因精确点突变菌(OP040)能在 YPD 平板上生长而不能在 SC-URA 平板上生长,野生

(a)

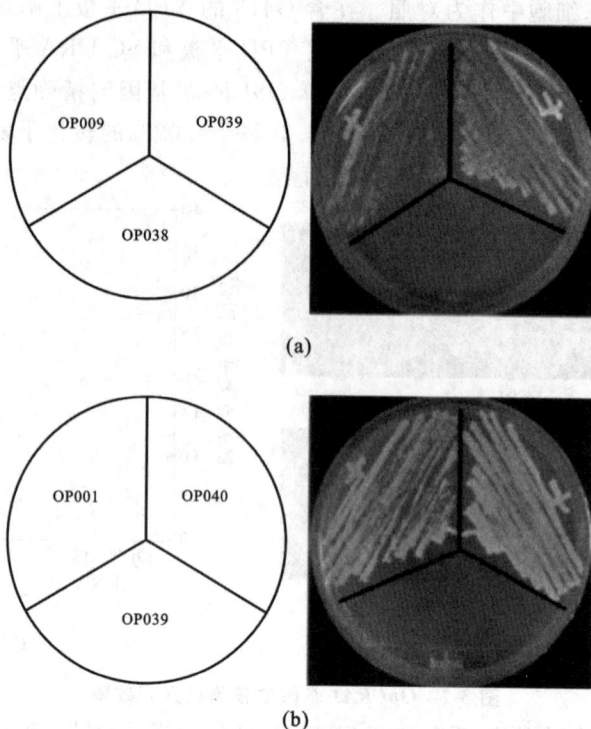

(b)

图 3-8   转录 *OpURA3* gRNA* 的线性化载体 pWYE3229 和
表达 Cas9 蛋白的线性化载体 pWYE3208 的去除

(a) SC-ADE 平板；(b) SC-MET 平板

型汉逊酵母菌株 OP001 既能在 YPD 平板上生长又能在 SC-URA 平板上生长，进一步证明了 *OpURA3* 基因的精确点突变。测序结果表明 DNA 序列由编码谷氨酸（E）的 GAA 突变为终止密码子 TAA。

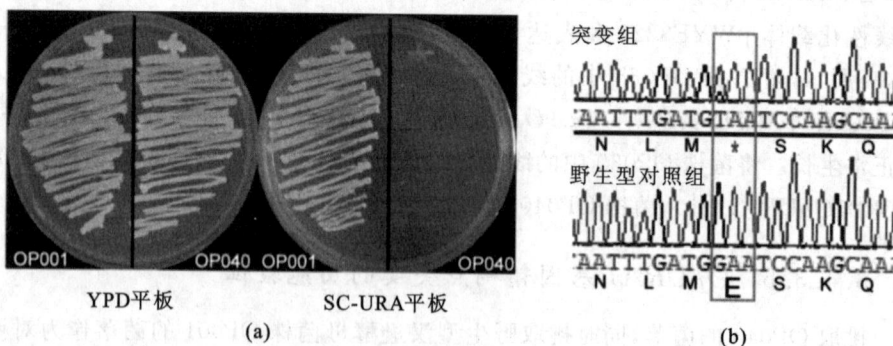

图 3-9   *OpURA3* 基因精确点突变的验证

（a）营养缺陷型分析验证三个基因的同时敲除；（b）测序结果

3.4.3.6 *OpURA3* 基因点突变精确性的验证

为了验证在点突变的过程中不存在脱靶位点,使用在线预测脱靶位点程序 Cas-OFFinder 寻找汉逊酵母基因组上潜在的脱靶位点。将 Cas-OFFinder 中错配碱基数(Mismatch Number)设置为 3,DNA 凸起大小(DNA Bulge Size)和 RNA 凸起大小(RNA Bulge Size)分别设置为 2,结果如表 3-1 所示,基因组上存在 7 个潜在的脱靶位点。以菌株 OP040 的基因组为模板、OP462 和 OP463 为引物扩增包含 A 位点的区域,获得长度为 522 bp 的 PCR 产物;以 OP476 和 OP477 为引物扩增包含 B 位点的区域,获得长度为 507 bp 的 PCR 产物;以 OP466 和 OP467 为引物扩增包含 C 位点的区域,获得长度为 497 bp 的 PCR 产物;以 OP468 和 OP469 为引物扩增包含 D 位点的区域,获得长度为 522 bp 的 PCR 产物;以 OP470 和 OP471 为引物扩增包含 E 位点的区域,获得长度为 414 bp 的 PCR 产物;以 OP472 和 OP473 为引物扩增包含 F 位点的区域,获得长度为 374 bp 的 PCR 产物;以 OP474 和 OP475 为引物扩增包含 G 位点的区域,获得长度为 522 bp 的 PCR 产物。将上述 PCR 产物纯化后测序,结果如图 3-10 所示,在这些潜在的脱靶位点没有发生突变,证明了 *OpURA3*^{G73T} 基因点突变的精确性。

表 3-1　　　　　　　　　　**OpURA3 基因点突变时潜在的脱靶位点**

位点	凸起类型	靶序列	染色体	位置	分向	错配数	凸起大小
	RNA	crRNA：CAGCAGACTACTTAATTTGANGG DNA：CAGCA-ACTtCaTAATTTGACGG	AECK01 000007.1	258798	—	2	1
A	RNA	crRNA：CAGCAGACTACTTAATTTGANGG DNA：CAGCAa-CTtCaTAATTTGACGG	AECK01 000007.1	258798	—	3	1
	RNA	crRNA：CAGCAGACTACTTAATTTGANGG DNA：CAGC-aACTtCaTAATTTGACGG	AECK01 000007.1	258798	—	3	1
	RNA	crRNA：CAGCAGACTACTTAATTTGANGG DNA：C--CAGACTcCTTcATTTGATGG	AECK01 000007.1	438370	—	2	2
B	RNA	crRNA：CAGCAGACTACTTAATTTGANGG DNA：Cc--AGACTcCTTcATTTGATGG	AECK01 000007.1	438370	—	3	2
	X	crRNA：CAGCAGACTACTTAATTTGANGG DNA：CAcCAGACTcCTTcATTTGATGG	AECK01 000007.1	438370	—	3	0
	RNA	crRNA：CAGCAGACTACTTAATTTGANGG DNA：CAGCAGAaTACcTAATTT-AGGG	AECK01 000004.1	649171	—	2	1
C	RNA	crRNA：CAGCAGACTACTTAATTTGANGG DNA：CAGCAGAaTACcTAA-TTtAGGG	AECK01 000004.1	649171	—	3	1

位点	凸起类型	靶序列	染色体	位置	分向	错配数	凸起大小
	RNA	crRNA：CAGCAGACTACTTAATTTGANGG DNA：CAGCAGAaTACcTAAT-TtAGGG	AECK01 000004.1	649171	—	3	1
C	RNA	crRNA：CAGCAGACTACTTAATTTGANGG DNA：CAGCAGAaTACcTAATT-tAGGG	AECK01 000004.1	649171	—	3	1
	RNA	crRNA：CAGCAGACTACTTAATTTGANGG DNA：CAGCAGAaTACcTAATT--tAGG	AECK01 000004.1	649172	—	3	2
D	RNA	crRNA：CAGCAGACTACTTAATTTGANGG DNA：CAGCgGtCTACaTAATTT-ATGG	AECK01 000005.1	226143	+	3	1
E	RNA	crRNA：CAGCAGACTACTTAATTTGANGG DNA：CgGCAGACaAC--AATcTGACGG	AECK01 000006.1	55550	+	3	2
F	RNA	crRNA：CAGCAGACTACTTAATTTGANGG DNA：CAGCAGAtT--TaAtTTTGATGG	AECK01 000003.1	932728	+	3	2
G	RNA	crRNA：CAGCAGACTACTTAATTTGANGG DNA：CAGCAGA-TAgcTAtTTTGATGG	AECK01 000004.1	75822	+	3	1

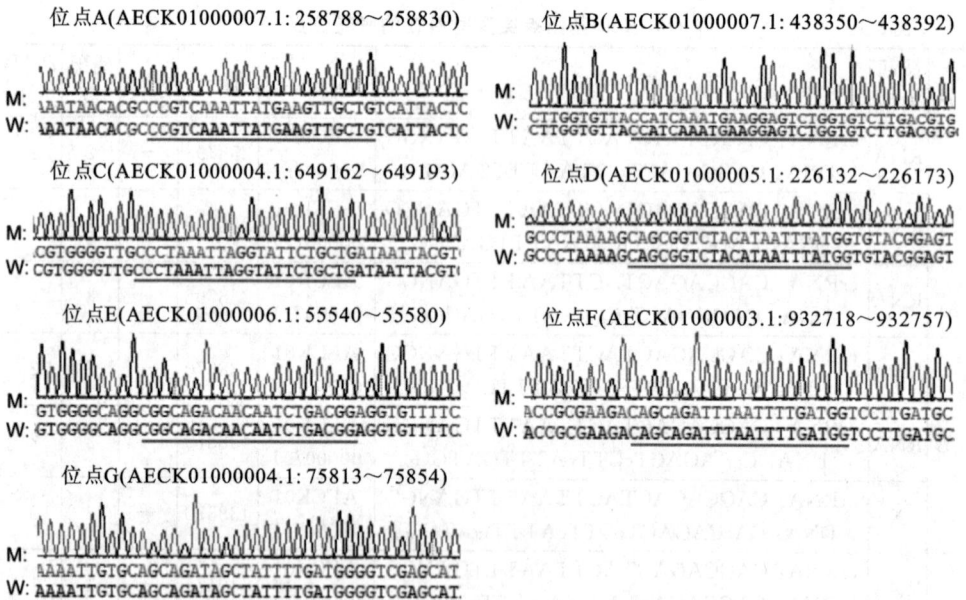

位点A(AECK01000007.1：258788~258830)

位点B(AECK01000007.1：438350~438392)

位点C(AECK01000004.1：649162~649193)

位点D(AECK01000005.1：226132~226173)

位点E(AECK01000006.1：55540~55580)

位点F(AECK01000003.1：932718~932757)

位点G(AECK01000004.1：75813~75854)

图 3-10 菌株 OP040 中潜在脱靶位点的测序结果

注：M 为点突变菌株 OP040 中的核苷酸序列；W 为野生型汉逊酵母菌株 OP001 中的核苷酸序列；括号中的是每个位点的基因组位置；划线处是与突变位点相似的序列。

3.4.4　*gfpmut3a* 基因在 *OpLEU2* 基因位点的整合

3.4.4.1　转录 *OpLEU2* gRNA 线性化载体的构建

转录 *OpLEU2* gRNA 线性化载体的构建同 3.4.1.1 节。

3.4.4.2　在 *OpLEU2* 基因位点整合 *gfpmut3a* 基因所用修复模板的获得

以汉逊酵母菌株 OP001 基因组为模板、OP129 和 OP130 为引物,扩增 *OpLEU2* 基因上游同源臂,得到长度约为 1000 bp 的 PCR 产物;以 OP131 和 OP132 为引物,扩增 *OpLEU2* 基因下游同源臂,得到长度约为 1000 bp 的 PCR 产物。以酿酒酵母菌株 SC001 基因组为模板、OP164 和 OP60 为引物,扩增启动子 P_{ScTEF1},得到长度为 635 bp 的 PCR 产物。以质粒 pAD123 为模板、OP61 和 OP165 为引物,扩增 *gfpmut3a* 基因,得到长度为 727 bp 的 PCR 产物。将上述 4 个 PCR 产物进行纯化。以限制性内切酶 *Bgl* Ⅱ 和 *Bam*H Ⅰ 双酶切质粒 pWYE3200 得到长度为 1920 bp 的片段并进行纯化。将纯化后的 4 个 PCR 产物和双酶切质粒所得片段进行吉布森组装反应。采用化学转化法将反应产物转化至大肠杆菌 EC135,在含博来霉素的 LB 平板上筛选转化子,转化子传代培养三代后,以 OP164 和 OP165 为引物,采用菌落 PCR 鉴定转化子。对鉴定正确的转化子提取质粒,并将质粒测序,测序正确的质粒命名为 pWYE3210(*OpLEU2* upHA-P_{ScTEF1}-*gfpmut3a*-*OpLEU2* downHA)。以质粒 pWYE3210 为模板、OP129 和 OP132 为引物进行 PCR 扩增,得到 DNA 片段 *OpLEU2* upHA-P_{ScTEF1}-*gfpmut3a*-*OpLEU2* downHA。将该片段作为在 *OpLEU2* 基因位点整合 *gfpmut3a* 基因的修复模板。

3.4.4.3　*gfpmut3a* 基因在 *OpLEU2* 基因位点的整合

将线性化的质粒 pWYE3209 和修复模板共同转化到汉逊酵母菌株 OP009 感受态细胞中,同时将线性化的质粒 pWYE3201 和修复模板共同转化到汉逊酵母菌株 OP009 感受态细胞中作为对照。在含 G418 的 YPD 平板上筛选转化子。从红色菌落中随机挑选 8 个转化子,提取它们的基因组,以 OP101 和 OP102 为引物进行 PCR,检测 *gfpmut3a* 基因的整合效率,如图 3-11 所示,在被鉴定的转化子中有 62.50% 成功整合了目的基因 *gfpmut3a*,在对照组中没有检测到含整合基因 *gfpmut3a* 的菌落。

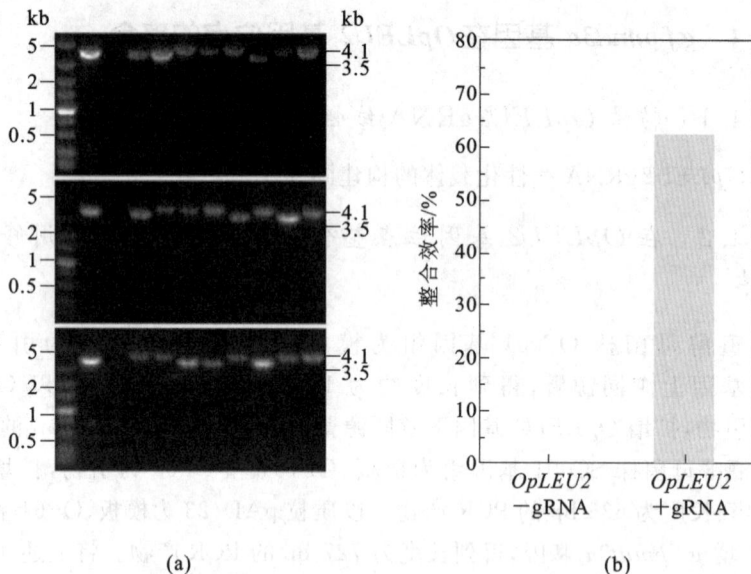

(a)   (b)

图 3-11   在 $OpLEU2$ 基因位点整合 $gfpmut3a$ 基因的效率

(a) PCR 鉴定 $gfpmut3a$ 基因整合的凝胶电泳图；(b) 整合 $gfpmut3a$ 基因的效率统计

注：泳道 1 为 DNA marker；泳道 2 为阴性对照；泳道 3 为空白对照；泳道 4~11 为用于检测 $gfpmut3a$ 基因整合的目标菌落；$OpLEU2-$gRNA 为不携带 gRNA 的空白对照。

3.4.4.4   在 $OpLEU2$ 基因位点整合 $gfpmut3a$ 基因菌株中线性化载体的去除

选取 PCR 验证正确的菌株，提取基因组，测序验证 $gfpmut3a$ 基因的整合，将测序正确的菌株命名为 OP010（OP001$\Delta OpMET2$∷$P_{\&TEF1}$-$cas9$ $\Delta OpADE2$∷$OpLEU2$gRNA$\Delta OpLEU2$∷$gfpmut3a$）。依次将转录 $OpLEU2$gRNA 的线性化载体 pWYE3209 和表达 Cas9 蛋白的线性化载体 pWYE3208 去除。如图 3-12 所示，将菌株 OP010 中的线性化载体 pWYE3209 去除后获得菌株 OP011（OP001$\Delta OpMET2$∷$P_{\&TEF1}$-$cas9$ $\Delta OpLEU2$∷$gfpmut3a$），菌株 OP011 能够在 SC-ADE 平板上正常生长。将菌株 OP011 中的线性化载体 pWYE3208 去除后获得菌株 OP012（OP001$\Delta OpLEU2$∷$gfpmut3a$），菌株 OP012 能够在 SC-MET 平板上生长。

3.4.4.5 $gfpmut3a$ 基因在 $OpLEU2$ 位点整合的功能验证

挑取菌株 OP012 的菌落，同时挑取野生型汉逊酵母菌株 OP001 的菌落作为对照，应用流式细胞仪检测绿色荧光蛋白（Green Fluorescent Protein，GFP）的表达。如图 3-13 所示，在菌株 OP012 中能检测到绿色荧光而在野生型汉逊酵母菌株 OP001 中检测不到绿色荧光，进一步证明了 $gfpmut3a$ 基因的成功整合。

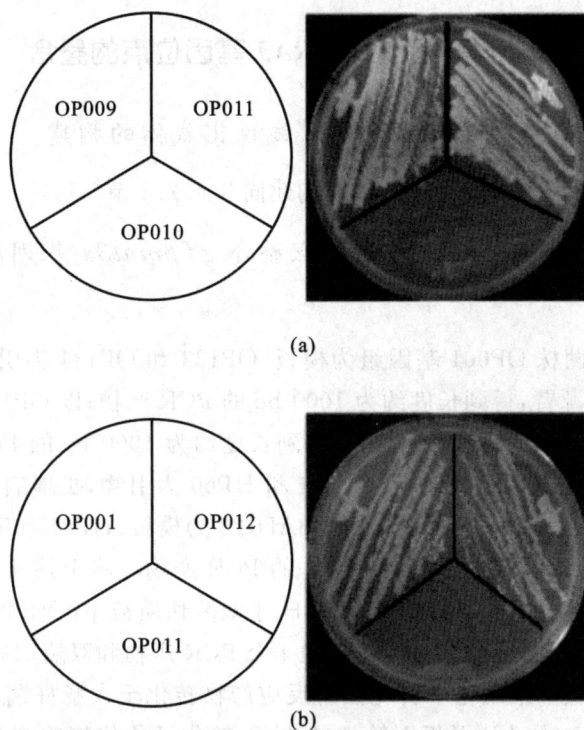

(a)

(b)

图 3-12　整合 *gfpmut3a* 基因后转录 *OpLEU2* gRNA 的线性化载体 pWYE3209 和

表达 Cas9 蛋白的线性化载体 pWYE3208 的去除

（a）SC-ADE 平板；（b）SC-MET 平板

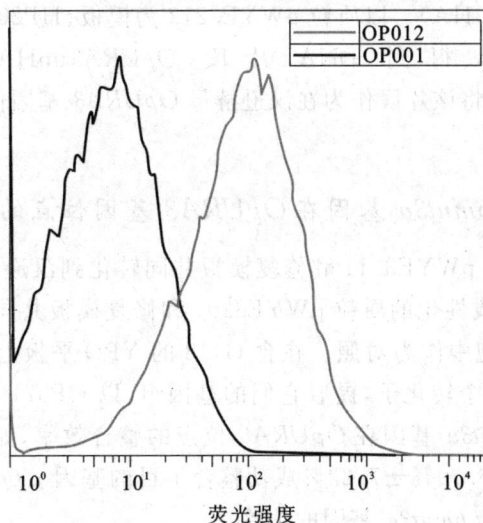

图 3-13　流式细胞仪检测菌株 OP012 中 *gfpmut3a* 基因的表达

3.4.5　*gfpmut3a* 基因在 *OpURA3* 基因位点的整合

3.4.5.1　转录 *OpURA3*gRNA 线性化载体的构建

转录 *OpURA*gRNA 线性化载体的构建同 3.4.2.1 节。

3.4.5.2　在 *OpURA3* 基因位点整合 *gfpmut3a* 基因所用修复模板的获得

以汉逊酵母菌株 OP001 基因组为模板、OP133 和 OP134 为引物,扩增 *OpU-RA3* 基因上游同源臂,得到长度约为 1000 bp 的 PCR 产物;以 OP135 和 OP136 为引物,扩增 *OpURA3* 基因下游同源臂,得到长度约为 1000 bp 的 PCR 产物。以酿酒酵母菌株 SC001 基因组为模板、HP164 和 HP60 为引物,扩增启动子 $P_{S\text{-}TEF1}$,得到长度为 635 bp 的 PCR 产物。以质粒 pAD123 为模板、HP61 和 HP165 为引物,扩增基因 *gfpmut3a*,得到长度为 727 bp 的 PCR 产物。将上述 4 个 PCR 产物进行纯化。以限制性内切酶 *Bgl* Ⅱ 和 *Bam*H Ⅰ 双酶切质粒 pWYE3200 得到长度为 1920 bp 的片段并进行纯化。将纯化后的 4 个 PCR 产物和双酶切质粒所得片段进行吉布森组装反应。采用化学转化法将反应产物转化至大肠杆菌 EC135,在含博来霉素(50 μg/mL)的 LB 平板上筛选转化子,转化子传代培养三代后,以 HP164 和 HP165 为引物,采用菌落 PCR 鉴定转化子。对鉴定正确的转化子提取质粒,并将质粒测序,测序正确的质粒命名为 pWYE3212(*OpURA3* upHA-$P_{S\text{-}TEF1}$-*gfp-mut3a*-*OpURA3* downHA)。以质粒 pWYE3212 为模板、HP208 和 HP211 为引物进行 PCR 扩增,得到 DNA 片段 *OpURA3* upHA-$P_{S\text{-}TEF1}$-*gfpmut3a*-*OpURA3* downHA。将该片段作为在汉逊酵母 *OpURA3* 基因位点整合 *gfpmut3a* 基因的修复模板。

3.4.5.3　*gfpmut3a* 基因在 *OpURA3* 基因位点的整合

将线性化的质粒 pWYE3211 和修复模板共同转化到汉逊酵母菌株 OP009 感受态细胞中,同时将线性化的质粒 pWYE3201 和修复模板共同转化到汉逊酵母菌株 OP009 感受态细胞中作为对照。在含 G418 的 YPD 平板上筛选转化子。从红色菌落中随机挑选 8 个转化子,提取它们的基因组,以 OP371 和 OP373 为引物进行 PCR,检测 *gfpmut3a* 基因在 *OpURA3* 位点的整合效率,如图 3-14 所示,在被鉴定的转化子中有 66.70%±7.22% 成功整合了目的基因 *gfpmut3a*,在对照组中没有检测到含整合 *gfpmut3a* 基因的菌落。

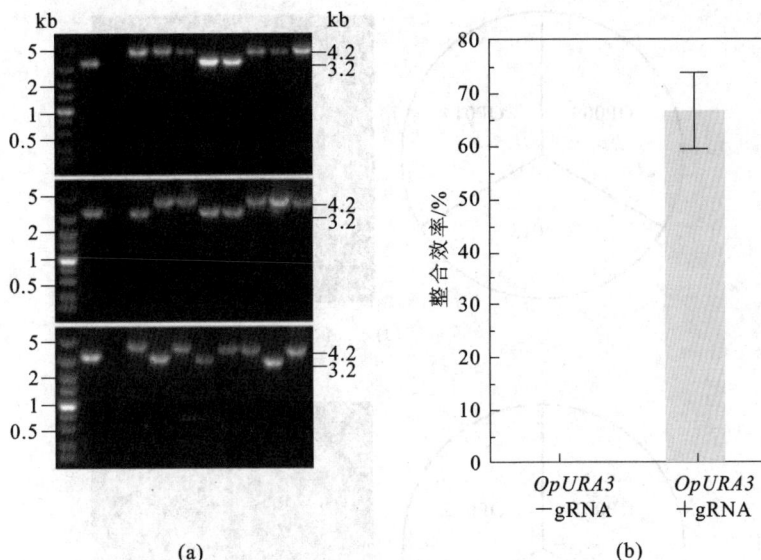

图 3-14   在 *OpURA3* 基因位点整合 *gfpmut3a* 基因的效率

（a）PCR 鉴定 *gfpmut3a* 基因整合的凝胶电泳图；（b）整合 *gfpmut3a* 基因的效率统计

注：泳道 1 为 DNA marker；泳道 2 为阴性对照；泳道 3 为空白对照；泳道 4～11 为用于检测 *gfpmut3a* 基因整合的目标菌落；*OpURA3* － gRNA 为不携带 gRNA 的空白对照。

3.4.5.4   在 *OpURA3* 基因位点整合 *gfpmut3a* 基因菌株中线性化载体的去除

选取 PCR 验证正确的菌株，提取基因组，测序验证 *gfpmut3a* 基因的整合，将测序正确的菌株命名为 OP013（OP001Δ*OpMET2* :: $P_{S\text{-}TEF1}$-*cas9* Δ*OpADE2* :: *OpURA3*gRNAΔ*OpURA3* :: *gfpmut3a*）。依次将转录 *OpURA3*gRNA 的线性化载体 pWYE3211 和表达 Cas9 蛋白的线性化载体 pWYE3208 去除。如图 3-15 所示，将菌株 OP013 中的线性化载体 pWYE3211 去除后获得菌株 OP014（OP001Δ*OpMET2* :: $P_{S\text{-}TEF1}$-*cas9* Δ*OpURA3* :: *gfpmut3a*），菌株 OP014 能够在 SC-ADE 平板上正常生长。将菌株 OP014 中的线性化载体 pWYE3208 去除后获得菌株 OP015（OP001Δ*OpURA3* :: *gfpmut3a*），菌株 OP015 能够在 SC-MET 平板上生长。

3.4.5.5   *gfpmut3a* 基因在 *OpLEU2* 基因位点整合的功能验证

挑取菌株 OP015 的菌落，同时挑取野生型汉逊酵母菌株 OP001 的菌落作为对照，应用流式细胞仪检测绿色荧光蛋白的表达，如图 3-16 所示，在菌株 OP015 中能检测到绿色荧光而在野生型汉逊酵母菌株 OP001 中检测不到绿色荧光，进一步证明了 *gfpmut3a* 基因的整合。

(a)

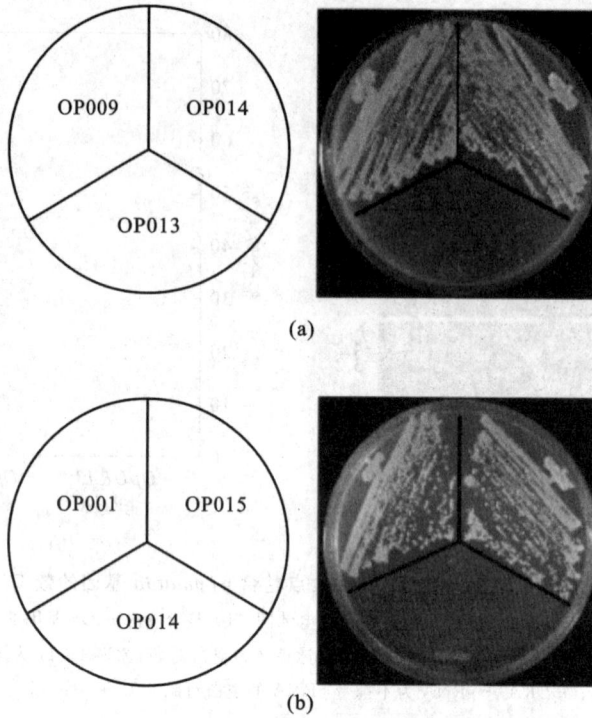

(b)

图3-15 整合 *gfpmut3a* 基因后转录 *OpURA3* gRNA 的线性化载体 pWYE3211 和
表达 Cas9 蛋白的线性化载体 pWYE3208 的去除

（a）SC-ADE 平板；（b）SC-MET 平板

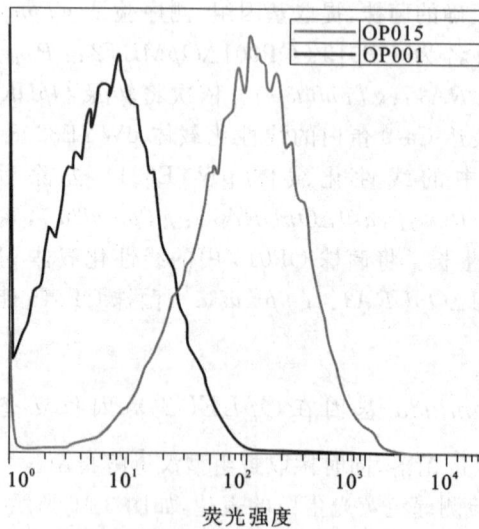

图 3-16 流式细胞仪检测菌株 OP015 中 *gfpmut3a* 基因的表达

3.4.6 *gfpmut3a* 基因在 *OpHIS3* 基因位点的整合

3.4.6.1 转录 *OpHIS3* gRNA 线性化载体的构建

以汉逊酵母菌株 OP001 基因组为模板、OP141 和 OP272 为引物,扩增 *OpADE2* 基因下游同源臂,得到长度为 1558 bp 的 PCR 产物;以 OP273 和 OP144 为引物,扩增 *OpADE2* 基因上游同源臂,得到长度为 1570 bp 的 PCR 产物。以酿酒酵母菌株 SC001 基因组为模板、OP145 和 OP146 为引物,扩增启动子 $P_{S\text{-}SNR52}$,得到长度为 317 bp 的 PCR 产物。以质粒 pCRCT 为模板,以 OP147 和 OP86 为引物,扩增 gRNA 转录盒(包括包含 N_{20} 的 crRNA、tracrRNA 和终止子 SUP4t,其中 N_{20} 设计在引物 OP146 里),得到长度为 179 bp 的片段。将上述 4 个 PCR 产物进行纯化。以限制性内切酶 *Bgl* II 和 *Bam*H I 对质粒 pWYE3201 进行双酶切,得到长度为 2648 bp 的片段,并对该片段进行纯化。将纯化后的 4 个 PCR 产物和双酶切质粒所得片段进行吉布森组装反应。将反应产物采用化学转化法转化至大肠杆菌 EC135,在含卡那霉素的 LB 平板上筛选转化子,转化子传代培养三代后,以 OP145 和 OP86 为引物,采用菌落 PCR 鉴定转化子,对鉴定正确的转化子提取质粒,并将质粒测序,测序正确的质粒命名为 pWYE3213(*OpADE2* upHA-$P_{S\text{-}SNR52}$-*OpHIS3* gRNA-SUP4t-*OpADE2* downHA),以限制性内切酶 *Kpn* I 酶切质粒 pWYE3213,纯化后获得转录 *OpHIS3* gRNA 的线性化载体。

3.4.6.2 在 *OpHIS3* 基因位点整合 *gfpmut3a* 基因所用修复模板的获得

以汉逊酵母菌株 OP001 基因组为模板、OP137 和 OP138 为引物,扩增 *OpHIS3* 基因上游同源臂,得到长度约为 1000 bp 的 PCR 产物。以 OP139 和 OP140 为引物,扩增 *OpHIS3* 基因下游同源臂,得到长度约为 1000 bp 的 PCR 产物。以酿酒酵母菌株 SC001 基因组为模板、HP164 和 HP60 为引物,扩增启动子 $P_{S\text{-}TEF1}$,得到长度为 635 bp 的 PCR 产物。以质粒 pAD123 为模板、HP61 和 HP165 为引物,扩增基因 *gfpmut3a*,得到长度为 727 bp 的 PCR 产物,将上述四个 PCR 产物进行纯化。以限制性内切酶 *Bgl* II 和 *Bam*H I 双酶切质粒 pWYE3200 得到长度为 1920 bp 的片段并进行纯化。将纯化后的四个 PCR 产物和双酶切质粒所得片段进行吉布森组装反应。将反应产物采用化学转化法转化至大肠杆菌 EC135,在含博来霉素的 LB 平板上筛选转化子,转化子传代培养三代后,以 HP164 和 HP165 为引物,采用菌落 PCR 鉴定转化子。对鉴定正确的转化子提取质粒,并将质粒测序,测序正确的质粒命名为 pWYE3214(*OpHIS3* upHA-$P_{S\text{-}TEF1}$-

$gfpmut3a$-$OpHIS3$downHA)。以质粒 pWYE3214 为模板、OP137 和 OP140 为引物进行 PCR 扩增，得到 DNA 片段 $OpHIS3$upHA-P$_{S\text{-}TEF1}$-$gfpmut3a$-$OpHIS3$downHA，将该片段作为在汉逊酵母 $OpHIS3$ 基因位点整合 $gfpmut3a$ 基因的修复模板。

3.4.6.3 $gfpmut3a$ 基因在 $OpHIS3$ 基因位点的整合

将线性化的质粒 pWYE3213 和修复模板共同转化到汉逊酵母菌株 OP009 感受态细胞中，同时将线性化的质粒 pWYE3201 和修复模板共同转化到汉逊酵母菌株 OP009 感受态细胞中作为对照。在含 G418 的 YPD 平板上筛选转化子。从红色菌落中随机挑选 8 个转化子，提取它们的基因组，以 OP374 和 OP375 为引物进行 PCR，检测 $gfpmut3a$ 基因的整合效率，如图 3-17 所示，在被鉴定的转化子中有 $66.70\% \pm 7.22\%$ 成功整合了目的基因 $gfpmut3a$，在对照组中没有检测到含整合 $gfpmut3a$ 基因的菌落。

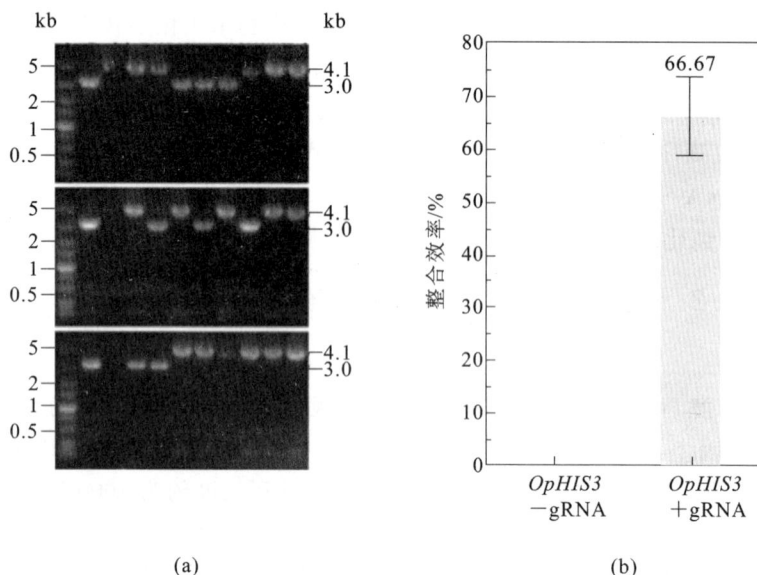

图 3-17 在 $OpHIS3$ 基因位点整合 $gfpmut3a$ 基因的效率

(a) PCR 鉴定 $gfpmut3a$ 基因整合的凝胶电泳图；(b) 整合 $gfpmut3a$ 基因的效率统计

注：泳道 1 为 DNA marker；泳道 2 为阴性对照；泳道 3 为空白对照；泳道 4~11 为用于检测 $gfpmut3a$ 基因整合的目标菌落；$OpHIS3$－gRNA 为不携带 gRNA 的空白对照。

3.4.6.4 在 *OpHIS3* 基因位点整合 *gfpmut3a* 基因菌株中线性化载体的去除

选取 PCR 验证正确的菌株,提取基因组,测序验证 *gfpmut3a* 基因的整合,将测序正确的菌株命名为 OP016（OP001Δ*OpMET2*∷*P*_{S-TEF1}-*cas9* Δ*OpADE2*∷*OpHIS3* gRNAΔ*OpHIS3*∷*gfpmut3a*）。依次将转录 *OpHIS3* gRNA 的线性化载体 pWYE3213 和表达 Cas9 蛋白的线性化载体 pWYE3208 去除。如图 3-18 所示,将菌株 OP016 中的线性化载体 pWYE3213 去除后获得菌株 OP017（OP001Δ*OpMET2*∷*P*_{S-TEF1}-*cas9* Δ*OpHIS3*∷*gfpmut3a*）,菌株 OP017 能够在 SC-ADE 平板上正常生长。将菌株 OP017 中的线性化载体 pWYE3208 去除后获得菌株 OP018（OP001Δ*OpHIS3*∷*gfpmut3a*）,菌株 OP018 能够在 SC-MET 平板上生长。

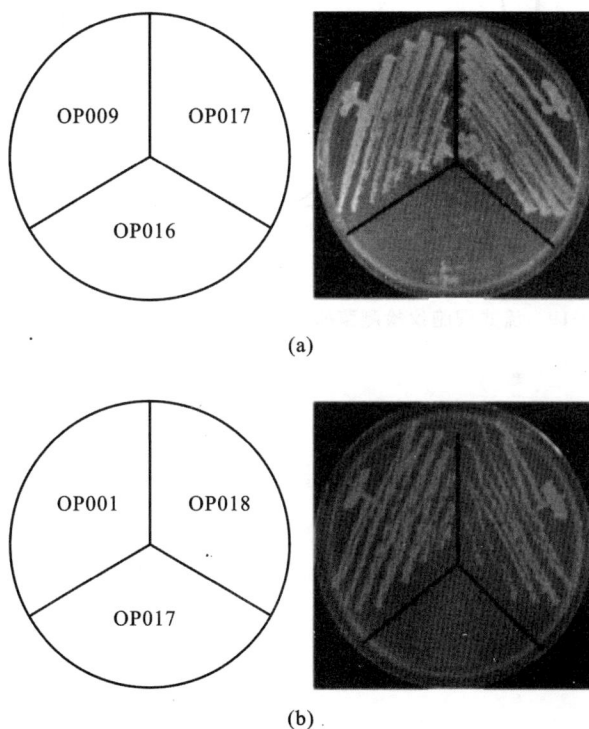

(a)

(b)

图 3-18 整合 *gfpmut3a* 基因后转录 *OpHIS3* gRNA 的线性化载体 pWYE3213 和表达 Cas9 蛋白的线性化载体 pWYE3208 的去除

（a）SC-ADE 平板；（b）SC-MET 平板

3.4.6.5 *gfpmut3a* 基因在 *OpHIS3* 基因位点整合的功能验证

挑取菌株 OP018 的菌落,同时挑取野生型汉逊酵母菌株 OP001 的菌落作为对照,应用流式细胞仪检测绿色荧光蛋白的表达,如图 3-19 所示,在突变体菌落中能检测到绿色荧光而在野生型汉逊酵母菌株 OP001 中检测不到绿色荧光,进一步证明了 *gfpmut3a* 基因成功在 *OpHIS3* 基因位点整合。

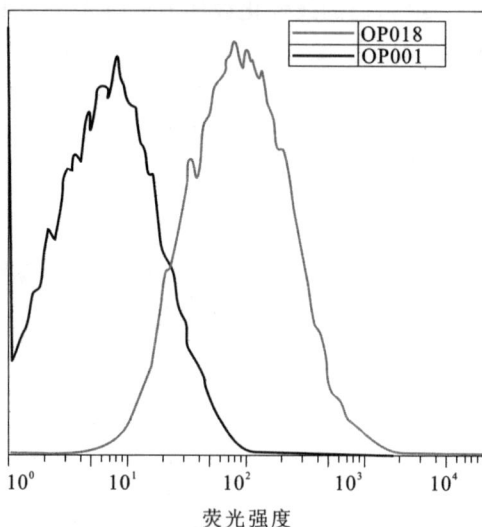

图 3-19　流式细胞仪检测菌株 OP018 中 *gfpmut3a* 基因的表达

4 酵母中的多位点基因组编辑

4.1 引　　言

多位点基因组编辑技术是指通过基因编辑工具一次性对基因组中多个靶位点进行精准修改的技术,具有重要的科学价值和应用潜力。传统单基因编辑难以揭示多基因互作网络,而同步编辑多个基因可高效模拟多因素调控的生物学过程。例如,通过同时敲除与肿瘤发生相关的多个抑癌基因,可加速癌症分子机制研究;在植物中,多重编辑开花调控基因有助于解析复杂农艺性状的形成规律。

在工业生产中,酵母作为重要的底盘细胞,具有生长周期短、发酵能力强、容易大规模培养等优点,被用于发酵具有重要工业价值的代谢产物。然而,关于酵母基因组多位点编辑技术的研究较少,限制了酵母的遗传改造和工业应用。因此,本章将在酵母细胞中建立一套多位点基因组编辑技术。

4.2 实验材料与设备

4.2.1 实验材料
本章使用的菌株和质粒见附录1中附表1和附表2,引物见附表3。

4.2.2 培养基及生物化学试剂的制备
本章使用的培养基及生物化学试剂的制备同2.2.2节。

4.2.3 仪器和设备
本章使用的仪器和设备同2.2.3节。

4.3 实 验 方 法

4.3.1 流式细胞仪检测

流式细胞仪的检测方法同 3.3.1 节。

4.3.2 实时荧光定量 PCR 检测

采用含有 BRYT 染料(一种荧光染料)的 GoTaq® qPCR Master Mix(Promega,美国)进行实时荧光定量 PCR(Quantitative Real-time PCR,qPCR)检测。实时荧光定量 PCR 反应体系(25 μL):GoTaq® qPCR Master Mix 12.5 μL,目的基因上、下游引物各 1 μL,DNA 模板 0.5 μL,无核酸酶水(Nuclease-Free water)补足至 25 μL。反应程序:① 95 ℃,2 min,② 95 ℃,15 s,③ 60 ℃,45 s,步骤②～③循环 40 次。对照组设置:不加 DNA 模板的样品管作为空白对照,以排除反应体系污染的干扰。对荧光定量 PCR 产物进行溶解曲线(Melting Curve)分析,以确定产物的特异性。根据 $2^{-\Delta\Delta\alpha}$ 法(Schmittgen et al.,2008),采用 Rotor-Gene Q series 软件(Qiagen,德国)分析数据。每次反应,每个样品分别做 3 个平行实验。

4.3.3 HPLC 检测

采用高效液相色谱法(High Performance Liquid Chromatography,HPLC)测定发酵液中目的产物的含量,具体方法如下。

4.3.3.1 白藜芦醇和 4-香豆酸的检测

(1) 白藜芦醇:柱型为 C18(直径×长度为 4.6 mm×250 mm,粒径为 5 μm;Agilent)色谱柱;柱温为 40 ℃;检测波长为 306 nm;流动相总流量为 1 mL/min。流动相:乙腈与 0.1%磷酸体积比为 3∶7。

(2) 4-香豆酸:柱型为 C18(直径×长度为 4.6 mm×250 mm,粒径为 5 μm;Agilent)色谱柱;柱温为 40 ℃;检测波长为 254 nm;流动相总流量为 1 mL/min。流动相:乙腈与 0.1%磷酸体积比为 3∶7。

4.3.3.2 戊二胺的检测

(1) 衍生:取 10 μL 样品上清液加入含有 100 μL 0.042 g/mL 碳酸氢钠水溶液的 2 mL 离心管,混匀后加入 200 μL 含有 1%(体积分数)2,4-二硝基氟苯的乙腈溶液,混匀;60 ℃衍生反应 60 min(严格计时,30 min 取出轻微振荡混匀继续衍生反应)。取出避光降温至室温,加入 1600 μL 纯乙腈,漩涡振荡混匀 30 s,经有机系滤膜过滤后取 15 μL 用于进样。

(2) 色谱分离条件:柱型为 C18(ZORBAX Eclipse XDB-C18,直径×长度为 4.6 mm×150 mm,粒径为 5 μm;Agilent)色谱柱;柱温为 35 ℃;检测波长为 360 nm;流动相总流量为 1 mL/min。流动相:体积分数为 80% 的乙腈水溶液。

4.3.4　其他实验方法

大肠杆菌感受态细胞的制备及化学转化,大肠杆菌的质粒提取,大肠杆菌基因组 DNA 的提取、纯化和回收,载体的构建,真菌基因组 DNA 的提取,汉逊酵母感受态细胞的制备及转化等实验方法与 2.3 节相同。

4.4　结果与分析

4.4.1　*OpLEU2*、*OpURA3* 和 *OpHIS3* 基因的同时敲除

4.4.1.1　转录 *OpLEU2* gRNA-*OpURA3* gRNA-*OpHIS3* gRNA 线性化载体的构建

以质粒 pWYE3209 为模板、OP307 和 OP308 为引物,扩增 *OpLEU2* gRNA 的表达盒,得到长度约为 430 bp 的 PCR 产物;以质粒 pWYE3213 为模板、OP309 和 OP310 为引物,扩增 *OpHIS3* gRNA 的表达盒,得到长度约为 430 bp 的 PCR 产物。将上述 2 个 PCR 产物进行纯化,以纯化后的 PCR 产物为模板、OP313 和 OP314 为引物进行重叠 PCR,并将重叠 PCR 产物进行纯化。以限制性内切酶 *Bam*H I 对质粒 pWYE3211 进行单酶切,并对酶切产物进行纯化。将纯化后的重叠 PCR 产物和单酶切质粒所得片段进行吉布森组装反应。采用化学转化法将反应产物转化至大肠杆菌 EC135,在含卡那霉素的 LB 平板上筛选转化子,转化子传代培养三代后,以 OP313 和 OP314 为引物,采用菌落 PCR 鉴定转化子,对鉴定正确的转化子提取质粒,并将质粒测序,测序正确的质粒命名为 pWYE3215（ *OpADE2* upHA-*OpLEU2* gRNA-*OpURA3* gRNA-*OpHIS3* gRNA-*OpADE2* downHA ）。以限制性内切酶 *Kpn* I 酶切质粒 pWYE3215,纯化后获得转录 *OpLEU2* gRNA-*OpURA3* gRNA-*OpHIS3* gRNA 的线性化载体。

4.4.1.2　同时敲除 $OpLEU2$、$OpURA3$ 和 $OpHIS3$ 基因所用修复模板的获得

以汉逊酵母菌株 OP001 基因组为模板、OP190 和 OP98 为引物，扩增 $OpLEU2$ 基因上游同源臂，得到长度约为 1000 bp 的 PCR 产物；以 OP99 和 OP191 为引物，扩增 $OpLEU2$ 基因下游同源臂，得到长度约为 1000 bp 的 PCR 产物。将上述 2 个 PCR 产物进行纯化。以 OP190 和 OP191 为引物、上述 2 个纯化后的 PCR 片段为模板，进行重叠 PCR。将重叠 PCR 产物进行纯化，作为敲除 $OpLEU2$ 基因的修复模板。

以汉逊酵母菌株 OP001 基因组为模板、OP419 和 OP351 为引物，扩增 $OpURA3$ 基因上游同源臂，得到长度约为 1000 bp 的 PCR 产物；以 OP352 和 OP422 为引物，扩增 $OpURA3$ 基因下游同源臂，得到长度约为 1000 bp 的 PCR 产物。将上述 2 个 PCR 产物进行纯化。以 OP419 和 OP422 为引物、上述 2 个纯化后的 PCR 片段为模板，进行重叠 PCR。将重叠 PCR 产物进行纯化，作为敲除 $OpURA3$ 基因的修复模板。

以汉逊酵母菌株 OP001 基因组为模板、OP357 和 OP358 为引物，扩增 $OpHIS3$ 基因上游同源臂，得到长度约为 1000 bp 的 PCR 产物；以 OP359 和 OP360 为引物，扩增 $OpHIS3$ 基因下游同源臂，得到长度约为 1000 bp 的 PCR 产物。将上述 2 个 PCR 产物进行纯化。以 OP357 和 OP360 为引物、上述 2 个纯化后的 PCR 片段为模板，进行重叠 PCR。将重叠 PCR 产物进行纯化，作为敲除 $OpHIS3$ 基因的修复模板。

将上述所得 3 个修复模板进行等摩尔混合，混合物即为同时敲除 $OpLEU2$、$OpURA3$ 和 $OpHIS3$ 基因所用的修复模板。

4.4.1.3　$OpLEU2$、$OpURA3$ 和 $OpHIS3$ 基因的同时敲除

将线性化的质粒 pWYE3215 和修复模板共同转化到汉逊酵母菌株 OP009 感受态细胞中，同时将线性化的质粒 pWYE3201 和修复模板共同转化到汉逊酵母菌株 OP009 感受态细胞中作为对照。在含 G418 的 YPD 平板上筛选转化子。从红色菌落中随机挑选 24 个转化子，提取它们的基因组，通过 PCR 检测三基因被同时敲除的效率。如图 4-1 所示，在被鉴定的转化子中有 $23.61\% \pm 6.36\%$ 的转化子成功敲除了 $OpLEU2$、$OpURA3$ 和 $OpHIS3$ 基因，在对照组中没有检测到基因敲除菌落。

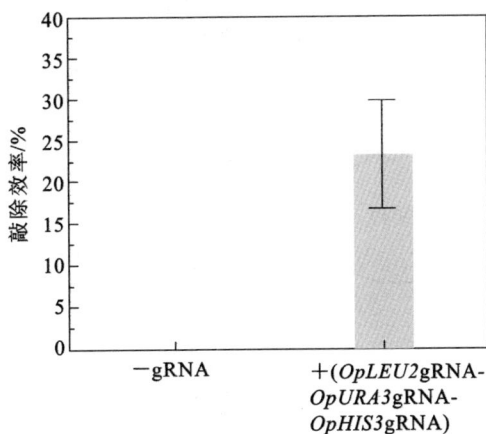

图 4-1 同时敲除 *OpLEU2*、*OpURA3* 和 *OpHIS3* 基因的效率

注：−gRNA 为不携带三基因 gRNA 的空白对照。

4.4.1.4 三基因敲除菌株中线性化载体的去除

选取 PCR 验证正确的三基因同时敲除的菌株，提取基因组，测序验证基因是否成功敲除，将测序正确的菌株命名为 OP047（OP001Δ*OpMET2*∷*P*$_{S-TEF1}$-*cas9* Δ*OpADE2*∷*OpHIS3*gRNA-*OpURA3*gRNA-*OpLEU2*gRNAΔ*OpLEU2* Δ*OpHIS3* Δ*OpURA3*）。依次将转录 *OpLEU2*gRNA-*OpURA3*gRNA-*OpHIS3*gRNA 的线性化载体 pWYE3215 和表达 Cas9 蛋白的线性化载体 pWYE3208 去除。如图 4-2 所示，将菌株 OP047 中的线性化载体 pWYE3215 去除后获得菌株 OP048（OP001Δ*OpMET2*∷*P*$_{S-TEF1}$-*cas9* Δ*OpLEU2* Δ*OpHIS3* Δ*OpURA3*），菌株 OP048 能够在 SC-ADE 平板上正常生长。将菌株 OP048 中的线性化载体 pWYE3208 去除后获得菌株 OP049（OP001Δ*OpLEU2* Δ*OpHIS3* Δ*OpURA3*），菌株 OP049 能够在 SC-MET 平板上生长。

4.4.1.5 三基因同时敲除的功能验证

挑取菌株 OP049 的菌落，同时挑取野生型汉逊酵母菌株 OP001 的菌落作为对照，分别在 YPD、SC-LEU、SC-HIS 和 SC-URA 平板上进行划线培养，如图 4-3 所示，三基因敲除菌株能在 YPD 平板上生长，而不能在 SC-LEU、SC-HIS 和 SC-URA 平板上生长。野生型汉逊酵母菌株 OP001 既能在 YPD 平板上生长又能在三种营养缺陷型平板上生长，进一步证明了三基因的同时敲除是成功的。

(a)

(b)

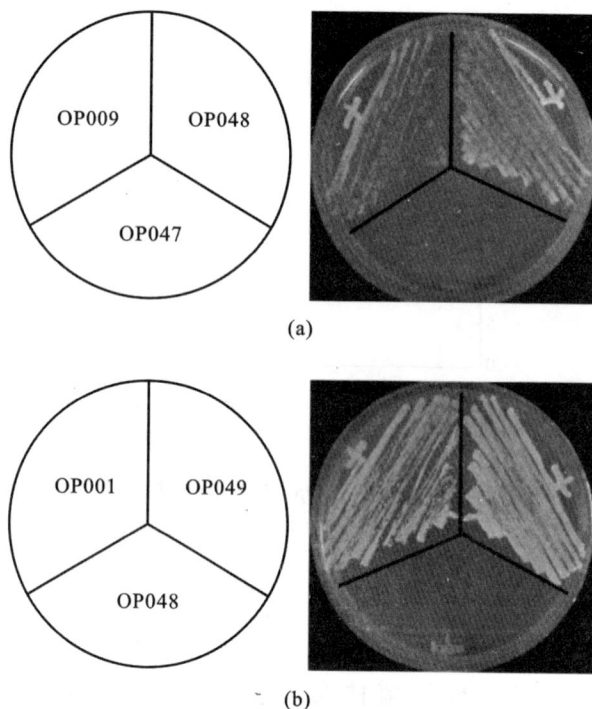

图 4-2　*OpLEU2* gRNA-*OpURA3* gRNA-*OpHIS3* gRNA 的线性化载体 pWYE3215 和
表达 Cas9 蛋白的线性化载体 pWYE3208 的去除
（a）SC-ADE 平板；（b）SC-MET 平板

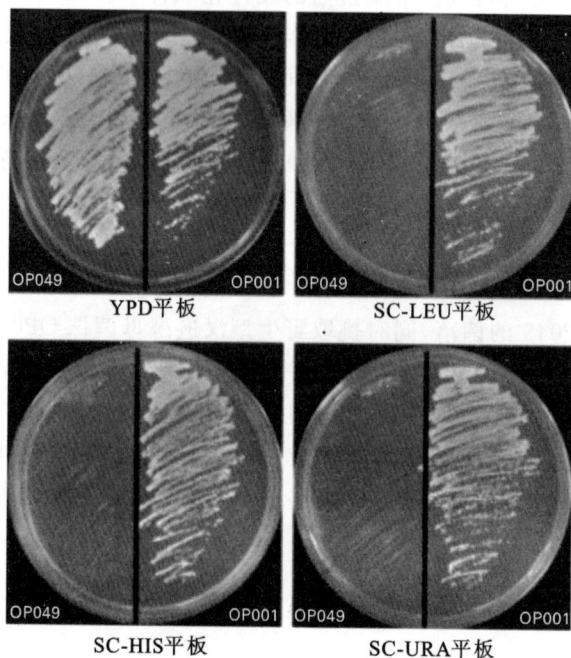

图 4-3　营养缺陷型分析验证三基因的同时敲除

4.4.2 CRISPR-Cas9 系统在汉逊酵母中介导的多位点整合

为了在汉逊酵母中进行多位点整合,选取 *OPURA3*、*OpHIS3* 和 *OpLEU2* 基因作为整合位点,分别用于整合白藜芦醇合成途径中的 3 个关键基因 *TAL*、*4CL* 和 *STS*(图 4-4)。

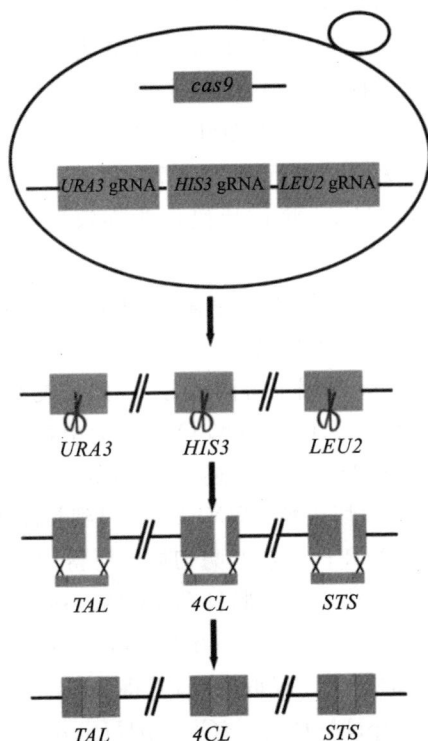

图 4-4   在 *OpURA3*、*OpHIS3* 和 *OpLEU2* 基因位点同时整合

TAL、4CL 和 STS 基因的原理图

4.4.2.1   转录 *OpLEU2* gRNA-*OpURA3* gRNA-*OpHIS3* gRNA 线性化载体的构建

转录 *OpLEU2* gRNA-*OpURA3* gRNA-*OpHIS3* gRNA 线性化载体的构建过程同 4.4.1.1 节。

4.4.2.2   同时整合 *TAL*、*4CL* 和 *STS* 基因所用修复模板的获得

以汉逊酵母菌株 OP001 基因组为模板、OP290 和 OP291 为引物,扩增 *OpU-RA3* 基因上游同源臂,得到长度约为 1000 bp 的 PCR 产物;以 OP294 和 OP295 为

引物,扩增 *OpURA3* 基因下游同源臂,得到长度约为 1000 bp 的 PCR 产物。以质粒 pWYE320X 为模板、OP292 和 OP293 为引物,扩增 *TAL* 基因表达盒,得到长度为 2318 bp 的 PCR 产物。将上述 3 个 PCR 产物进行纯化。以限制性内切酶 *Bgl* Ⅱ和 *BamH* Ⅰ双酶切质粒 pWYE3200 得到长度为 1920 bp 的片段并进行纯化。将纯化后的 3 个 PCR 产物和双酶切质粒所得片段进行吉布森组装反应。将反应产物采用化学转化法转化至大肠杆菌 EC135,在含博来霉素的 LB 平板上筛选转化子,转化子传代培养三代后,以 OP292 和 OP293 为引物,采用菌落 PCR 鉴定转化子。对鉴定正确的转化子提取质粒,并将质粒测序,测序正确的质粒命名为 pWYE3217（*OpURA3* upHA-P_{SrTEF1}-*TAL*-*OpURA3* downHA）。以质粒 pWYE3217 为模板、OP290 和 OP295 为引物进行 PCR 扩增,得到 DNA 片段 *OpURA3* upHA-P_{SrTEF1}-*TAL*-*OpURA3* downHA。将该片段作为在汉逊酵母 *OpURA3* 位点整合 *TAL* 基因的修复模板。

以汉逊酵母菌株 OP001 基因组为模板、OP296 和 OP297 为引物,扩增 *OpHIS3* 基因上游同源臂,得到长度约为 1000 bp 的 PCR 产物;以 OP300 和 OP301 为引物,扩增 *OpHIS3* 基因下游同源臂,得到长度约为 1000 bp 的 PCR 产物。以质粒 pWYE320X 为模板、OP298 和 OP299 为引物,扩增 *4CL* 基因表达盒,得到长度为 2175 bp 的 PCR 产物。将上述 3 个 PCR 产物进行纯化。以限制性内切酶 *Bgl* Ⅱ和 *BamH* Ⅰ双酶切质粒 pWYE3200 得到长度为 1920 bp 的片段并进行纯化。将纯化后的 3 个 PCR 产物和双酶切质粒所得片段进行吉布森组装反应。采用化学转化法将反应产物转化至大肠杆菌 EC135,在含博来霉素的 LB 平板上筛选转化子,转化子传代培养三代后,以 OP296 和 OP301 为引物,采用菌落 PCR 鉴定转化子。对鉴定正确的转化子提取质粒,并将质粒测序,测序正确的质粒命名为 pWYE3218（*OpHIS3* upHA-P_{SrTPI1}-*4CL*-*OpHIS3* downHA）。以质粒 pWYE3218 为模板,以 OP296 和 OP301 为引物进行 PCR 扩增,得到 DNA 片段 *OpHIS3* upHA-P_{SrTPI1}-*4CL*-*OpHIS3* downHA。将该片段作为在汉逊酵母 *OpHIS3* 位点整合 *4CL* 基因的修复模板。

以汉逊酵母菌株 OP001 基因组为模板、OP302 和 OP303 为引物,扩增 *OpLEU2* 基因上游同源臂,得到长度约为 1000 bp 的 PCR 产物;以 OP306 和 OP307 为引物,扩增 *OpLEU2* 基因下游同源臂,得到长度约为 1000 bp 的 PCR 产物。以质粒 pWYE320X 为模板、OP302 和 OP307 为引物,扩增 *STS* 基因表达盒,得到长度为 1889 bp 的 PCR 产物。将上述 3 个 PCR 产物进行纯化。以限制性内切酶 *Bgl* Ⅱ和 *BamH* Ⅰ双酶切质粒 pWYE3200 得到长度为 1920 bp 的片段并进行纯化。将纯化后的 3 个 PCR 产物和双酶切质粒所得片段进行吉布森组装反应。采用化学转化法将反应产物转化至大肠杆菌 EC135,在含博来霉素的 LB 平板上筛选转化子,转化子传代培养三代后,以 OP302 和 OP307 为引物,采用菌落 PCR 鉴定转化子。对鉴定正确的转化子提取质粒,并将质粒测序,测序正确的质粒命名为 pWYE3216（$OpLEU2$upHA-$P_{S\cdot TEF2}$-STS-$OpLEU2$downHA）。以质粒 pW-YE3216 为模板、OP302 和 OP307 为引物进行 PCR 扩增,得到 DNA 片段 $OpLEU2$upHA-$P_{S\cdot TEF2}$-STS-$OpLEU2$downHA。将该片段作为在汉逊酵母$OpLEU2$位点整合 STS 基因的修复模板。

将上述所得 3 个修复模板进行等摩尔混合,混合物即为同时整合 TAL、4CL 和 STS 基因所用的修复模板。

4.4.2.3　TAL、4CL 和 STS 基因的同时整合

将线性化的质粒 pWYE3215 和修复模板共同转化到汉逊酵母菌株 OP009 感受态细胞中,同时将线性化的质粒 pWYE3201 和修复模板共同转化到汉逊酵母菌株 OP009 感受态细胞中作为对照。在含 G418 的 YPD 平板上筛选转化子。从红色菌落中随机挑选 24 个转化子,提取它们的基因组,通过 PCR 检测 3 个基因被同时整合的效率。如图 4-5 所示,在被鉴定的转化子中有 30.56%±2.40% 的转化子中成功整合了 TAL、4CL 和 STS 基因,在对照组中没有检测到基因整合菌落。

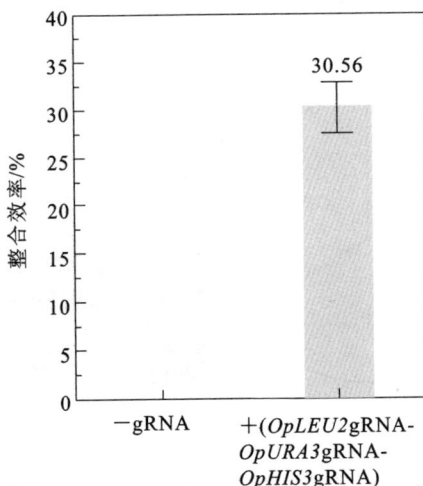

图 4-5　同时整合 TAL、4CL 和 STS 基因的效率
注:—gRNA 为不携带三基因 gRNA 的空白对照。

4.4.2.4　多位点整合菌株中线性化载体的去除

选取 PCR 验证正确的多位点整合菌株,提取基因组,测序验证基因的整合,将测序正确的菌株命名为 OP019（OP001$\Delta OpMET2$::$P_{S\cdot TEF1}$-cas9 $\Delta OpADE2$::

OpHIS3 gRNA-OpURA3 gRNA-OpLEU2 gRNA△OpHIS3∶∶4CL △OpURA3∶∶
TAL △OpLEU2∶∶STS）。依次将转录 OpLEU2 gRNA-OpURA3 gRNA-
OpHIS3 gRNA 的线性化载体 pWYE3215 和表达 Cas9 蛋白的线性化载体 pW-
YE3208 去除。如图 4-6 所示,将菌株 OP019 中的线性化载体 pWYE3215 去除后
获得菌株 OP020（OP001△OpMET2∶∶P_{S-TEF1}-cas9 △OpHIS3∶∶4CL △OpURA3∶∶
TAL △OpLEU2∶∶STS）,菌株 OP020 能够在 SC-ADE 平板上正常生长。将菌株
OP020 中的线性化载体 pWYE3208 去除后获得菌株 OP021（OP001△OpHIS3∶∶
4CL △OpURA3∶∶TAL △OpLEU2∶∶STS）,菌株 OP021 能够在 SC-MET 平板上
生长。

(a)

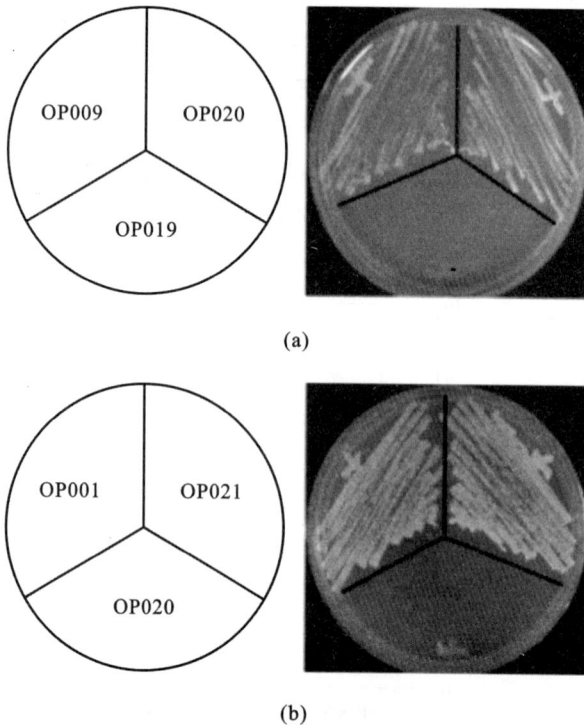

(b)

**图4-6 OpLEU2 gRNA-OpURA3 gRNA-OpHIS3 gRNA 的线性化载体 pWYE3215 和
表达 Cas9 蛋白的线性化载体 pWYE3208 的去除**

（a）SC-ADE 平板；（b）SC-MET 平板

4.4.2.5 多位点整合的功能验证

挑取菌株 OP021 的菌落,同时挑取野生型汉逊酵母菌株 OP001 的菌落作为对
照,进行摇瓶培养试验,应用 HPLC 检测培养液中白藜芦醇的浓度。如图 4-7 所
示,在菌株 OP021 发酵液中白藜芦醇的最大浓度为(4.69±0.17)mg/L,而在野生

型汉逊酵母培养液中检测不到白藜芦醇,进一步证明了 *TAL*、*4CL* 和 *STS* 基因同时整合到了汉逊酵母基因组上。

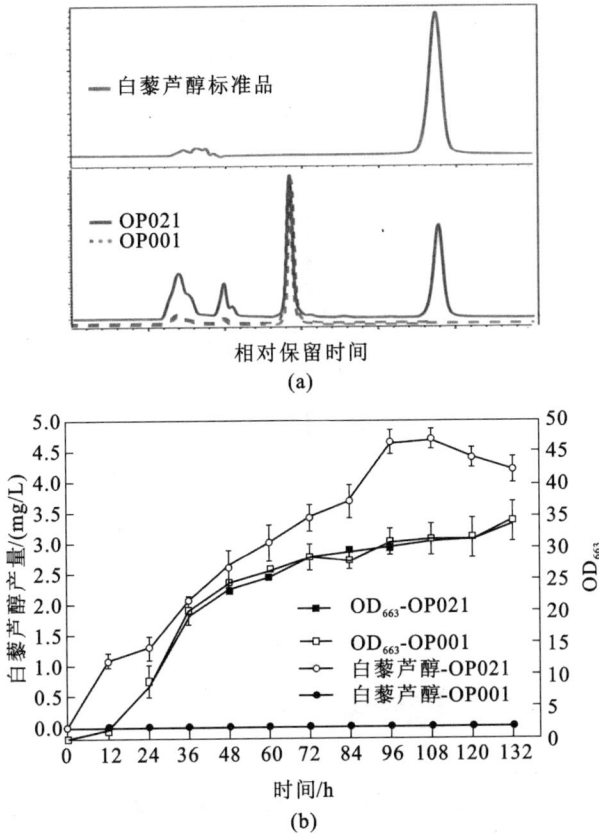

图 4-7　菌株 OP021 和 OP001 的摇瓶培养

（a）HPLC 分析白藜芦醇相对浓度；（b）菌株 OP001 和 OP021 的细胞生长曲线和白藜芦醇的产量曲线

4.4.3　CRISPR-Cas9 系统在汉逊酵母中介导的多拷贝整合

为了在汉逊酵母中进行目的基因的多拷贝整合,选择具有 $50\sim60$ 个串联重复单元的 rDNA 簇作为整合位点。基本原理如图 4-8 所示,首先在汉逊酵母细胞中表达 Cas9 蛋白,然后共转入靶向 rDNA 簇的 rDNAgRNA 和修复模板,Cas9 蛋白在 rDNAgRNA 的引导下特异性切割多个 rDNA 重复单元,造成多个 DNA 双链断裂(DSB),修复模板通过同源重组修复这些 DSB,使得多个拷贝的目的基因整合到rDNA 簇。

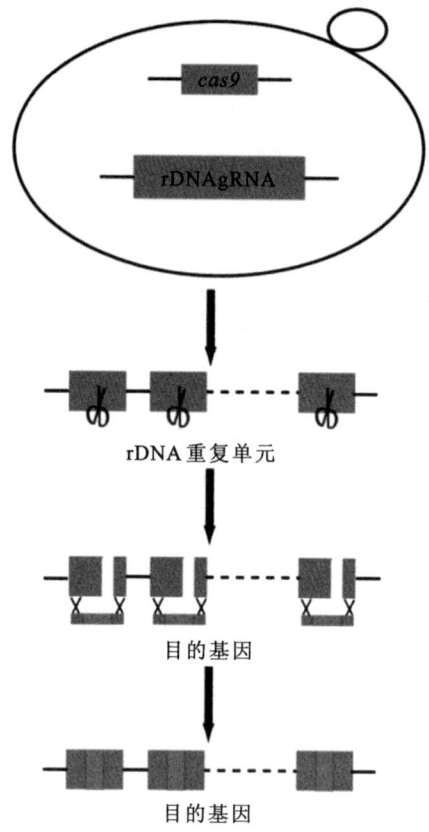

图 4-8　在 rDNA 簇多拷贝整合目的基因的原理图

4.4.3.1　表达诱导性 Cas9 蛋白线性化载体的获得

以汉逊酵母菌株 OP001 基因组为模板、OP230 和 OP231 为引物,扩增 *OpMET2* 基因下游同源臂,得到长度为 1570 bp 的 PCR 产物;以 OP232 和 OP233 为引物,扩增 *OpMET2* 基因上游同源臂,得到长度为 1535 bp 的 PCR 产物;以 OP234 和 OP235 为引物,扩增甲醇诱导型启动子 P_{OpMOX},得到长度为 1528 bp 的 PCR 产物。以质粒 pCRCT 为模板、OP236 和 OP237 为引物,扩增 *cas9* 基因,得到长度为 4255 bp 的 PCR 产物。将上述 4 个 PCR 产物进行纯化。以限制性内切酶 *Bgl* II 和 *Xba* I 对质粒 pWYE3200 进行双酶切,得到长度为 2325 bp 的片段,并对该片段进行纯化。将纯化后的 4 个 PCR 产物和双酶切质粒所得片段进行吉布森组装反应。采用化学转化法将反应产物转化至大肠杆菌 EC135,在含博来霉素的 LB 平板上筛选转化子,转化子传代培养三代后,以 OP232 和 OP233 为引物,采用菌落 PCR 鉴定转化子,对鉴定正确的转化子提取质粒,并将质粒测序,测序正确的质粒命名为 pWYE3219($OpMET2$ upHA-P_{OpMOX}-$cas9$-$OpMET2$ downHA)(图 4-9)。以限制性内切酶 Spe I 酶切质粒 pWYE3219,纯化后获得表达诱导性 Cas9 蛋白的线性化载体。

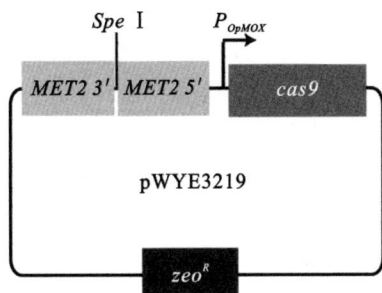

图 4-9 表达诱导性 Cas9 蛋白线性化载体 pWYE3219

4.4.3.2 表达诱导性 Cas9 蛋白的汉逊酵母菌株的构建

将 4.4.3.1 节所得表达诱导性 Cas9 蛋白的线性化载体转化到野生型汉逊酵母菌株 OP001 中,在含博来霉素的 YPD 平板上筛选重组菌转化子。提取转化子基因组,以 OP384 和 OP385 为引物进行 PCR 验证,并纯化 PCR 产物送测序。将测序结果正确的重组菌命名为 OP022(OP001Δ$OpMET2$::P_{OpMOX}-$cas9$)。

4.4.3.3 转录 OprDNAgRNA 线性化载体的构建

以汉逊酵母菌株 OP001 基因组为模板、OP141 和 OP272 为引物,扩增 $OpADE2$ 基因下游同源臂,得到长度为 1558 bp 的 PCR 产物;以 OP273 和 OP144 为引物,扩增 $OpADE2$ 基因上游同源臂,得到长度为 1570 bp 的 PCR 产物。以酿酒酵母菌株 SC001 基因组为模板,以 OP145 和 OP202 为引物,扩增启动子 $P_{ScSNR52}$,得到长度为 317 bp 的 PCR 产物。以质粒 pCRCT 为模板、OP203 和 OP86 为引物,扩增 gRNA 转录盒(包括包含 N_{20} 的 crRNA、tracrRNA 和终止子 SUP4t,其中 N_{20} 设计在引物 OP203 中),得到长度为 179 bp 的片段。将上述 4 个 PCR 产物进行纯化。以限制性内切酶 Bgl II 和 BamH I 对质粒 pWYE3201 进行双酶切,得到长度为 2648 bp 的片段,并对该片段进行纯化。将纯化后的 4 个 PCR 产物和双酶切质粒所得片段进行吉布森组装反应。采用化学转化法将反应产物转化至大肠杆菌 EC135,在含卡那霉素的 LB 平板上筛选转化子,转化子传代培养三代后,以 OP145 和 OP86 为引物,采用菌落 PCR 鉴定转化子,对鉴定正确的转化子提取质粒,并将质粒测序,测序正确的质粒命名为 pWYE3220($OpADE2$ upHA-

$P_{S:SNR52}$-rDNAgRNA-*OpADE2*downHA)。以限制性内切酶 *Kpn* Ⅰ 酶切质粒 pW-YE3220,纯化后获得转录 *Op*rDNAgRNA 的线性化载体。

4.4.3.4 *Op*rDNA 位点多拷贝整合 *gfpmut3a* 基因所用修复模板的获得

以汉逊酵母菌株 OP001 基因组为模板、OP208 和 OP209 为引物,扩增 *Op*rD-NA 位点上游同源臂,得到长度为 995 bp 的 PCR 产物;以 OP210 和 OP211 为引物,扩增 *Op*rDNA 位点下游同源臂,得到长度为 1004 bp 的 PCR 产物(精确位置如图 4-10 所示)。以酿酒酵母菌株 SC001 基因组为模板、OP164 和 OP60 为引物,扩增启动子 $P_{S:TEF1}$,得到长度为 635 bp 的 PCR 产物。以质粒 pAD123 为模板、OP61 和 OP165 为引物扩增基因 *gfpmut3a*,得到长度为 727 bp 的 PCR 产物。将上述 4 个 PCR 产物进行纯化。以限制性内切酶 *Bgl* Ⅱ 和 *Bam*H Ⅰ 双酶切质粒 pW-YE3200 得到长度为 1920 bp 的片段,并进行纯化。将纯化后的 4 个 PCR 产物和双酶切质粒所得片段进行吉布森组装反应。采用化学转化法将反应产物转化至大肠杆菌 EC135,在含博来霉素的 LB 平板上筛选转化子,转化子传代培养三代后,以 OP164 和 OP165 为引物,采用菌落 PCR 鉴定转化子。对鉴定正确的转化子提取质粒,并将质粒测序,测序正确的质粒命名为 pWYE3221(*Op*rDNAupHA-$P_{S:TEF1}$-*gfpmut3a*-*Op*rDNAdownHA)。以质粒 pWYE3221 为模板,以 OP208 和 OP211 为引物进行 PCR 扩增,得到 DNA 片段 *Op*rDNAupHA-$P_{S:TEF1}$-*gfpmut3a*-*Op*rDNAdownHA。将该片段作为在汉逊酵母 *Op*rDNA 位点整合 *gfpmut3a* 基因的修复模板。

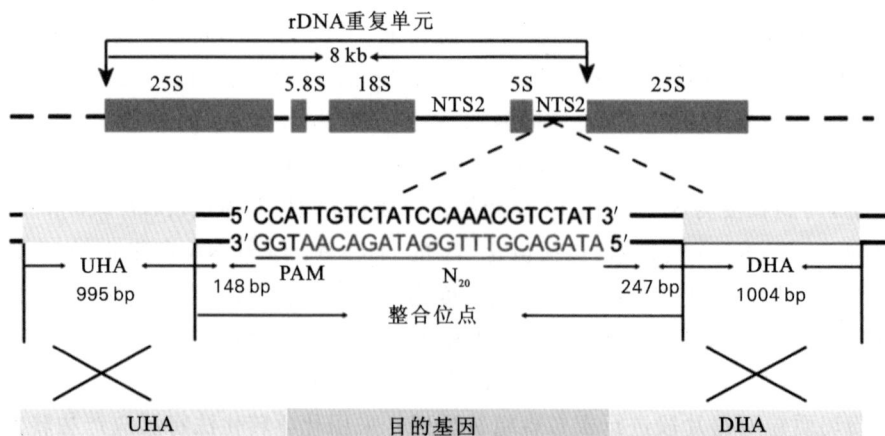

图 4-10 在汉逊酵母 rDNA 簇整合外源基因的精确位置

4.4.3.5 *gfpmut3a* 基因在 *Op* rDNA 位点的多拷贝整合

将线性化的质粒 pWYE3220 和修复模板共同转化到汉逊酵母菌株 OP022 感受态细胞中,同时将线性化的质粒 pWYE3201 和修复模板共同转化到汉逊酵母菌株 OP022 感受态细胞中作为对照。在含 G418 的 YPD 平板上筛选转化子。从红色菌落中随机挑选 24 个转化子,提取它们的基因组,以 OP380 和 OP376 为引物进行 PCR,检测 *gfpmut3a* 基因在 rDNA 位点的整合效率。如图 4-11 所示,在被鉴定的转化子中 75.00%±12.5% 成功整合了目的基因 *gfpmut3a*,在对照组中没有检测到整合 *gfpmut3a* 基因的菌落。

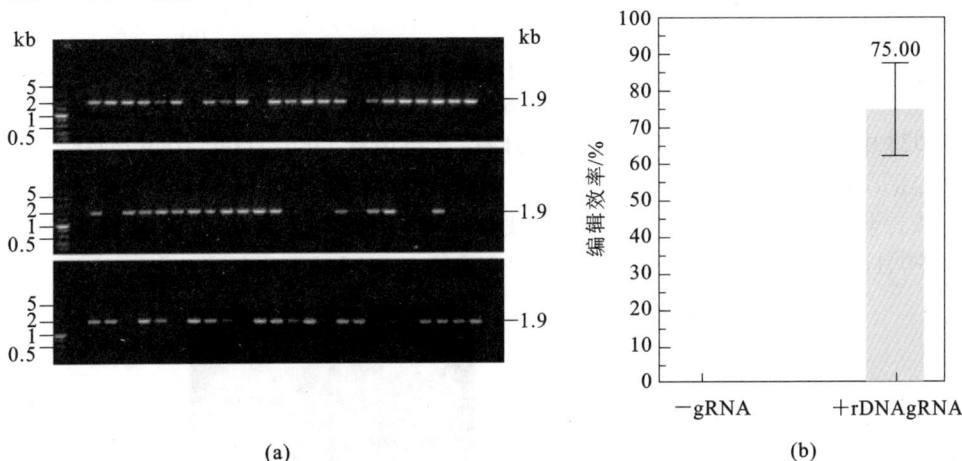

(a)   (b)

图 4-11　在汉逊酵母 *Op* rDNA 位点整合 *gfpmut3a* 基因的效率

(a) PCR 鉴定 *gfpmut3a* 基因整合的凝胶电泳图;(b) *gfpmut3a* 基因在 *Op* rDNA 位点的整合效率

注:泳道 1 为 DNA marker;泳道 2 为阴性对照;泳道 3～26 为用于检测 *gfpmut3a* 基因整合的目标菌落;泳道 27 为空白对照;—gRNA 为不携带 gRNA 的空白对照。

4.4.3.6 *gfpmut3a* 基因的拷贝数测定及 GFP 的荧光检测

从 PCR 鉴定正确的整合子中随机挑选 8 个整合子,依次编号为 1～8 号,通过 qPCR 对 *gfpmut3a* 基因进行拷贝数测定。如图 4-12 所示,*gfpmut3a* 基因的拷贝数从 2.42±0.47(1 号菌落)到 11.15±1.10 不等(8 号菌落)。通过流式细胞仪检测 8 个整合子的 GFP 荧光强度,所有整合子中的 GFP 均正常表达,而且荧光强度随着拷贝数的增加而增加。将 8 号菌落的菌株命名为 OP023(OP001△*OpMET2*:: P_{OpMOX}-*cas9* △*OpADE2*::rDNAgRNA rDNA::*gfpmut3a*)。

4.4.3.7 菌株 OP023 中线性化载体的去除

按照图 2-3 所述方法,依次将转录 *Op* rDNAgRNA 的线性化载体 pWYE3220 和表达诱导性 Cas9 蛋白的线性化载体 pWYE3219 去除。如图 4-13 所示,将菌株

图 4-12 *gfpmut3a* 基因的拷贝数及 GFP 的荧光强度
（a）拷贝数；（b）GFP 的荧光强度

OP023 中的线性化载体 pWYE3220 去除后获得菌株 OP024（OP001△*OpMET2*∷ *P_{OpMOX}-cas9* OP001rDNA∷*gfpmut3a*），菌株 OP024 能够在 SC-ADE 平板上正常生长。将菌株 OP024 中的线性化载体 pWYE3219 去除后获得菌株 OP025 （OP001rDNA∷*gfpmut3a*），菌株 OP025 能够在 SC-MET 平板上生长。

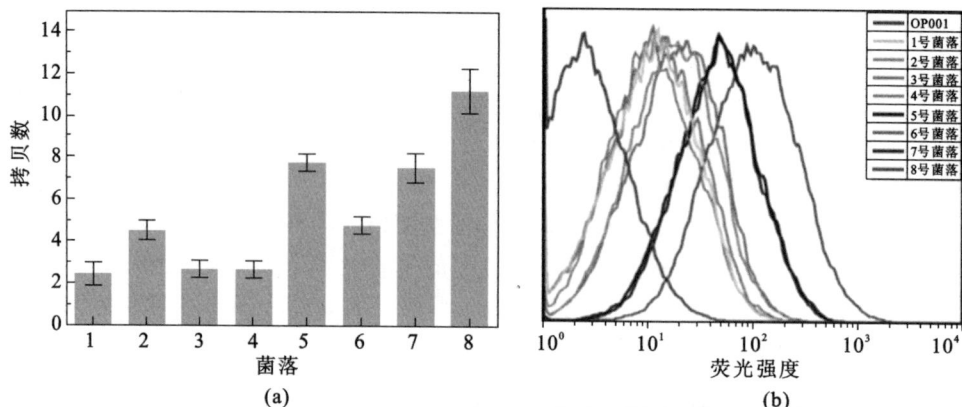

（a）

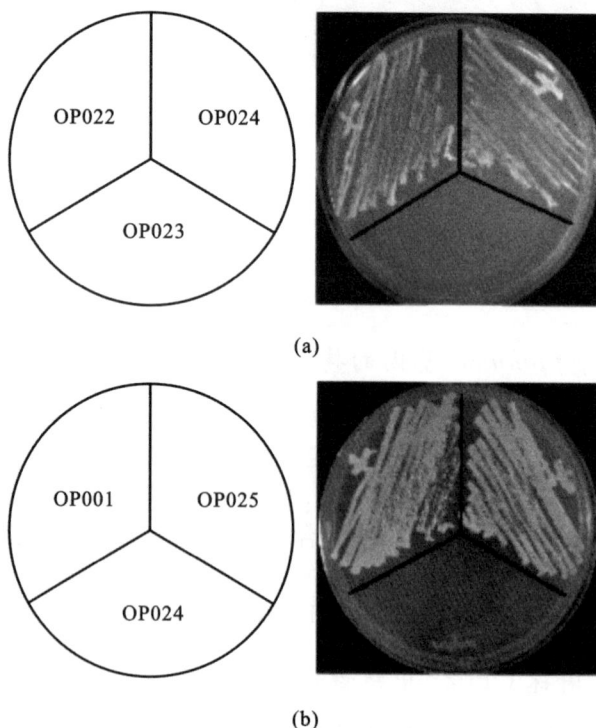

（b）

图 4-13 转录 *OprDNAgRNA* 的线性化载体 pWYE3220 和
表达诱导性 Cas9 蛋白线性化载体 pWYE3219 的去除
（a）SC-ADE 平板；（b）SC-MET 平板

4.4.3.8 多拷贝基因 *gfpmut3a* 在汉逊酵母基因组上的稳定性检测

在无选择压力的 YPD 液体培养基中培养菌株 OP025,每 8 h 进行一次转接,每转接一次记为一代,如此连续培养 55 代。每次转接时取 1 mL 样品,提取菌体基因组并冻存于 −20 ℃ 冰箱备用。以提取的基因组为模板,通过 qPCR 检测 *gfpmut3a* 基因的拷贝数,如图 4-14 所示,在无选择压力的 YPD 液体培养基里培养 55 代,*gfpmut3a* 基因的拷贝数基本恒定。这一结果证明了使用该多拷贝无痕整合方法整合的多个拷贝的目的基因在汉逊酵母基因组上具有稳定性。

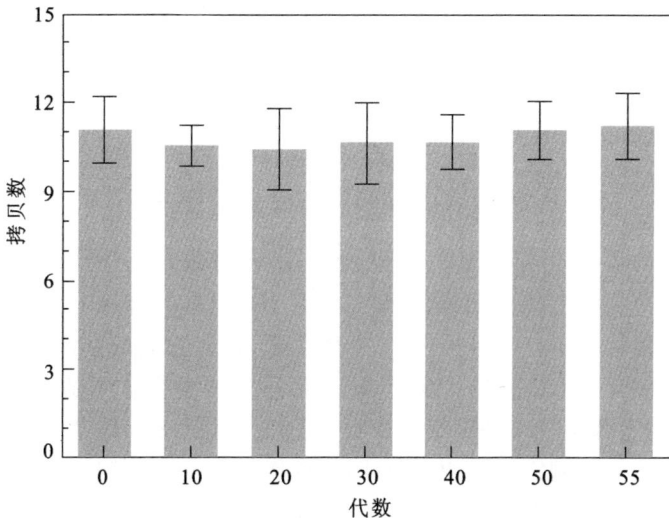

图 4-14 菌株 OP025 中多拷贝基因 *gfpmut3a* 的稳定性检测

4.4.4 融合表达盒在 *Opr*DNA 位点的多拷贝整合

4.4.4.1 整合融合表达盒修复模板的获得

以汉逊酵母菌株 OP001 基因组为模板、OP208 和 OP209 为引物,扩增 *Opr*DNA 位点上游同源臂,得到长度为 995 bp 的 PCR 产物;以 OP324 和 OP211 为引物,扩增 *Opr*DNA 位点下游同源臂,得到长度为 1054 bp 的 PCR 产物。以酿酒酵母菌株 SC001 基因组为模板、OP164 和 SC31 为引物,扩增启动子 $P_{Sc\text{-}TEF1}$,得到长度为 732 bp 的 PCR 产物;以 OP398 和 SC23 为引物,扩增启动子 $P_{Sc\text{-}TPI1}$,得到长度为 450 bp 的 PCR 产物;以 SC26 和 SC27 为引物,扩增启动子 $P_{Sc\text{-}TEF2}$,得到长度为 707 bp 的 PCR 产物。以合成的 *TAL* 基因为模板、SC20 和 OP397 为引物,扩增 *TAL* 基因片段,得到长度为 1738 bp 的 PCR 产物;以合成的 *4CL* 基因为模板、

SC24 和 SC25 为引物，扩增 4CL 基因片段，得到长度为 1745 bp 的 PCR 产物；以合成的 STS 基因为模板、SC28 和 OP399 为引物，扩增 STS 基因片段，得到长度为 1281 bp 的 PCR 产物。以限制性内切酶 Bgl II 和 BamH I 双酶切质粒 pW-YE3200 得到长度为 1920 bp 的片段。将上述 PCR 产物及酶切片段纯化后进行吉布森组装反应。采用化学转化法将反应产物转化至大肠杆菌 EC135，在含博来霉素的 LB 平板上筛选转化子，转化子传代培养三代后，以 OP164 和 SC31 为引物，采用菌落 PCR 鉴定转化子，对鉴定正确的转化子提取质粒，并将质粒测序，测序正确的质粒命名为 pWYE3230（OprDNAupHA-P$_{StTEF1}$-TAL-P$_{StTPI1}$-4CL-P$_{StTEF2}$-STS-OprDNAdownHA）。以质粒 pWYE3230 为模板、OP208 和 OP211 为引物进行 PCR 扩增，得到 DNA 片段 OprDNAupHA-P$_{StTEF1}$-TAL-P$_{StTPI1}$-4CL-P$_{StTEF2}$-STS-OprDNAdownHA。将该片段作为融合表达盒 P$_{StTEF1}$-TAL-P$_{StTPI1}$-4CL-P$_{StTEF2}$-STS 在汉逊酵母 OprDNA 位点整合的修复模板。

4.4.4.2　融合表达盒在 OprDNA 位点的整合

将线性化的质粒 pWYE3220 和整合 P$_{StTEF1}$-TAL-P$_{StTPI1}$-4CL-P$_{StTEF2}$-STS 的修复模板共转化到汉逊酵母 HP022 中。在含 G418（200 μg/mL，后同）的 YPD 平板上筛选重组菌转化子。随机挑选 24 个转化子，提取它们的基因组，以 HP380 和 HP404 为引物进行 PCR 验证。从 PCR 验证正确的整合子中随机挑取 8 个整合子，提取它们的基因组。以基因组为模板、OP47 和 OP48 为引物，通过 qPCR 对融合表达盒进行拷贝数测定，OpMOX 基因被选作内参基因，其检测引物为 OP45 和 OP46，菌株 OP021 为对照。如图 4-15 所示，P$_{StTEF1}$-TAL-P$_{StTPI1}$-4CL-P$_{StTEF2}$-STS 的拷贝数从 2.37±0.47（1 号菌落）到 9.81±0.55 不等（8 号菌落），将 8 号菌落的菌株命名为 OP041（OP001ΔOpMET2∷P$_{OpMOX}$-cas9 ΔOpADE2∷rDNAgRNA rD-NA∷TAL-4CL-STS）。

4.4.4.3　产白藜芦醇工程菌的摇瓶发酵

将含有不同拷贝 P$_{StTEF1}$-TAL-P$_{StTPI1}$-4CL-P$_{StTEF2}$-STS 的菌株进行摇瓶发酵。HPLC 检测白藜芦醇的产量。如图 4-16 所示，随着 P$_{StTEF1}$-TAL-P$_{StTPI1}$-4CL-P$_{StTEF2}$-STS 拷贝数的增加，白藜芦醇的终产量不断提高，整合有（9.81±0.55）个 P$_{StTEF1}$-TAL-P$_{StTPI1}$-4CL-P$_{StTEF2}$-STS 拷贝的菌株 OP041 白藜芦醇产量最高，为（97.23±4.84）mg/L。与单拷贝整合子 OP021[（4.69±0.17）mg/L]相比，白藜芦醇产量提高了 20.73 倍。

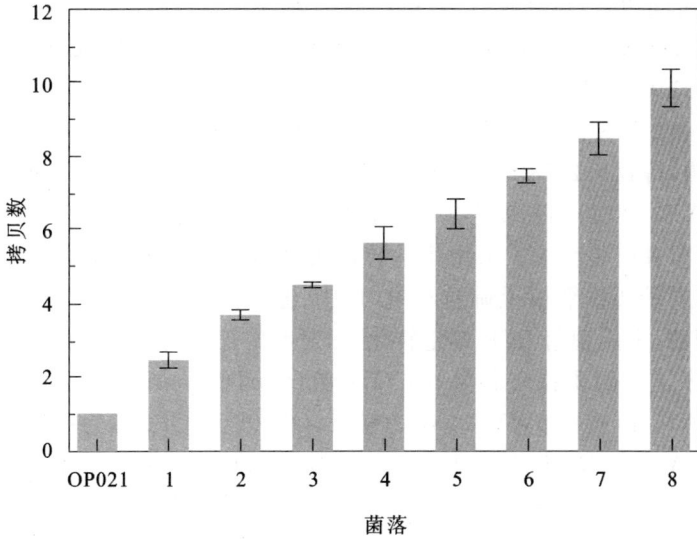

图 4-15 P_{ScTEF1}-TAL-P_{ScTPI1}-4CL-P_{ScTEF2}-STS 的拷贝数

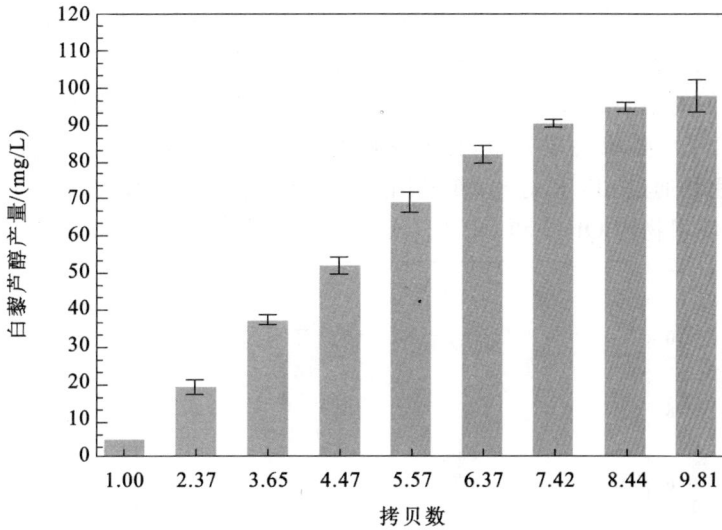

图 4-16 含有不同拷贝 P_{ScTEF1}-TAL-P_{ScTPI1}-4CL-P_{ScTEF2}-STS 工程菌的白藜芦醇产量

4.4.5　*cadA* 基因在 *Opr*DNA 处的多拷贝整合

4.4.5.1　多拷贝整合 *cadA* 基因所用修复模板的获得

以汉逊酵母菌株 OP001 基因组为模板、OP208 和 OP209 为引物,扩增 *Opr*D-

NA 位点上游同源臂，得到长度为 995 bp 的 PCR 产物；以 OP324 和 OP211 为引物，扩增 *Opr*DNA 位点下游同源臂，得到长度为 1054 bp 的 PCR 产物。以酿酒酵母菌株 SC001 基因组为模板、OP164 和 OP321 为引物，扩增启动子 $P_{S\text{-}TEF1}$，得到长度为 622 bp 的 PCR 产物。以合成的 *cadA* 基因为模板、OP331 和 OP332 为引物，扩增 *cadA* 基因，得到长 2178 bp 的 PCR 产物。以限制性内切酶 *Bgl* II 和 *BamH* I 双酶切质粒 pWYE3200 得到长度为 1920 bp 的片段。将上述 PCR 产物及酶切片段纯化后进行吉布森组装反应。采用化学转化法将反应产物转化至大肠杆菌 EC135，在含博来霉素的 LB 平板上筛选转化子，转化子传代培养三代后，以 OP324 和 OP211 为引物，采用菌落 PCR 鉴定转化子，对鉴定正确的转化子提取质粒，并将质粒测序，测序正确的质粒命名为 pWYE3231（*Opr*DNAupHA-$P_{S\text{-}TEF1}$-*cadA*-*Opr*DNAdownHA）。以质粒 pWYE3231 为模板、OP208 和 OP211 为引物进行 PCR 扩增，得到 DNA 片段 *Opr*DNAupHA-$P_{S\text{-}TEF1}$-*cadA*-*Opr*DNAdownHA。将该片段作为在汉逊酵母 *Opr*DNA 位点整合基因 *cadA* 的修复模板。

4.4.5.2 *cadA* 基因在 *Opr*DNA 处的多拷贝整合

将线性化的质粒 pWYE3220 和整合 *cadA* 基因的修复模板共转化到汉逊酵母 OP022 中。在含 G418 的 YPD 平板上筛选重组菌转化子。随机挑选 24 个转化子，提取它们的基因组，以 OP380 和 OP381 为引物进行 PCR 验证。从 PCR 验证正确的整合子中随机挑取 8 个，提取它们的基因组。以基因组为模板、OP341 和 OP342 为引物通过 qPCR 对 *cadA* 基因进行拷贝数测定，*OpMOX* 基因被选作内参基因，其检测引物为 OP45 和 OP46。实验结果如图 4-17 所示，*cadA* 基因的拷贝数

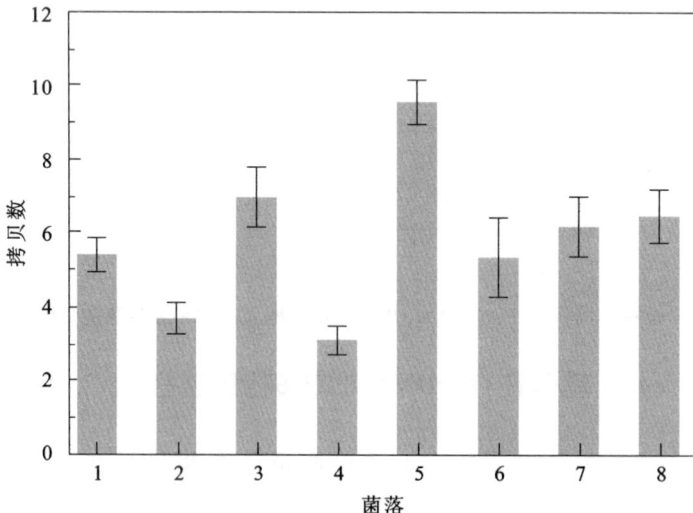

图 4-17 *cadA* 基因的拷贝数

从 3.12±0.41(4 号菌落)到 9.54±0.64 不等(5 号菌落),将 5 号菌落的菌株命名为 OP026(OP001△$OpMET2$∷P_{OpMOX}-$cas9$△$OpADE2$∷rDNAgRNA rDNA∷$cadA$)。

4.4.5.3 产戊二胺工程菌的摇瓶发酵

将菌株 OP026(OP001△$OpMET2$∷P_{OpMOX}-$cas9$△$OpADE2$∷rDNAgRNA rD-NA∷$cadA$)中转录 OprDNAgRNA 的线性化载体 pWYE3220 和表达诱导性 Cas9 蛋白的线性化载体 pWYE3219 依次去除后获得菌株 OP028(OP001OprDNA∷$ca-dA$)。应用菌株 OP028 进行摇瓶发酵,使用 HPLC 检测戊二胺的产量。如图 4-18 所示,戊二胺的最高产量为(2.51±0.18)g/L。

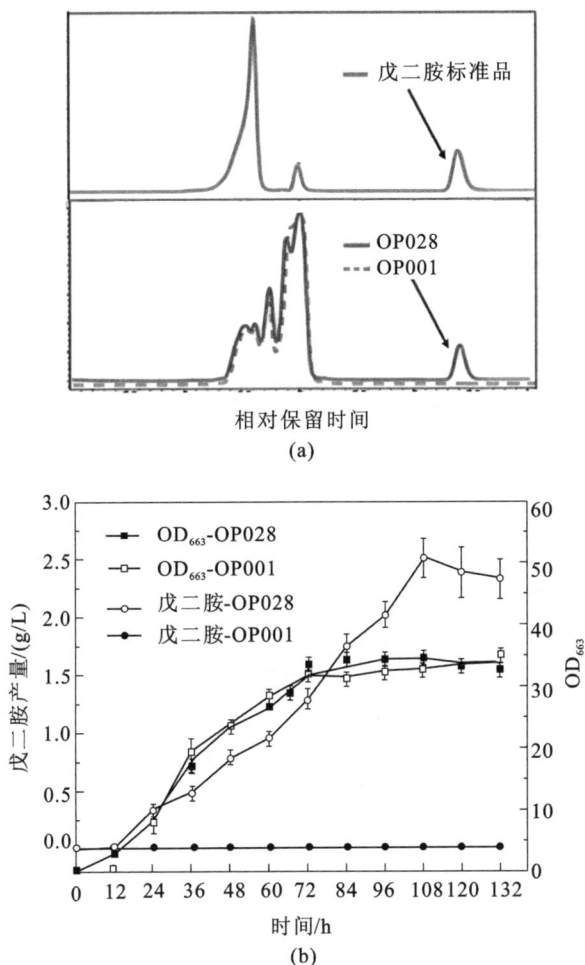

图 4-18 菌株 OP028 和 OP001 的摇瓶培养

(a) HPLC 分析戊二胺相对浓度;(b) 菌株 OP001 和 OP028 的细胞生长曲线和戊二胺的产量曲线

4.4.6　*HSA* 基因在 *Op* rDNA 位点的多拷贝整合

4.4.6.1　多拷贝整合 *HSA* 基因所用修复模板的获得

以汉逊酵母菌株 OP001 基因组为模板、OP208 和 OP209 为引物，扩增 *Op*rD-NA 位点上游同源臂，得到长度为 995 bp 的 PCR 产物；以 OP324 和 OP211 为引物，扩增 *Op*rDNA 位点下游同源臂，得到长度为 1054 bp 的 PCR 产物。以酿酒酵母菌株 SC001 基因组为模板、OP164 和 OP321 为引物，扩增启动子 $P_{S\text{-}TEF1}$，得到长度为 622 bp 的 PCR 产物。以合成的 *HSA* 基因为模板、OP325 和 OP326 为引物扩增 *HSA* 基因，得到长度为 1892 bp 的 PCR 产物。以限制性内切酶 *Bgl* Ⅱ 和 *Bam*H Ⅰ 双酶切质粒 pWYE3200 得到长度为 1920 bp 的片段。将上述 PCR 产物及酶切片段纯化后进行吉布森组装反应。采用化学转化法将反应产物转化至大肠杆菌 DH5α，在含博来霉素的 LB 平板上筛选转化子，转化子传代培养三代后，以 OP325 和 OP326 为引物，采用菌落 PCR 鉴定转化子，对鉴定正确的转化子提取质粒，并将质粒测序，测序正确的质粒命名为 pWYE3232（rDNAupHA-$P_{S\text{-}TEF1}$-*HSA*-rDNAdownHA）。以质粒 pWYE3232 为模板、OP208 和 OP211 为引物进行 PCR 扩增，得到 DNA 片段 *Op*rDNAupHA-$P_{S\text{-}TEF1}$-*HSA*-*Op*rDNAdownHA。将该片段作为在汉逊酵母 *Op*rDNA 位点整合 *HSA* 基因的修复模板。

4.4.6.2　*HSA* 基因在 *Op* rDNA 的多拷贝整合

将线性化的质粒 pWYE3220 和整合 *HSA* 基因的修复模板共转化到汉逊酵母菌株 OP022 中。在含 G418 的 YPD 平板上筛选重组菌转化子。随机挑选 24 个转化子，提取它们的基因组，以 OP380 和 OP381 为引物进行 PCR 验证。从 PCR 验证正确的整合子中随机挑取 8 个，提取它们的基因组。以基因组为模板、OP339 和 OP340 为引物通过 qPCR 对 *HSA* 基因进行拷贝数测定，*Op*MOX 基因被选作内参基因，其检测引物为 OP45 和 OP46。实验结果如图 4-19 所示，*HSA* 基因的拷贝数从 2.48±0.42（7 号菌落）到 10.24±1.26 不等（2 号菌落），将 2 号菌落的菌株命名为 OP029（OP001Δ*Op*MET2∷$P_{Op\text{MOX}}$-*cas9* Δ*Op*ADE2∷rDNAgRNA rDNA∷*HSA*）。

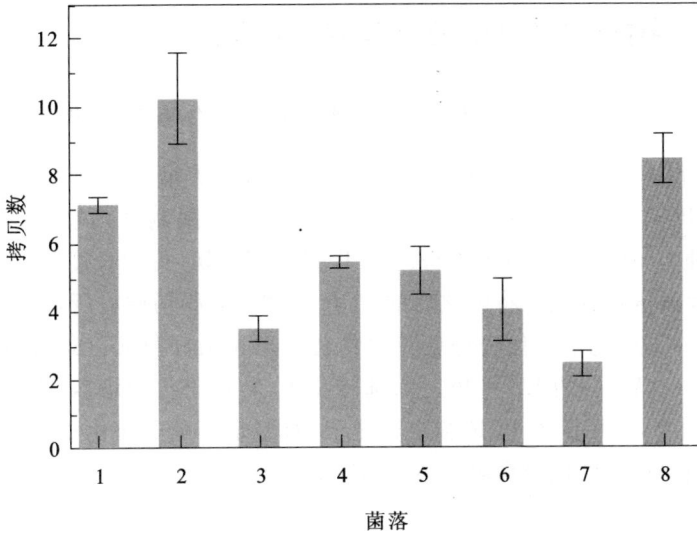

图 4-19 *HSA* 基因的拷贝数

4.4.6.3 产人血清白蛋白工程菌的摇瓶发酵

将菌株 OP029 中转录 *Opr*DNAgRNA 的线性化载体 pWYE3220 和表达诱导性 Cas9 蛋白的线性化载体 pWYE3219 依次去除后获得菌株 OP032（OP001*Opr*DNA∷*cadA*）。应用菌株 OP032 进行摇瓶发酵，应用试剂盒检测人血清白蛋白（HSA）产量。如图 4-20 所示，HSA 的最高产量为(97.09±2.45)mg/L。

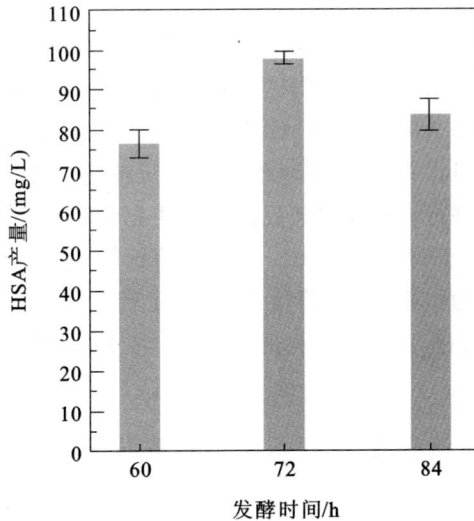

图 4-20 人血清白蛋白产量

4.4.7 多拷贝整合方法在酿酒酵母的建立

4.4.7.1 酿酒酵母中表达诱导性 Cas9 蛋白载体的构建

以质粒 pCRCT 为模板、SC77 和 SC78 为引物,扩增 cas9 基因,得到长度为 4259 bp 的 PCR 产物,对该 PCR 产物进行纯化。以限制性内切酶 BamH I 和 EcoR I 对质粒 pWYE3222(pYES2.0/CT)进行双酶切,得到长度为 5932 bp 的片段,并对该片段进行纯化。将纯化后的 PCR 产物和双酶切质粒所得片段进行吉布森组装反应。采用化学转化法将反应产物转化至大肠杆菌 EC135,在含氨苄青霉素(100 μg/mL,后同)的 LB 平板上筛选转化子,转化子传代培养三代后,以 SC77 和 SC78 为引物,采用菌落 PCR 鉴定转化子,对鉴定正确的转化子提取质粒,并将质粒测序,测序正确的质粒命名为 pWYE3224($P_{S:GAL1}$-cas9)。

4.4.7.2 表达诱导性 Cas9 蛋白的酿酒酵母菌株的获得

将质粒 pWYE3224 转化到酿酒酵母菌株 SC001 中,在 SC-URA 平板上筛选转化子。提取转化子基因组,以基因组为模板、SC77 和 SC78 为引物进行验证 PCR。将验证正确的转化子命名为 SC006(SC001/pYES2.0CT-ScGAL1-cas9)。

4.4.7.3 转录 ScrDNAgRNA 载体的构建

以酿酒酵母菌株 SC001 基因组为模板、SC86 和 SC81 为引物,扩增启动子 $P_{S:SNR52}$,得到长度为 327 bp 的 PCR 产物。以质粒 pCRCT 为模板、SC82 和 SC87 为引物,扩增 gRNA 转录盒(包括包含 N_{20} 的 crRNA、tracrRNA 和终止子 SUP4t,其中 N_{20} 设计在引物 SC82 里),得到长度为 179 bp 的片段,将两个 PCR 产物进行纯化。以限制性内切酶 Xho I 和 Kpn I 对质粒 pWYE3223(pESC-LEU)进行双酶切,得到长度为 635 bp 的片段,并对该片段进行纯化。将纯化后的 PCR 产物和双酶切质粒所得片段进行吉布森组装反应。采用化学转化法将反应产物转化至大肠杆菌 EC135,在含氨苄青霉素的 LB 平板上筛选转化子,转化子传代培养三代后,以 SC86 和 SC87 为引物,采用菌落 PCR 鉴定转化子,对鉴定正确的转化子提取质粒,并将质粒测序,测序正确的质粒命名为 pWYE3225($P_{S:SNR52}$-ScrD-NAgRNA)。

4.4.7.4 在酿酒酵母 ScrDNA 位点多拷贝整合 gfpmut3a 基因修复模板的获得

以酿酒酵母菌株 SC001 基因组为模板、OP262 和 OP263 为引物,扩增 ScrD-

NA 位点上游同源臂,得到长度为 1078 bp 的 PCR 产物;以 OP264 和 OP265 为引物,扩增 ScrDNA 位点下游同源臂,得到长度为 1044 bp 的 PCR 产物(精确位置如图 4-21 所示)。以酿酒酵母菌株 SC001 基因组为模板、OP164 和 OP60 为引物扩增启动子 $P_{S\text{-}TEF1}$,得到长度为 635 bp 的 PCR 产物;以质粒 pAD123 为模板,以 OP61 和 OP165 为引物扩增 gfpmut3a 基因,得到长度为 727 bp 的 PCR 产物。将上述 4 个 PCR 产物进行纯化。以限制性内切酶 Bgl II 和 BamH I 双酶切质粒 pW-YE3200 得到长度为 1920 bp 的片段并进行纯化。将纯化后的 4 个 PCR 产物和双酶切质粒所得片段进行吉布森组装反应。采用化学转化法将反应产物转化至大肠杆菌 EC135,在含博来霉素的 LB 平板上筛选转化子,转化子传代培养三代后,以 OP164 和 OP165 为引物,采用菌落 PCR 鉴定转化子。对鉴定正确的转化子提取质粒,并将质粒测序,测序正确的质粒命名为 pWYE3226(ScrDNAupHA-$P_{S\text{-}TEF1}$-gfpmut3a-ScrDNAdownHA)。以质粒 pWYE3226 为模板,以 OP262 和 OP265 为引物进行 PCR 扩增,得到 DNA 片段 ScrDNAupHA-$P_{S\text{-}TEF1}$-gfpmut3a-ScrD-NAdownHA。将该片段作为在酿酒酵母 ScrDNA 位点整合 gfpmut3a 基因的修复模板。

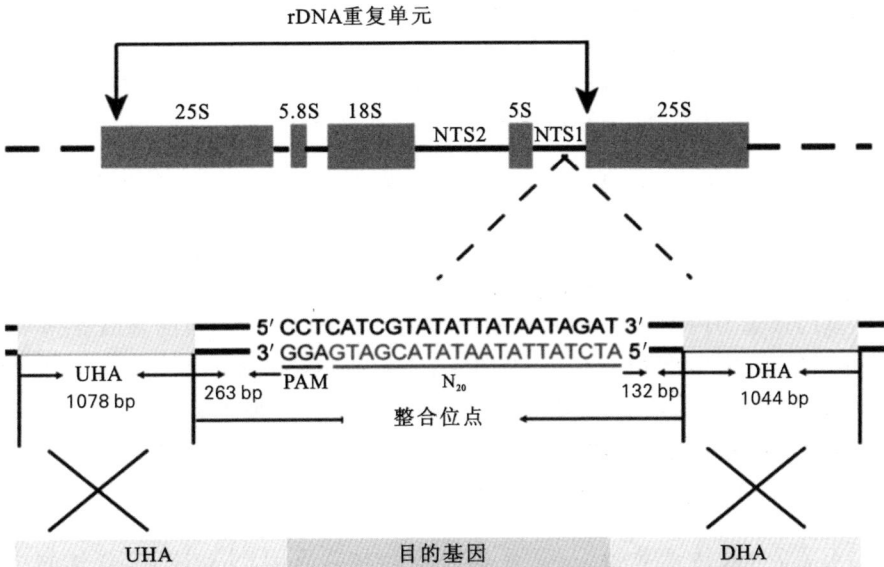

图 4-21 在酿酒酵母 ScrDNA 位点整合外源基因的精确位置

4.4.7.5 gfpmut3a 基因在酿酒酵母 ScrDNA 位点的多拷贝整合

将质粒 pWYE3225 和整合 gfpmut3a 基因的修复模板共同转化到酿酒酵母菌株 SC006 中,同时将质粒 pWYE3223 和修复模板共同转化到酿酒酵母菌株

SC006 中作为对照。在 SC-URA-LEU(尿嘧啶缺陷型和亮氨酸缺陷型)平板上筛选重组菌转化子。随机挑选 24 个转化子,提取它们的基因组,以 SC90 和 OP376 为引物进行 PCR 验证。如图 4-22 所示,在被鉴定的转化子中有 45.83%±7.22% 成功整合了目的基因 $gfpmut3a$,在对照组中没有检测到整合 $gfpmut3a$ 基因的菌落。

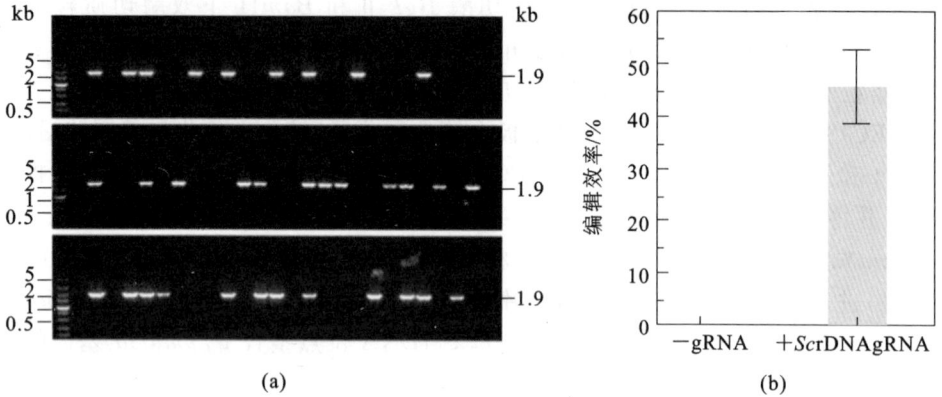

(a)   (b)

图 4-22   在酿酒酵母 ScrDNA 位点整合 $gfpmut3a$ 基因的效率

(a) PCR 鉴定 $gfpmut3a$ 基因整合的凝胶电泳图;(b) $gfpmut3a$ 基因在 ScrDNA 处的整合效率

注:泳道 1 为 DNA marker;泳道 2 为阴性对照;泳道 3~26 为用于检测 $gfpmut3a$ 基因整合的目标菌落;泳道 27 为空白对照;−gRNA 为不携带 gRNA 的空白对照。

4.4.7.6   酿酒酵母中 $gfpmut3a$ 基因的拷贝数测定及 GFP 的荧光检测

随机挑选 8 个 PCR 验证正确的整合子,通过 qPCR 对其进行拷贝数测定,$ALG9$ 基因被选为内参基因,其检测引物为 OP282 和 OP283,目的基因 $gfpmut3a$ 的检测引物为 OP258 和 OP259。如图 4-23(a)所示,$gfpmut3a$ 基因的拷贝数从 1.25±0.22(4 号菌落)到 9.74±0.79 不等(3 号菌落)。通过流式细胞仪检测 8 个整合子的 GFP 荧光强度。如图 4-23(b)所示,所有整合子中的 GFP 均正常表达,而且荧光强度随着拷贝数的增加而增加。

4.4.7.7   表达诱导性 Cas9 蛋白载体和转录 ScrDNAgRNA 载体的去除

将整合有(9.74±0.79)个 $gfpmut3a$ 基因拷贝的菌株在无选择压力的 YPD 液体培养基中培养 12 h,用 YPD 平板和 SC-URA 平板筛选去除 Cas9 蛋白表达载体的菌株。将去除 Cas9 蛋白表达载体的菌株在 YPD 液体培养基中过夜培养,用 YPD 平板和 SC-LEU 平板筛选去除转录 ScrDNAgRNA 载体的菌株,将所得菌株命名为 SC007(SC001 rDNA::$gfpmut3a$)。

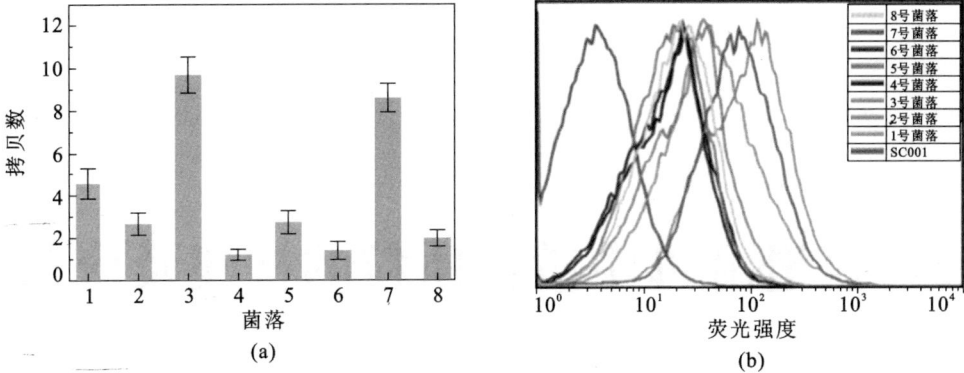

图 4-23 *gfpmut3a* 基因的拷贝数及 GFP 的荧光强度

（a）拷贝数；（b）GFP 的荧光强度

4.4.7.8 多拷贝基因 *gfpmut3a* 在酿酒酵母基因组上的稳定性检测

将酿酒酵母菌株 SC007 在无选择压力的 YPD 液体培养基中进行培养，每 8 h 进行一次转接，每转接一次记为一代，如此连续培养 55 代。每次转接时取样品 1 mL，提取菌体基因组并冻存于 −20 ℃ 冰箱中备用。以提取的基因组为模板，通过 qPCR 检测 *gfpmut3a* 基因的拷贝数，结果如图 4-24 所示，在无选择压力的 YPD 液体培养基里培养 55 代，*gfpmut3a* 基因的拷贝数基本恒定。这一结果证明了使用该多拷贝无痕整合方法整合的多个拷贝的目的基因在基因组上具有稳定性。

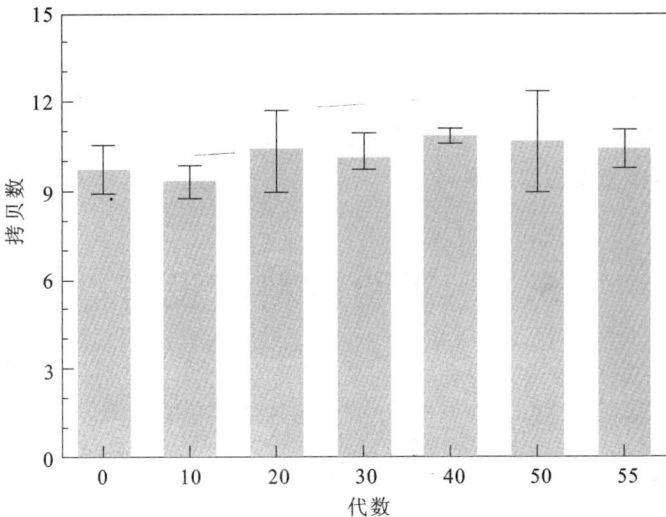

图 4-24 菌株 SC007 中多拷贝基因 *gfpmut3a* 的稳定性检测

5 汉逊酵母中游离质粒的构建及应用

5.1 引　　言

　　稳定的游离质粒是分子生物学中的重要工具,其在宿主菌中应具有两个特点:① 在有选择压力的情况下能够稳定存在于宿主菌中,并能随着宿主细胞的复制而复制;② 能够通过适当的方法从宿主细胞中消除。在之前的文献报道中,汉逊酵母中不存在稳定的游离质粒。虽然 Numamoto 等(2017)和 Juergens 等(2018)都在汉逊酵母中使用了游离质粒,但是这些游离质粒在汉逊酵母中的稳定性及可消除性并没有得到验证。为了解决这个问题,本书首先在汉逊酵母中构建了一个新的游离质粒。为在汉逊酵母中构建稳定的游离质粒,本章合成了汉逊酵母中自主复制序列 OpARS,并将 OpARS、博来霉素抗性基因表达盒和含有多克隆位点的 DNA 片段一起组装成质粒 pWYE3234。为了验证该质粒的稳定性和可消除性,利用该质粒在汉逊酵母中构建了绿色荧光蛋白编码基因表达质粒 pWYE3234-gfp-$mut3a$。将该表达质粒转入汉逊酵母菌株 OP001 中获得菌株 OP050,对菌株进行连续传代培养和荧光强度检测。

5.2　实验材料与设备

5.2.1　实验材料

本章使用的菌株和质粒见附录 1 中附表 1 和附表 2,引物见附表 3。

5.2.2 培养基及生物化学试剂的制备

本章使用的培养基及生物化学试剂的制备同 2.2.2 节。

5.2.3 仪器和设备

本章使用的主要仪器和设备同 2.2.3 节。

5.3 实 验 方 法

流式细胞的检测方法同 3.3.1 节。

大肠杆菌感受态细胞的制备及化学转化,大肠杆菌的质粒提取,大肠杆菌基因组 DNA 的提取、纯化和回收,载体的构建,真菌基因组 DNA 的提取,汉逊酵母感受态细胞的制备及转化等实验方法与 2.3 节相同。

5.4 结果与分析

游离质粒的构建过程如图 5-1 所示,首先,以实验室已有质粒 pWYE3220 为模板进行 PCR 扩增得到包含博来霉素抗性基因表达盒及大肠杆菌质粒复制起点的 DNA 片段 zeo^R-pUCorigin,合成汉逊酵母游离质粒自主复制起始序列 OpARS,以质粒 pMD19-T 为模板进行 PCR 扩增得到包含多克隆位点(Multiple Cloning Site,MCS)的 DNA 片段,将这 3 个 DNA 片段通过吉布森组装反应连接成质粒 pWYE3234。其次,应用该游离质粒表达 $gfpmut3a$ 基因,将转化子连续传代,通过测量荧光强度检测该游离质粒在汉逊酵母中的稳定性。最后,通过在无选择压力的培养基中进行质粒消除,来检测该质粒是否具有可消除性。

5.4.1 汉逊酵母中游离质粒的构建

以质粒 pWYE3200 为模板、OP525 和 OP526 为引物,扩增包含博来霉素抗性基因表达盒及大肠杆菌质粒复制原点的 DNA 片段 zeo^R-pUCorigin,得到长度为 1925 bp 的 PCR 产物。以合成的 DNA 片段 OpARS 为模板、OP521 和 OP522 为引物,扩增汉逊酵母游离质粒自主复制序列 OpARS,得到长度为 452 bp 的 PCR 产物。以质粒 pMD19-T 为模板、OP523 和 OP524 为引物,扩增包含多克隆位点的 DNA 片段,得到长度为 110 bp 的 PCR 产物。将上述 3 个 PCR 产物纯化后进行吉布森组装反应。采用化学转化法将反应产物转化至大肠杆菌 EC135，在含博来霉素的 LB 平板上筛选转化子，转化子传代培养三代后，以 OP521 和 OP522 为引物，采用菌落 PCR 鉴定转化子，对鉴定正确的转化子提取质粒，并将质粒测序，测序正确的质粒命名为 pWYE3234（zeo^R-pUCorigin-OpARS-MCS）。

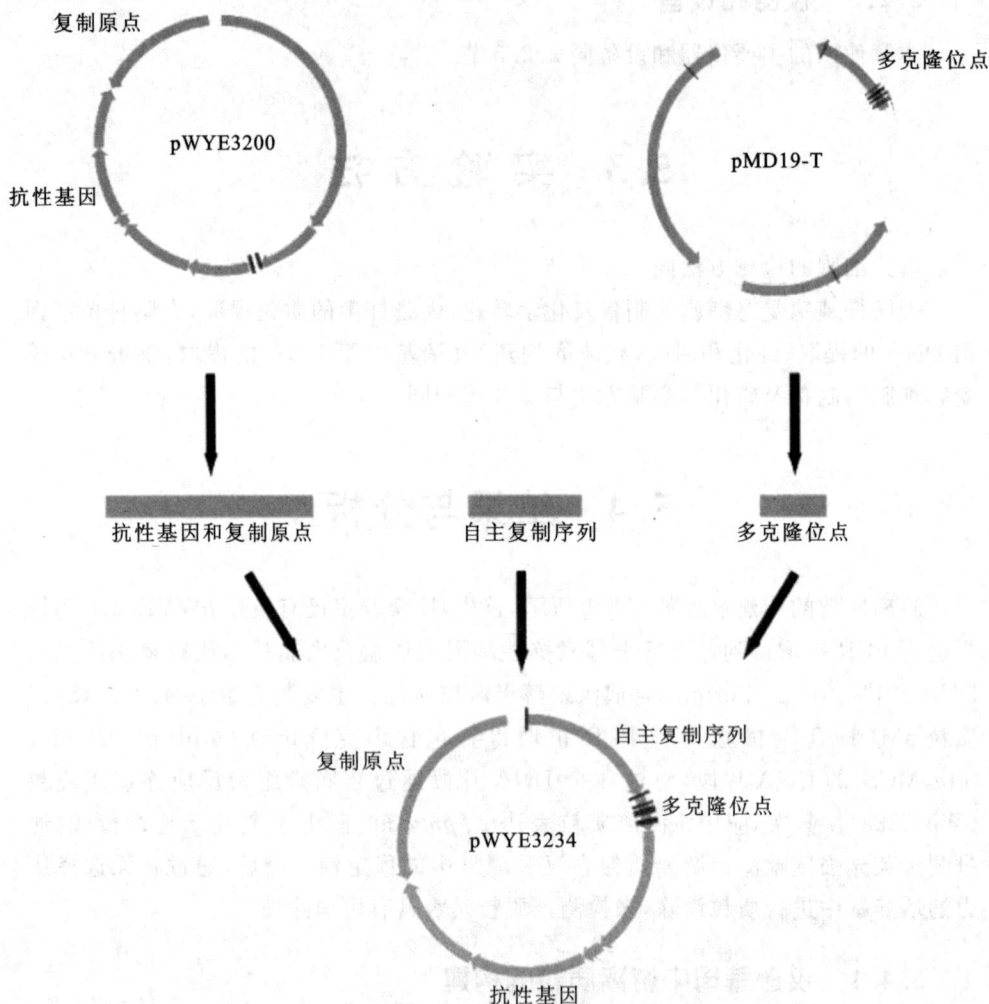

图 5-1　汉逊酵母中游离质粒 pWYE3234 的构建流程

5.4.2 *gfpmut3a* 基因在游离质粒上的表达

5.4.2.1 应用游离质粒在汉逊酵母中表达 *gfpmut3a* 基因载体的构建

以质粒 pWYE3200 为模板、OP525 和 OP526 为引物,扩增包含博来霉素抗性基因表达盒及大肠杆菌质粒复制原点的 DNA 片段 zeo^R-pUCorigin,得到长度为 1925 bp 的 PCR 产物。以合成的 DNA 片段为模板、OP521 和 OP531 为引物,扩增汉逊酵母游离质粒自主复制序列 OpARS,得到长度为 452 bp 的 PCR 产物。以酿酒酵母菌株 SC001 基因组为模板、OP527 和 OP528 为引物,扩增启动子 P_{S-TPII},得到长度为 440 bp 的 PCR 产物。以质粒 pWYE3201 为模板、OP529 和 OP530 为引物,扩增 DNA 片段 *gfpmut3a*-AOXttr,得到长度为 1128 bp 的 PCR 产物。将上述 4 个 PCR 产物纯化后进行吉布森组装反应。采用化学转化法将反应产物转化至大肠杆菌 EC135,在含博来霉素的 LB 平板上筛选转化子,转化子传代培养三代后,以 OP521 和 OP531 为引物,采用菌落 PCR 鉴定转化子,对鉴定正确的转化子提取质粒,并将质粒测序,测序正确的质粒命名为 pWYE3235(pWYE3234-*gfp-mut3a*)。

5.4.2.2 在汉逊酵母中应用游离质粒表达 *gfpmut3a* 基因

将质粒 pWYE3235 转入野生型汉逊酵母菌株 OP001 中,在含博来霉素的平板上筛选转化子,将 PCR 验证正确的菌株命名为 OP050(OP001/pWYE3235)。将菌株 OP050 在含有博来霉素的 YPD 液体培养基中进行传代培养,每 8 h 进行一次转接,每转接一次记为一代,如此连续培养 50 代。每 10 代取样一次,应用流式细胞仪检测绿色荧光蛋白荧光强度。如图 5-2 所示,在传代培养过程中,荧光强度基本保持恒定,这证明游离质粒能够随宿主细胞的复制而复制,并能均匀地分配到子代细胞中,具有较强的稳定性。

5.4.3 汉逊酵母中游离质粒的消除

将菌株 OP050 在无选择压力的 YPD 液体培养基中传代培养,每 12 h 转接一次。转接 3 次后取样 1 mL,梯度稀释后涂布于 YPD 平板和含有博来霉素的 YPD 平板(YPD+zeocin)。如图 5-3(a)所示,消除质粒 pWYE3235 的菌落(编号 1)能在 YPD 平板上生长而不能在含有博来霉素的 YPD 平板上生长,没有消除质粒 pWYE3235 的菌落(编号 2)能够在两种平板上生长。挑取消除质粒 pWYE3235 的菌落,通过 PCR 检测质粒 pWYE3235 上的 DNA 片段,结果如图 5-3(b)所示,以消除质粒 pWYE3235 的菌落和野生型汉逊酵母菌株 OP001 为模板都不能扩增出目的

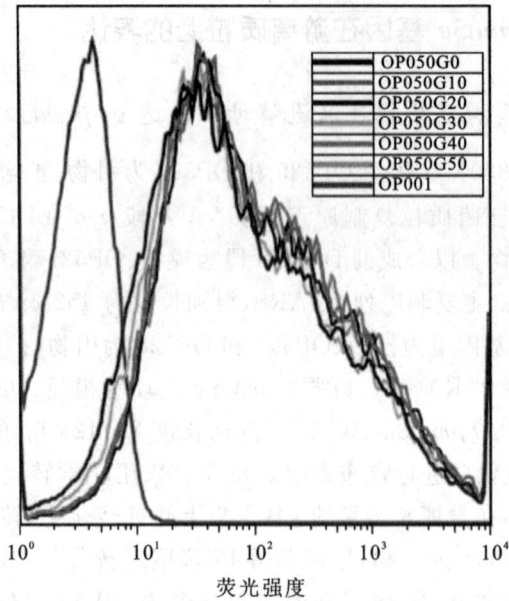

图 5-2　菌株 OP050 不同代细胞的荧光强度

条带(泳道 3 和泳道 1),而以菌株 OP050 为模板能够扩增出目的条带(泳道 2)。流式细胞仪检测消除质粒 pWYE3235 的菌落细胞中的荧光强度,结果如图 5-3(c)所示,在消除质粒 pWYE3235 的菌落和野生型汉逊酵母菌株 OP001 中都不能检测出绿色荧光强度,而菌株 OP050 中能够检测到较强的荧光强度。

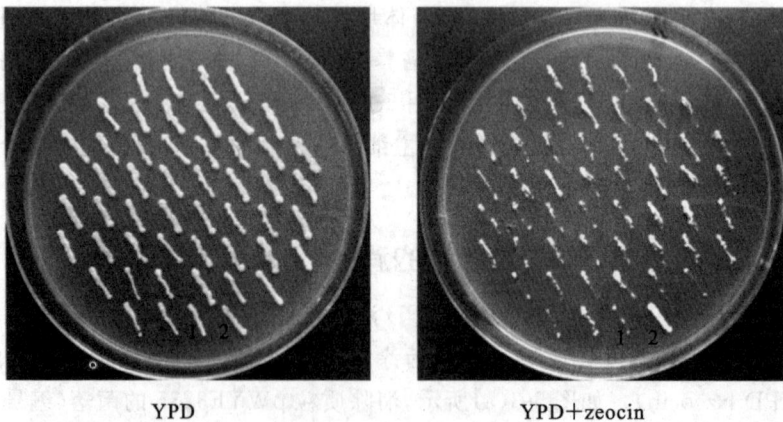

YPD　　　　　　　　　　　YPD+zeocin

(a)

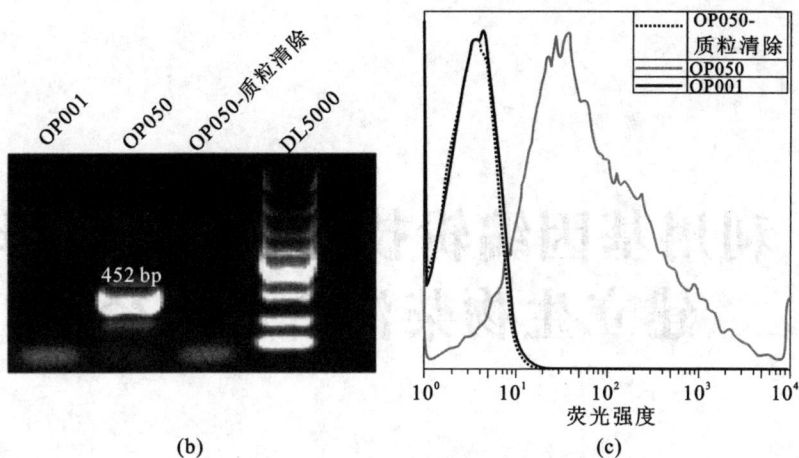

图 5-3　菌株 OP050 中游离质粒 pWYE3235 的消除
（a）在 YPD 和 YPD＋zeocin 平板上菌株的生长情况；（b）PCR 鉴定结果；（c）荧光检测

6 利用基因编辑技术在酿酒酵母中建立生物柴油合成途径

6.1 引 言

生物能源是一种重要的可再生新型能源,生物柴油作为生物能源之一,具有燃烧性能好、产生污染少、储存和运输安全等优点(熊雨,2019)。目前,生物柴油的主要原料是食用植物油脂,但食用植物油脂的开发和应用受到许多限制。利用微生物生产油脂具有价格低廉、生产周期短、不受气候条件影响等优势,微生物油脂作为食用植物油脂的替代物来合成生物柴油具有广阔的前景。但是,利用微生物合成生物柴油仍存在一些问题。

为了解决生物柴油合成中存在的问题,本研究拟通过对酿酒酵母进行系统代谢工程改造,在不需要甲醇的情况下,直接在酵母体内从头合成能分泌到细胞外的脂肪酸甲酯形式的生物柴油。酿酒酵母内酯酰辅酶 A 的代谢网络如图 6-1 所示,葡萄糖经糖酵解生成丙酮酸,丙酮酸在线粒体内被氧化生成乙酰辅酶 A,乙酰辅酶 A 进入三羧酸循环与草酰乙酸反应生成柠檬酸,柠檬酸能够跨越线粒体膜运输到胞浆,胞浆中的柠檬酸在柠檬酸裂解酶的作用下分解成乙酰辅酶 A 和草酰乙酸,乙酰辅酶 A 羧化生成丙二酸单酰辅酶 A,丙二酸单酰辅酶 A 经过一系列酶促反应,经过多次链的延长合成酯酰辅酶 A(Maruyama et al.,2018)。合成的酯酰辅酶 A 大部分用于合成甘油三酯,另外一部分酯酰辅酶 A 进入过氧化物酶体经 β 氧化生成烯酰辅酶 A,β 氧化的第一步反应是限速步骤,催化该反应的酶是由 *POX1* 基因编码的酯酰辅酶 A 氧化酶。本研究拟在酿酒酵母内引入外源的硫酯酶,催化细胞中的酯酰辅酶 A 分解产生游离脂肪酸(Free Fatty Acids,FFA)(Hu et al.,2019)。同时引入来自黑腹果蝇(*Drosophila melanogaster*)的 *DmJHAMT* 基因编码的保幼激素酸氧甲基转移酶,催化游离脂肪酸和 S-腺苷甲硫氨酸(S-adenosyl-methionine，SAM)生成脂肪酸甲酯形式的生物柴油(Yunus et al.，2020)。

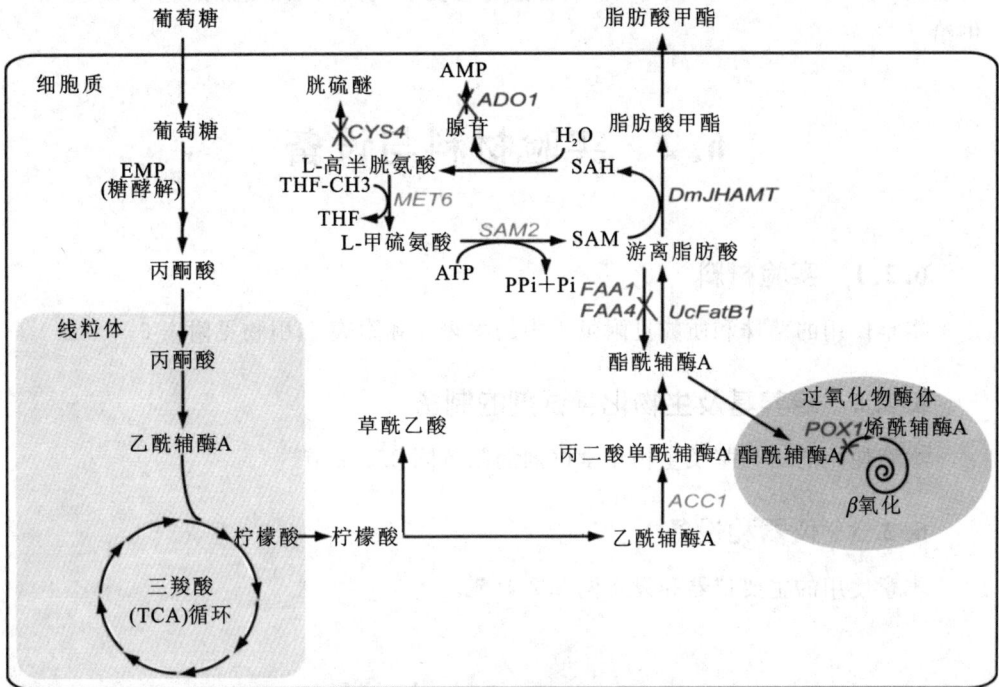

图 6-1   在酿酒酵母中合成生物柴油的代谢工程改造

注:黑色为内源代谢途径;蓝色基因为引入的外源基因;绿色基因表示需要过表达的基因;红色基因表示需要敲除的基因;红色叉号表示需要阻断的反应。

细胞中的游离脂肪酸是合成脂肪酸甲酯形式的生物柴油的直接前体,因此提高细胞中游离脂肪酸的浓度是高效合成生物柴油的基本保障。为了增强酿酒酵母合成游离脂肪酸的能力,本章将首先过表达乙酰辅酶 A 羧化酶基因 *ACC1*,增加细胞质内丙二酸单酰辅酶 A 的浓度,进而增强酯酰辅酶 A 的合成。其次,拟敲除 *POX1* 基因,阻断酯酰辅酶 A 进入过氧化物酶体进行 β 氧化,使更多的酯酰辅酶 A 用于合成游离脂肪酸。最后,本章将敲除酯酰辅酶 A 合成酶基因 *FAA1* 和 *FAA4*,阻止生成的游离脂肪酸重新合成酯酰辅酶 A。

SAM 是合成脂肪酸甲酯的甲基供体,因此足量的 SAM 供给也是高效合成生物柴油的必要条件。SAM 在酿酒酵母细胞内的代谢途径如图 6-1 所示,L-甲硫氨酸在由 *SAM2* 基因编码的 SAM 合成酶的作用下生成 SAM,SAM 在 *DmJHAMT* 的作用下与游离脂肪酸生成脂肪酸甲酯和 S-腺苷高半胱氨酸(S-adenosyl homo-cysteine,SAH),SAH 在由 *SAH1* 基因编码的腺苷高半胱氨酸水解酶的作用下水解生成 L-高半胱氨酸,L-高半胱氨酸在由 *MET6* 基因编码的甲硫氨酸合成酶的作用下生成 L-甲硫氨酸。本章为了增加 SAM 的供给,将过表达合成途径中的关键酶基因 *SAM2* 和 *MET6*,使 SAM 的合成途径更加畅通,从而增加细胞内 SAM 的供给。

6.2　实验材料与设备

6.2.1　实验材料

本章使用的菌株和质粒见附录 1 中的附表 4 和附表 5,引物见附表 6。

6.2.2　培养基及生物化学试剂的制备

本章使用的培养基及生物化学试剂的制备同 2.2.2 节。

6.2.3　仪器和设备

本章使用的主要仪器和设备同 2.2.3 节。

6.3　实　验　方　法

大肠杆菌感受态细胞的制备及化学转化,大肠杆菌质粒的提取,大肠杆菌基因组 DNA 的提取、纯化和回收,载体构建,真菌基因组 DNA 的提取等实验方法与 2.3 节相同。

6.3.1　酿酒酵母感受态细胞的制备

(1)挑取单菌落接种于 5 mL YPD 液体培养基(接种前加入氨苄西林 Amp),放进摇床内培养 12 h,培养条件为 30 ℃、200 r/min。

(2)吸取 1 mL 培养液接种至 50 mL YPD 液体培养基,以 30 ℃、200 r/min 在摇床中培养至 OD_{600} 在 1.2~1.5 之间。

(3)把菌液倒进一个高温蒸汽灭菌的 50 mL 干净离心管中,放进离心机内,设置 5000 r/min 的速度离心 5 min,在无菌室中倒掉上清液,收集菌体,然后再次用 25 mL 的无菌水重悬菌体,之后以同样的离心条件与步骤收集菌体。

(4)将菌体重悬在 1 mL 100 mmol/L 的乙酸锂中,将悬浮物转移到 1.5 mL 的无菌离心管中。

（5）以 1200 r/min 高速离心 5 s，用微量移液器吸除乙酸锂。

（6）加入 400 μL 100 mmol/L 的乙酸锂，用微量移液器上下抽提使细胞悬浮。

（7）取 50 μL 菌悬液到 1.5 mL 离心管中，以 5000 r/min 离心使细胞沉淀，然后使用最大量程为 100 μL 的微量移液器，将量程调至 50 μL，小心地将乙酸锂吸除。

6.3.2　酿酒酵母感受态细胞的转化

（1）首先要提前对所需的鲑鱼精 DNA（一种 ssDNA）进行预处理，将其从－20 ℃ 冰箱取出，用量程为 2～20 μL 的微量移液器吸取 20 μL 放入 1.5 mL 的空离心管中，然后放在恒温金属浴中，以 100 ℃ 煮沸 5 min，5 min 后，快速将反应离心管插进冰盒中，进行 10 min 的冷却。在整个实验过程中，要注意对 ssDNA 进行低温保存，以防其在高温下失效导致转化失败。

（2）取一管制备好的酿酒酵母感受态细胞，按下列顺序依次加入：240 μL 聚乙二醇（质量分数为 50%）、36 μL 1.0 mol/L 乙酸锂、25 μL ssDNA（2.0 g/mL）、50 μL 水和质粒 DNA（含 DNA0.1～10 μg），用移液器吸取吹打直到细胞完全混匀。

（3）把含有转化混合物的离心管放在恒温金属浴中，30 ℃ 保温 30 min。

（4）42 ℃ 水浴 30 min。

（5）热激后放入离心机内，设置 6000 r/min 离心 60 s，然后倒掉上清液，再用微量移液器慢慢将残留的上清液吸除。

（6）加入 1 mL 的无菌水，使用微量移液器使其移液头在液体表面上下移动并不断吸取吹打以悬浮沉淀，之后以步骤（5）的条件离心并倒掉上清液（洗涤 2 次）。

（7）在第二次倒掉上清液之后，离心管内仍会残留一些液体，此时可以使用微量移液器使其移液头在液体表面慢慢上下移动并小心地进行吸取吹打，使菌体重新悬浮并混合均匀。

（8）将最后的转化混合液全部吸出并打在 SC-URA 培养基上，然后用涂布棒轻轻地涂布，直至平板上没有液体残留，且菌体均匀地分布在平板上，再放入 30 ℃ 恒温培养箱中培养 3～4 d，直至有明显的单菌落形成。

6.3.3　基因编辑

本章的基因编辑以前文建立的 CRISPR-Cas9 系统介导的基因组无痕编辑技术为基础。其操作流程如图 6-2 所示，简单地说，首先将表达 Cas9 蛋白的质粒转入到酿酒酵母菌株中，将转化产物涂布到含 SC-URA 固体培养基的培养皿上，培养 3～4 天直到长出单菌落。随机挑取 8～12 个单菌落进行菌落 PCR 验证转化子,从而获得表达 Cas9 蛋白的菌株。为了获得基因敲除菌株,将针对目的基因的转录 gRNA 的质粒和修复模板共同转化到表达 Cas9 蛋白的菌株中,将转化产物涂布到含 SC-URA-HIS 固体培养基的培养皿上,随机挑选所得转化子进行菌落 PCR 验证。将验证正确的基因敲除菌株放入液体 SC-URA 培养基中培养以消除转录 gRNA 的质粒。将所得突变菌株用于下一轮基因编辑。当所有的基因编辑完成后,将菌株放入液体 YPD 培养基中培养以消除表达 Cas9 蛋白的质粒。

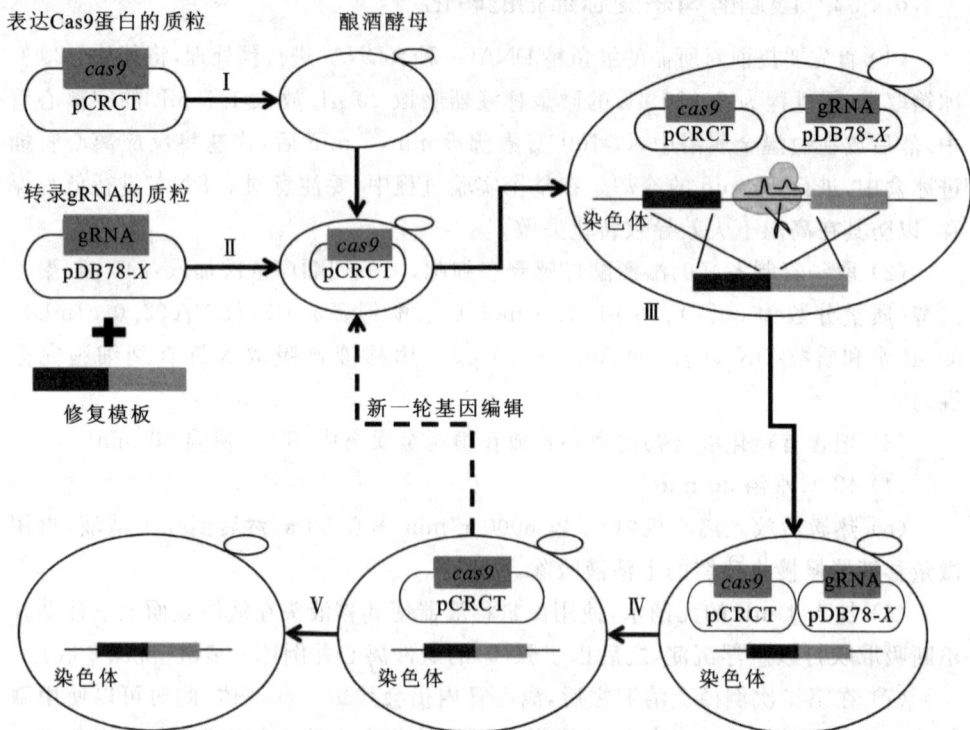

图 6-2　酿酒酵母遗传操作流程

注:Ⅰ表示表达 Cas9 蛋白的质粒转入目标菌株;Ⅱ表示转录 gRNA 的质粒和修复模板共同转入目标菌株;Ⅲ表示基因编辑;Ⅳ表示转录 gRNA 的质粒的消除;Ⅴ表示表达 Cas9 蛋白的质粒的消除;"X"为质粒编号。

6.3.4　摇瓶发酵

将单菌落接种到 10 mL 营养缺陷型培养基或者 YPD 培养基中,220 r/min、30 ℃培养 24 h,获得种子培养液。将种子培养液按 1%的比例接种到 100 mL 相应新鲜培养液中,220 r/min、30 ℃培养 144 h,每间隔 12 h 取样用于 OD_{600} 的测定和后续目标产物的检测。

6.3.5　SAM 的提取与检测

从摇瓶发酵样品中吸取 0.5 mL 菌液,在 4 ℃下以 4000 r/min 离心 10 min,去除上清液,收集菌体,并加入 10 倍体积 10% 的高氯酸,振荡 15 min,静置 1 h 后,再在 4 ℃下以 12000 r/min 离心 10 min,取上清液,用 0.45 μm 微孔滤膜过滤后摇匀,进样分析。色谱柱为 Supel oC18 反相柱(桩长×直径为 250 mm×4.6 mm;粒径为 5 μm);流动相甲醇与 40 mmol/L $NH_4H_2PO_4$-8 mmol/L 1-庚烷磺酸钠体积比为 1∶4,流动相甲醇的 pH 值用稀盐酸调至 3.0;流速为 1.0 mL/min;柱温为 30 ℃;灵敏度为 0.004 A UFS;检测波长为 254 nm;进样体积为 20 μL。

6.3.6　脂肪酸和脂肪酸甲酯的提取

为提取脂肪酸,将 200 μL 的细胞培养物、10 μL 40% 四丁基氢氧化铵和 200 μL 200 mmol/L 甲基化试剂碘甲烷混合。在甲基化反应之前,将十五烷酸作为内标加入甲基化试剂和样品的混合物,内标浓度为 5 mg/L。将混合物振荡 45 min,然后以 6000g 离心 5 min。取二氯甲烷层 100 μL 转移到玻璃小瓶中进行后续分析。为提取脂肪酸甲酯,将 5 mL 细胞培养物和 6 mL 体积比为 2∶1 的氯仿与甲醇混合物混匀,以 8000 r/min、4 ℃离心 10 min,吸取下层有机相。往剩余液体中加入 50 μL 甲酸和 1 mL 氯仿、甲醇和水的混合物(氯仿、甲醇、水体积比为 2∶1∶1),涡旋振荡,以 8000 r/min、4 ℃离心 10 min,吸取下层有机相。将二次吸取的下层有机相混合,干燥。加入 100 μL 氯仿与甲醇混合物(氯仿与甲醇体积比为 2∶1)复溶,用于气相色谱和质谱分析。

6.3.7　游离脂肪酸和生物柴油的检测

使用气相色谱仪检测游离脂肪酸和生物柴油的含量。色谱柱使用 HP-INNO-Wax 柱(内径×柱长×膜厚为 0.32 mm×30 m×0.25 μm,安捷伦科技有限公司)。气相色谱条件为进样量 1 μL,入口温度 250 ℃,分流比 1∶1,氢气载气流量为 5 mL/min,烘箱温度最初设定为 160 ℃,持续 3 min,之后以 5 ℃/min 的速度升至 255 ℃并保持 3 min,入口温度为 270 ℃,探测器温度为 330 ℃。为了制作标准曲线,配制含有 5 种脂肪酸甲酯(C14∶0、C16∶0、C16∶1、C18∶0 和 C18∶1)的标准溶液,在标准溶液中每种脂肪酸甲酯分别有 6 种浓度(1 mg/L、5 mg/L、10 mg/L、15 mg/L、20 mg/L、25 mg/L)。在标准溶液中添加十五烷酸甲酯作为内标。样品中脂肪酸甲酯的浓度根据标准曲线计算得出。

6.4 结果与分析

6.4.1 外源基因在酿酒酵母中的功能验证

将硫酯酶基因 *UcFatB1* 和甲基转移酶基因 *DmJHAMT* 密码子优化后进行基因合成。将表达 *UcFatB1* 基因的质粒 pESC-HIS-UcFatB1[图 6-3(a)]转化到酿酒酵母 BY4742 中,得到菌株 SC01。以野生型菌株 BY4742 为对照,将菌株 BY4742 和 SC01 分别进行摇瓶发酵。如图 6-3(b)所示,132 h 时菌株 BY4742 和 SC01 中 FFA 的积累量分别为(32.03±0.60)mg/L 和(125.35±9.95)mg/L。结果证明硫酯酶基因 *UcFatB1* 在酿酒酵母细胞中显著增强了 FFA 的积累。将共表

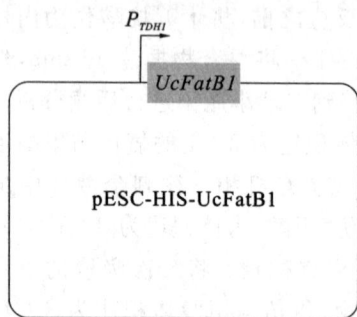

(a)

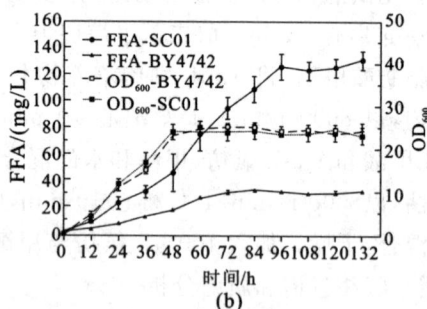

(b)

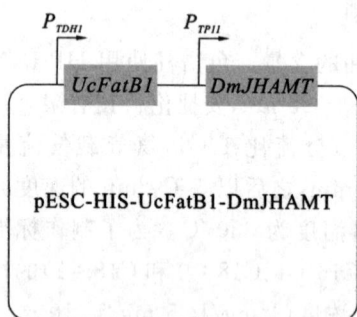

(c)

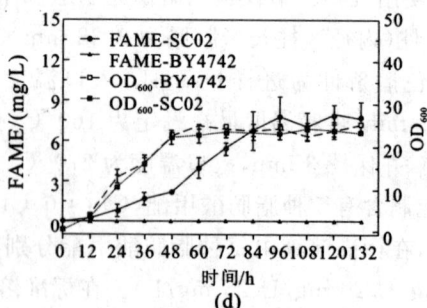

(d)

图 6-3 *UcFatB1* 基因和 *DmJHAMT* 基因的功能验证

(a) 表达 *UcFatB1* 基因的质粒;(b) 合成 FFA 的摇瓶发酵;

(c) 共表达 *UcFatB1* 基因和 *DmJHAMT* 基因的质粒;(d) 合成 FAME 的摇瓶发酵

达 *UcFatB1* 基因和 *DmJHAMT* 基因的质粒 pESC-HIS-UcFatB1-DmJHAMT
[图 6-3(c)]转化到酿酒酵母 BY4742 中,得到菌株 SC02。以野生型菌株 BY4742
为对照,将菌株 BY4742 和 SC02 分别进行摇瓶发酵。如图 6-3(d)所示,132 h 时菌
株 BY4742 发酵液中检测不到 FAME,菌株 SC02 发酵液中检测到(7.83±
1.52)mg/L FAME 形式的生物柴油。结果证明甲基转移酶基因 *DmJHAMT* 能
够在酿酒酵母细胞内发挥作用,催化游离脂肪酸和 SAM 生成 FAME。

6.4.2　增强游离脂肪酸供给的效果评价

为提高酿酒酵母细胞中游离脂肪酸的浓度,本章应用 CRISPR-Cas9 系统介导
的基因组编辑技术将乙酰辅酶 A 羧化酶基因 *ACC1* 整合到酿酒酵母基因组上,过
表达 *ACC1* 基因获得菌株 SC03。以出发菌株 BY4742 为对照,对菌株 SC03 进行
摇瓶发酵,结果如图 6-4 所示,游离脂肪酸浓度从(32.03±0.60)mg/L(BY4742)提
高到(43.03±1.10)mg/L,提高了 34.34%。然后将外源硫酯酶基因 *UcFatB1* 整
合到酿酒酵母基因组上获得菌株 SC04,经摇瓶发酵,SC04 中游离脂肪酸的浓度提
高到(52.58±0.92)mg/L,相比于菌株 SC03 提高了 22.19%。然后敲除基因
POX1,阻止酯酰辅酶 A 进行 β 氧化,获得菌株 SC05。对菌株 SC05 进行摇瓶发
酵,游离脂肪酸浓度提高到(65.40±1.63)mg/L,相比于菌株 SC04 提高了
24.38%。最后敲除基因 *FAA1* 和 *FAA4*,阻断游离脂肪酸合成酯酰辅酶 A 的代
谢途径,获得菌株 SC06。对菌株 SC06 进行摇瓶发酵,游离脂肪酸浓度提高到
(133.76±3.53)mg/L,相比于菌株 SC05 提高了 1.05 倍。

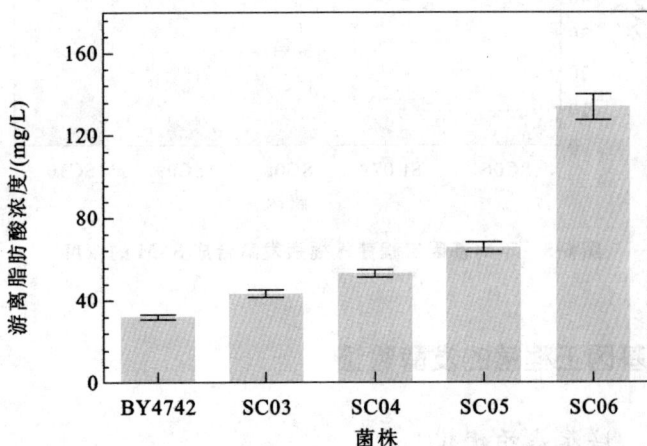

图 6-4　不同基因工程菌株摇瓶发酵合成游离脂肪酸的浓度

6.4.3　增强甲基供体 SAM 供给的效果评价

应用 CRISPR-Cas9 系统介导的基因组编辑技术,将 *MET6* 基因整合到菌株 SC06 上,获得菌株 SC07,将 *SAM2* 基因整合到菌株 SC07 上,获得菌株 SC08。以菌株 SC06 为对照,对菌株 SC07 进行摇瓶发酵,结果如图 6-5 所示,SAM 浓度从 (9.05 ± 0.27) mg/L(SC06)提高到 (14.70 ± 0.87) mg/L,提高了 62.43%。对过表达 *SAM2* 基因的菌株 SC08 进行摇瓶发酵,SAM 浓度提高到 (28.58 ± 0.86) mg/L,与过表达 *MET6* 基因的菌株 SC07 相比提高了 94.42%。然后将菌株 SC08 的 *CYS4* 基因敲除,获得菌株 SC09,将菌株 SC09 的 *ADO1* 基因敲除,获得菌株 SC10,分别对所得基因工程菌进行摇瓶发酵。结果显示,*CYS4* 基因的缺失使 SAM 的浓度提高到 (44.45 ± 2.41) mg/L,与菌株 SC08 相比提高了 55.53%;*ADO1* 基因的缺失使 SAM 的浓度提高到 (61.11 ± 1.68) mg/L,与菌株 SC09 相比提高了 37.48%。总的来说,*MET6* 和 *SAM2* 基因的整合与 *CYS4* 和 *ADO1* 基因的缺失,使 SAM 的浓度从 (9.05 ± 0.27) mg/L 提高到 (61.11 ± 1.68) mg/L,提高了 5.75 倍。

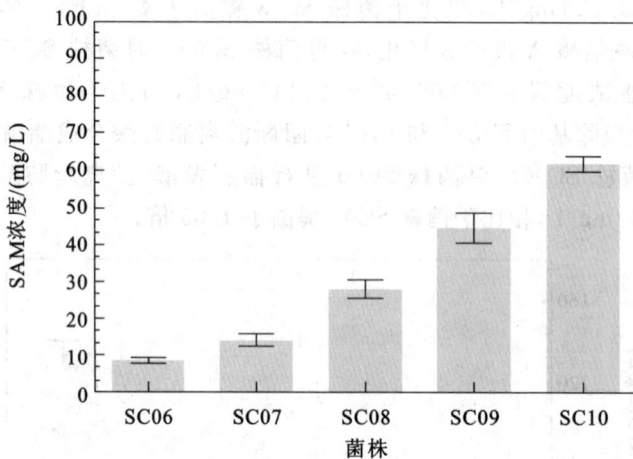

图 6-5　不同基因工程菌株摇瓶发酵合成 SAM 的浓度

6.4.4　基因工程菌的发酵验证

6.4.4.1　培养基的优化

将表达 *DmJHAMT* 基因的质粒 pESC-HIS-DmJHAMT 转化到菌株 SC10 中,获得菌株 SC11。以野生型菌株 BY4742 为对照,对菌株 SC11 进行摇瓶(500 mL)发酵,结果如图 6-6(a)所示,BY4742 的培养液中并未检测到 FAME,菌株 SC11 的培养液中检测到(37.91±6.56)mg/L 的 FAME。

为了优化培养基配方,分别尝试了葡萄糖、麦芽糖、蔗糖、乳糖和淀粉等 5 种碳源,摇瓶发酵 96 h,结果如图 6-6(b)所示,当葡萄糖作为碳源时,FAME 产量最高,为(40.91±2.22)mg/L,因此葡萄糖是最佳碳源。为了选出最佳氮源,分别尝试了蛋白胨、牛肉膏、酵母抽提物、大豆粉和玉米浆等 5 种氮源,摇瓶发酵 96 h,结果如图 6-6(c)所示,当蛋白胨作为氮源时,FAME 产量最高,为(43.25±1.73)mg/L,因此蛋白胨是最佳氮源。为了优化碳源和氮源的比例,分别以碳氮比为 1∶1、1∶2、1∶3、2∶1 和 3∶1 的条件,摇瓶发酵 96 h,摇瓶发酵结果如图 6-6(d)所示,当碳氮比为 2∶1 时 FAME 产量最高,为(48.25±2.34)mg/L,因此最佳碳氮比为 2∶1。

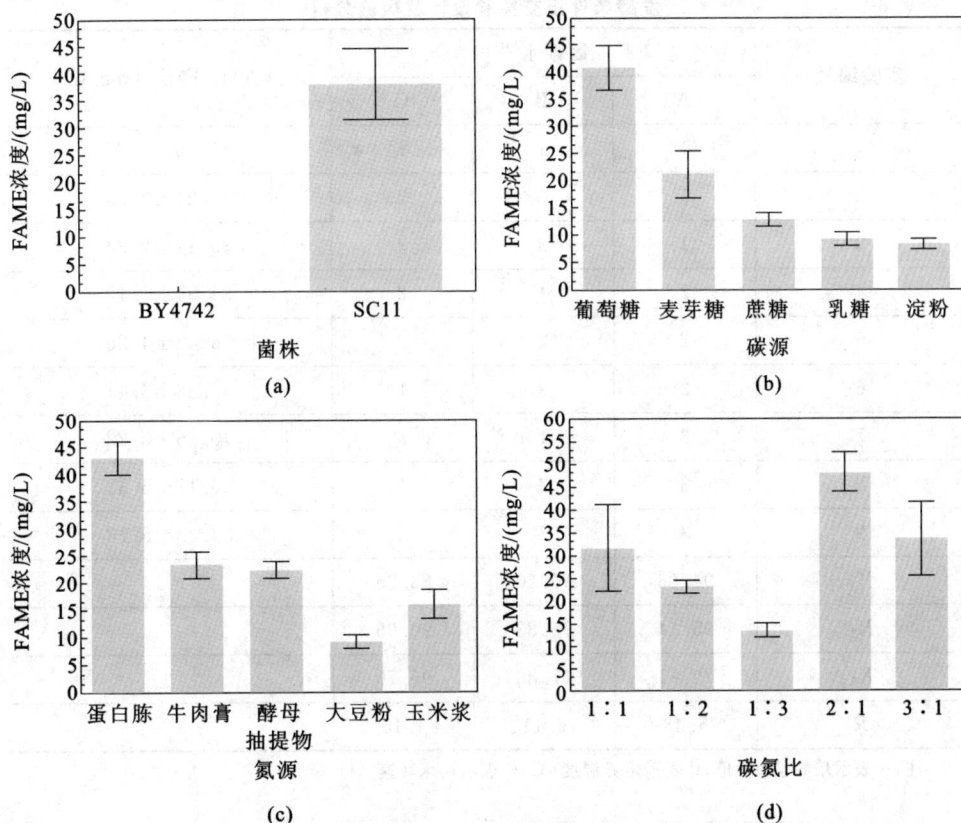

(a)

(b)

(c)

(d)

图 6-6 工程菌 SC11 摇瓶培养实验及培养基的优化

(a) 摇瓶发酵实验;(b) 碳源的优化;(c) 氮源的优化;(d) 碳氮比的优化

6.4.4.2 摇瓶培养条件的优化

本节分别选择了对菌体生长影响最大的培养基 pH 值、培养温度及摇床转速作为影响因素,采用 3 因素 3 水平的正交设计对摇瓶培养条件进行了优化。正交因素水平条件设置见表 6-1，正交实验及其分析结果见表 6-2。

表 6-1　　　　　　　　　发酵培养条件正交实验的因素和水平

水平	因素		
	培养基 pH 值	培养温度/℃	摇床转速/(r/min)
1	5.5	28	180
2	6.5	30	200
3	7.5	32	220

表 6-2　　　　　　　　　发酵条件正交实验设计及极差分析

实验编号	因素水平			FAME 产量/(mg/L)
	A	B	C	
1	1	1	1	41.70 ± 4.28
2	1	2	2	43.24 ± 3.23
3	1	3	3	39.12 ± 2.34
4	2	1	2	34.34 ± 5.12
5	2	2	3	56.42 ± 4.26
6	2	3	1	35.38 ± 3.41
7	3	1	3	40.16 ± 3.22
8	3	2	1	36.17 ± 6.33
9	3	3	2	33.38 ± 5.13
K_1	94.06	96.20	83.25	
K_2	95.14	95.83	90.96	
K_3	79.71	77.88	95.70	
R	5.48	6.11	4.15	

注：A 表示培养基 pH 值；B 表示培养温度/℃；C 表示摇床转速/(r/min)。

由表 6-2 的极差分析可知，发酵培养基的 3 个因素对 FAME 产量的影响程度为 B＞A＞C，即温度对 FAME 合成的影响最为显著。从 9 种培养条件的 FAME 的产量可以看出 A2B2C3 组合时 FAME 产量最高。因此，基因工程菌摇瓶发酵合成 FAME 的最佳培养条件是培养基 pH 值为 6.5，培养温度为 30 ℃，摇床转速为 220 r/min。

6.4.5 基因工程菌的发酵罐实验

进一步对基因工程菌 SC11 进行发酵罐(5 L)实验,结果如图 6-7 所示,发酵 120 h 时,生物柴油产量达到(416.87 ± 8.00)mg/L。发酵结果表明,本章构建的基因工程菌能够高效合成生物柴油。

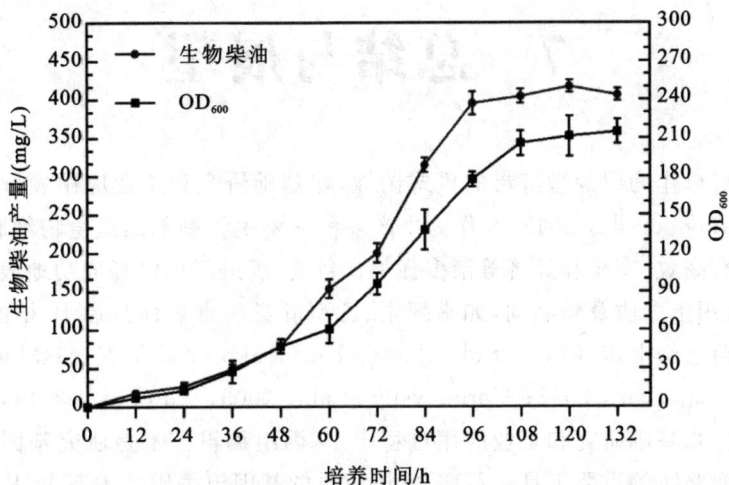

图 6-7 基因工程菌发酵罐实验

7   总结与展望

汉逊酵母作为甲醇型酵母的模式菌株,在基础研究和工业应用领域发挥着重要作用(Saraya et al.,2012)。作为生产多种重要生物制剂的微生物细胞工厂,汉逊酵母具有高效、安全和经济等诸多优势。目前,汉逊酵母已经成功地表达了许多药用、工业用蛋白质及酶制剂,如水蛭素、乙型肝炎病毒表面抗原B、植酸酶等,其中乙肝疫苗已经上市(Chen et al.,2008;Kurylenko et al.,2014;Moon et al.,2016;Moussa et al.,2012;Voronovsky et al.,2009;Xu et al.,2014)。

在微生物基础研究和工业应用过程中,基因组编辑技术是研究基因功能和理性设计代谢路线的重要工具。目前,汉逊酵母的基因组编辑技术有 PCR 产物介导的一步法基因敲除、特异性重组系统 Cre-loxP 系统介导的基因组编辑、mazF 基因介导的反筛系统、CRISPR-Cas9 系统介导的基因组编辑(Numamoto et al.,2017;Qian et al.,2009;Song et al.,2014),但这些方法都存在一定的缺陷。

针对这些缺陷,本书应用 CRISPR-Cas9 系统在汉逊酵母中建立了一套多元基因组编辑方法,在汉逊酵母中实现了基因敲除、点突变、整合,并成功将多拷贝整合方法推广到了酿酒酵母中。

7.1   Cas9 蛋白和 gRNA 在染色体上的表达

汉逊酵母中游离质粒的稳定性一直存在着争议,尽管早在 1995 年,Bogdanova等(1995)和 Sohn 等(1996)分离到了两个汉逊酵母游离质粒,并且证明这些游离质粒能够在汉逊酵母中处于游离状态,但是这些游离质粒在使用过程中不够稳定,经常会随机整合到基因组上。这是因为带有自主复制序列的环形质粒即便其序列与汉逊酵母基因组有着较低的同源性,也会以高拷贝的形式随机整合到基因组上,其在细胞内的游离状态一般不会超过 10 代(Sohn et al.,1996;Wagner et al.,2016)。Juergens 等(2018)建立的 CRISPR-Cas9 系统使用了一个带有自主复制序列 panARS 的质粒 pUDP046，在基因编辑完成后，他们为了证明质粒 pUDP046 没有整合到汉逊酵母基因组上，不得不对所编辑的细胞进行全基因组测序。Numamoto 等（2017）构建的 CRISPR-Cas9 系统也使用了自己实验室构建的游离质粒，但是未对游离质粒的稳定性进行任何研究。为了避免游离质粒随机整合造成的不利影响，本书选择在染色体上表达 Cas9 蛋白和转录 gRNA。同时，在染色体上表达 Cas9 蛋白有着以下优势。① Cas9 蛋白的表达更稳定：Cas9 蛋白在质粒上的表达常常因为质粒的拷贝数在不同细胞之间不同、质粒丢失、质粒整合到染色体上等因素而不稳定。② 在多轮基因组编辑时更加方便：在使用质粒建立的 CRISPR-Cas9 系统进行多轮基因组编辑时，每次编辑之前都要进行表达 Cas9 蛋白和转录 gRNA 载体的构建，基因编辑后需要对表达 Cas9 蛋白的质粒进行消除。③ 减少对宿主细胞的影响：有文献报道，Cas9 蛋白对细胞具有一定的毒性，能够抑制细胞的生长，在染色体上表达 Cas9 蛋白能够使 Cas9 蛋白的表达处于一个较低的水平，从而减少其对细胞的毒性（Cho et al.，2017b；Liu et al.，2017a；Peng et al.，2017）。相比之下，使用质粒表达 Cas9 蛋白不仅会因 Cas9 蛋白表达量过高对细胞产生较强的毒性，而且高拷贝的质粒也会对细胞的生长带来较大的负担（Westbrook et al.，2016）。

7.2 CRISPR-Cas9 系统介导的基因组编辑技术的效率

CRISPR-Cas9 系统介导的基因组编辑效率与多种因素有关。Doench 等（2016）系统性研究了 gRNA 序列对 CRISPR-Cas9 系统介导的基因组编辑效率的影响，发现 gRNA 序列可以影响基因组编辑效率，而且具有以下规律：gRNA 的 3′末端第 20 位碱基为鸟嘌呤核苷酸 G 时，比该位置为胞嘧啶核苷酸 C 时的基因组编辑效率更高；第 18 和 19 位碱基为胸腺嘧啶核苷酸 T 时，基因组编辑效率则相对较低；gRNA 序列第 16 位为胞嘧啶核糖核苷酸 C 时，比此位置是鸟嘌呤核糖核苷酸 G 时的基因组编辑效率更高。Zhang 等（2015）系统地比较了 PAM 位点序列对基因组编辑效率的影响，发现编辑效率由高到低依次是 NGG＞NGA＞NAG。除了优化 gRNA 序列和 PAM 位点序列外，使用一些小分子化合物也能提高基因组编辑效率。Yu 等（2008）发现使用 β3 肾上腺素受体激动剂 L755507 或蛋白转运抑制剂 Brefeldin A 可以显著提高基因组编辑效率；而两种胸苷类似物叠氮胸苷（齐多夫定）和曲氟尿苷则能降低同源重组效率。综上所述，影响基因组编辑效率的因素很多。

酿酒酵母中的 *ADE2* 基因（*ScADE2*）编码腺嘌呤生物合成途径中的磷酸核糖氨基咪唑羧化酶。缺失 *ScADE2* 基因会造成氧化态的 5-氨基咪唑核苷积累，使菌落显红色。汉逊酵母中与 *ScADE2* 基因具有相同功能的基因在本书中被命名为 *OpADE2*，该名称与部分研究一致（Cheon et al.，2009；Juergens et al.，2018）。但是，在 Numamoto 等（2017）的研究中将与 *ScADE2* 基因具有相同功能的基因命名为 *OpADE12*。为了证明 Numamoto 等研究的 *OpADE12* 基因与本书研究的 *OpADE2* 基因是同一个基因，将 Numamoto 等的研究中靶向 *OpADE12* 的 gRNA 序列（GCTTGAAACCCCACACGCGT）与本书中的 *OpADE2* 基因序列进行比对，结果发现 *OpADE12* 的 gRNA 序列包含在 *OpADE2* 基因内，这证实了 Numamoto 等研究中的 *OpADE12* 基因与本书中的 *OpADE2* 基因是同一个基因（图 7-1）。

OpADE2

ATGGACTCAAAGGTCGTTGGAATTTTGGGCGGCGGCCAGCTCGGCCGCATGATGGTCGAGG
CAGCCAGCCGGCTGAATATCAAGACAGTGATTCTTGAGAACGGTGCAGATTCACCGGCCAA
GCAGATCAATTCCAGTACAGAACACATCGACGGCTCCTTCAACGATGAGGCGGCCATCCGC
AAGCTCGCGGAAAAATGCAACGTGCTGACCGTCGAGATTGAGCACGTTGATGTTGAGGCC
TTGAAGAAAGTGCAGGAGCAGACTTCCGTCAAGATTTATCCATCTCCTGAGACCATTGCTC
TTATCAAGGACAAATACTTGCAAAAAGAGCATCTGATCAGAAACCAGATCGCGGTTGCCGA
GTCCACTGCTGTTGAAAGCACTTCAGGAGCCTTGCAATCTGTGGGACAGAAGTATGGATAC
CCGTACATGCTCAAGTCCAGAACGATGGCTTATGACGGTAGGGGTAACTTTGTTGTTGAGG
ACGATTCCAAGATCCCAGAGGCTTTGGAGGCCTTGAAGGACAGACCGTTATATGCTGAAAA
ATGGGCTCCTTTCACCAAGGAGCTAGCAGTGATGGTGGTTCGGGGTCTTGGCGGAGACGTC
CATGCCTACCCAACCGTAGAGACTATTCACAAAAACAATATCTGCCACACAGTGTTTGCACC
TGCGCGTGTCAATGACACCATACAGAAGCGCGCGCAACTCCTGGCAGAGAAGGCTGTGTC
TGCATTTTCGGGAGCAGGAATTTTTGGTGTCGAAATGTTCCTGCTTCCAAATGACGAGTTGT
TGATCAACGAAATTGCCCCTAGACCGCACAACTCTGGACATTACACTATCGACGCGTGCGT
GACGAGCCAGTTTGAGGCCCACATCCGTGCCGTTTGCAGTCTGCCGCTACCAAAGAACTTT
ACTTCTCTATCCACACCATCTACCCATGCTATCATGCTAAACGTGTTGGGTAGCTCTAACCCA
GAAGAATGGTTGCAAAAGTGCAAGAGAGC<u>GCTTGAAACCCCACACGCGT</u>CGGTTTACCTG
TACGGAAAATCCAACAGACCGGGCCGGAAACTGGGTCACATCAACATTGTCTCCCAGTCCA
TGGACGACTGCATCCGTCGTCTAGAGTACATAGACGGCCAATCCGACACACTGAAAGAGCC
TAAAGACAACATACATGTTGCAGGAACTAGCAGCAAACCGCTCGTCGGCGTGATAATGGGC
TCAGACTCGGATCTGCCTGTGATGTCCGTTGGTTGCAATATTTTAAAGGCTTTTGGTGTTCCT
TTCGAGGTTACCATTGTGTCTGCCCACAGAACGCCTCAGAGAATGGTCAAGTACGCTGCCG
AAGCCCCAGAGAGGGGAATACGGTGCATCATCGCTGGTGCTGGGGGAGCTGCCCATCTACC
AGGAATGGTTGCTGCCATGACTCCATTGCCGGTCATTGGTGTTCCCGTCAAGGGATCGACTC
TCGACGGAGTCGACTCGCTGTATTCGATAGTTCAGATGCCAAGAGGAGTGCCTGTGGCCAC
TGTTGCCATCAACAATGCCACCAACGCTGCGCTTCTGGCCGTGCGTATTCTTGGCTCGTCCG
ACCCCGTGTATTTCAGCAAGATGGCTAAATACATGAGCGAGATGGGAGAATGAGGTTCTTGA
AAAAGCTGAACGACTGGGCTCTGTTGGCTATGAGGAATACCTTAACAAATAG

图 7-1 *OpADE12* 的 gRNA 序列与 *OpADE2* 基因的序列

（左侧标注框：*OpADE12*的 gRNA序列）

为了比较本书中建立的 CRISPR-Cas9 系统与已有的 CRSIPR-Cas9 系统的基因组编辑效率,对 *OpADE2* 基因进行了敲除。结果如表 7-1 所示,*OpADE2* 基因的敲除效率为 62.18%±6.17%。相比之下,Numamoto 等(2017)研究中的 *OpADE12*(*OpADE2*)基因的敲除效率为 47%,Juergens 等(2018)研究中的基因敲除效率为 9%。此外,从总体上看,Numamoto 等研究中不同基因的编辑效率在 17%~71%之间,本书研究中不同基因的编辑效率在 23.61%~75.00%之间。综合以上分析比较,本书中建立的 CRISPR-Cas9 系统介导的基因组编辑技术具有高效性。本书中的基因组编辑技术具有高效性的原因主要包括两个方面:① 本书中应用的 Cas9 蛋白是野生型 Cas9 蛋白的突变体,该突变体与野生型相比具有较高的活性;② 本书中应用的修复模板具有较长的同源臂,能够提高同源重组效率,增强细胞对 DNA 双链断裂的修复能力,进而提高基因组编辑效率(Jakociunas et al.,2015)。

表 7-1 不同 CRISPR-Cas9 系统介导的汉逊酵母基因组编辑效率的比较

编辑效率					来源
敲除	点突变	单位点整合	多位点整合	多拷贝整合	
58.33%±7.22% (*OpLEU2*)	31.40%±4.02% (*OpURA3*)	66.70% (*OpHIS3*∷*gfpmut3a*)	30.56%±2.40% (*OpURA3*∷*TAL*, *OpHIS3*∷*4CL*, *OpLEU2*∷*STS*)	75.00%±12.5% (*OprDNA*)	本书
65.28%±2.41% (*OpURA3*)		66.70%±7.22% (*OpURA3*∷*gfpmut3a*)			
62.18%±6.17% (*OpADE2*)				45.83%±7.22% (*ScrDNA*)	
23.61%±6.36% (*OpLEU2*& *OpURA3*& *OpHIS3*)		62.50% (*OpLEU2*∷*gfpmut3a*)			
9% (*OpADE2* 阻断)					Juergens et al.,2018
47%(*OpADE12*)					Numamoto et al.,2017
50%,71% (*OpPHO1* 阻断)					
17%,30% (*OpPHO11* 阻断)					

7.3 CRISPR-Cas9 系统介导的点突变的精确性

多项研究表明,gRNA 序列和 PAM 序列都会影响 CRISPR-Cas9 系统介导的基因组编辑技术的脱靶概率。Cas9 蛋白和 gRNA 组成的复合体首先识别靶序列中的 PAM 位点,gRNA 的前 20 个碱基通过碱基互补配对识别靶序列,从而完成与靶序列的特异性结合。对靶序列识别准确性的降低是脱靶效应产生的主要原因。Hsu 等(2014)应用 GFP 报告载体系统和流式细胞技术系统研究了脱靶效应。结果表明:Cas9 核酸酶对脱靶位点 1～2 个错配碱基的耐受能力与其配对位置有关,gRNA 中的前 20 个负责互补配对的碱基中,靠近 PAM 端的 8～12 个碱基被认为是核心序列,在识别特异性上起重要作用;gRNA 在与靶序列互补配对过程中允许存在 1～5 个碱基的错配,并且含 5 个错配碱基的靶序列能被 Cas9 核酸酶切割,导致脱靶(Hsu et al.,2014)。CRISPR-Cas9 系统识别和切割的准确性很大程度上也受 PAM 序列的影响。起初人们认为只有 NGG 是 PAM 序列,但后来研究发现 Cas9 核酸酶不仅可以识别 NGG,还可以识别 NRG(R 代表 A 或 G),但 Cas9 核酸酶对 NRG 的切割频率仅是 NGG 的 1/5,尽管识别并切割 NRG 的频率显著低于 NGG,但仍然存在脱靶的可能性。

为了解决上述问题,研究者们建立了多种脱靶效应检测方法:软件预测与测序法、GUIDE-seq(全基因组无偏双链断裂点测序)、Digenome-seq(酶消化基因组测序)和 Circle-seq(环状 DNA 测序)等。GUIDE-seq 方法的准确度较高,在检测中的准确度可达到 79%(Kim et al.,2016)。但该方法受细胞转染的限制,应用范围较小。Digenome-seq 和 Circle-seq 这 2 种检测脱靶效应的方法,虽然检测的灵敏度较高,但是准确度却不够高。在 Digenome-seq 检测中,有 74 个位点被检出脱靶编辑,经过测序验证,只有 5 个是真正的脱靶位点;应用 Circle-seq 检测脱靶位点时只有大约 20% 的潜在脱靶位点是真正的脱靶位点。软件预测与测序法是一种简单易行的检测方法,首先应用生物学软件预测基因组中潜在的脱靶位点,然后利用 PCR 从基因组中扩增出这些潜在脱靶位点的序列,最后通过测序验证这些序列是否真的被编辑。常用的预测脱靶位点的生物学软件有 Cas-OFFinder(Bae et al.,2014)、E-CRIS-PR(Hsu et al.,2014)、CRISPR Design、Target Finder 和 CRISPR Design Tool(Doench et al.,2016)。

Cas-OFFinder 在线软件可评估 gRNA 的脱靶效应,该软件包含人、小鼠和酵母等 25 个物种基因组,适用范围广,可针对不同来源的 Cas9 核酸酶,评估不同 gRNA 的脱靶效应。例如,来自化脓性链球菌的 SpCas9 核酸酶,其 PAM 序列为

5′-NGG-3′;来自金黄色葡萄球菌(*Staphylococcus aureus*)的 SaCas9 核酸酶,其 PAM 序列为 5′-NNGRRT-3′(R＝A 或 G);来自脑膜炎奈瑟氏菌(*Neisseria men-ingitidis*)的 NmCas9 核酸酶,其 PAM 序列为 5′-NNNNGMTT-3′(M＝A 或 C);来自嗜热链球菌的 StCas9 核酸酶,其 PAM 序列是 5′-NNAGAAW-3′(W＝A 或 T)。不同来源的 Cas9 核酸酶,其 PAM 序列不同,对应的 gRNA 长度也不相同,如 StCas9 核酸酶要求 gRNA 长度为 18 bp,SpCas9 核酸酶要求 gRNA 长度为 20 bp,而 NmCas9 核酸酶要求 gRNA 长度为 24 bp。Cas-OFFinder 软件运行速度快,可以将结果直接输出在页面上,除了显示脱靶位点外,还可以标示脱靶位点在染色体的位置和碱基错配数等。

本书使用 Cas-OFFinder 软件预测出点突变潜在的 8 个脱靶位点,对这些位点进行了 PCR 扩增,经过测序验证,发现这些潜在的位点均没有被编辑,证明了本书建立的基因组编辑技术的精确性。

7.4　汉逊酵母中无痕多位点编辑技术的首次建立

高通量测序技术的发展使得基因数据量急剧飙升,给基因功能的研究带来了新的挑战。若要深入研究基因的功能和作用机制,除了生物学分析外,还需要依靠分子生物学手段。在研究多基因功能的过程中,经常需要对多个基因进行敲除,同样在建立新的代谢途径时,常常需要将多个基因整合到基因组上。面对这些问题,若按照传统的遗传操作方法依次对目的基因进行编辑,不仅费时费力而且编辑效率较低,因此多位点编辑技术是一项必不可少的手段。Klabunde 等(2002)应用 *OpURA3* 作为筛选标记,在尿嘧啶营养缺陷型汉逊酵母中,将三个不同的目的基因同时整合在了 rDNA 位点。但是该方法会将多拷贝的筛选标记 *OpURA3* 留在基因组上,影响后续的遗传操作。而且,该方法整合效率较低,三基因同时整合的效率为 1/11。本书建立的多元基因组编辑方法不仅能够实现无痕多基因敲除和无痕多位点整合,而且编辑效率较高:三基因被同时敲除的效率为 23.61%±6.36%,三个位点同时整合的效率为 30.56%±2.40%。

7.5　多拷贝整合方法的实用性和应用性

在科学研究中,为了提高目标蛋白的表达量,常常将多拷贝的目的基因整合到基因组上。如果通过多次整合来提高目的基因的拷贝数,不仅费时费力,而且很难达到较高的拷贝数。因此,多拷贝整合方法是一项不可或缺的技术。在汉逊酵母中,传统的多拷贝整合方法有复制型质粒介导的随机整合和重组型质粒介导的定点整合,这些整合方法依赖的是汉逊酵母中的非同源性末端接合(Non-homologous End Joining,NHEJ)机制。

Agaphonov 等(1999)将复制型质粒 AMIpLD1 转入汉逊酵母菌株中,含有100多个拷贝的质粒 AMIpLD1 会随机串联整合到基因组上。Lopes 等(1989)利用18S 和 25S rDNA 序列构建了一系列整合载体,这些载体能够将 2~30 个拷贝的目的基因整合到 rDNA 位点上。然而这些多拷贝整合方法都会将整个载体整合到基因组上,使得多拷贝的筛选标记、质粒复制原点、质粒骨架等遗留在基因组上,影响后续的遗传操作。本书建立的多拷贝整合方法虽然只能将约 10 个拷贝的目的基因整合到基因组上,但是使用的修复模板不含有任何筛选标记和其他不必要的序列,能够实现目的基因的多拷贝无痕整合。3 种多拷贝整合方法的比较见表 7-2。本书中,约 10 个拷贝的融合表达盒 P_{S_cTEF1}-TAL-P_{S_cTPI1}-$4CL$-P_{S_cTEF2}-STS 被一次性整合到基因组上。该多拷贝整合子的白藜芦醇产量比单拷贝整合子提高了近21 倍。另外,本书应用该多拷贝整合方法分别在汉逊酵母中多拷贝整合了 HSA 基因和 $cadA$ 基因,应用汉逊酵母合成了人血清白蛋白和戊二胺。这些应用说明该多拷贝整合方法在合成生物学和代谢工程改造中有着较强的实用性。

表 7-2　　　　　　　　　　汉逊酵母中的多拷贝整合方法

多拷贝整合方法	最高拷贝数	整合机制	整合位点	是否会在基因组上留下筛选标记
复制型质粒介导的随机整合	>100	NHEJ	随机	是
整合型质粒介导的定点整合	约 30	NHEJ	rDNA 位点或其他位点	是
本书建立的游离质粒	11	HR(同源重组)	rDNA 位点	否(不含筛选标记)

Shi 等(2016)在酿酒酵母中以 Ty 转座子序列作为整合位点,应用 CRISPR-Cas9 系统建立了无痕多拷贝整合方法,一次性将 18 个拷贝的目的基因整合到了酿酒酵母基因组。然而,并不是所有的酵母菌株都具有 Ty 转座子,并且 Ty 转座子在基因组上的位置和拷贝数在同一酵母的不同菌株之间、同一菌株不同细胞之间变化很大(Bleykasten-Grosshans et al.,2013)。这意味着 Shi 等建立的多拷贝整合方法并不适用于所有酵母,尤其是遗传背景不清楚的酵母菌株。本书建立的多拷贝整合方法的整合位点是酵母的 rDNA 簇。rDNA 簇存在于所有酵母中,而且在同一酵母中 rDNA 簇重复单元的拷贝数是恒定的。例如,汉逊酵母中 rDNA 簇包括 50~60 个重复单元,酿酒酵母中的 rDNA 簇包括 150~200 个重复单元

(Lopes et al.，1989；Sun et al.，2015)。本书和 Shi 等建立的在酿酒酵母中运用 CRISPR-Cas9 系统介导的无痕多拷贝整合方法的比较如表 7-3 所示。本书的多拷贝整合方法在酿酒酵母中的成功推广证明了该多拷贝整合方法能够适用于多种酵母，具有广泛的应用性。

表 7-3　酿酒酵母中 CRISPR-Cas9 系统介导的无痕多拷贝整合方法

来源	最高拷贝数	利用位点	位点拷贝数	基因组位置
Shi 等	18	转座子位点	随菌株而异	不定
本书	10	rDNA 簇	恒定 (150~200)	第 12 号染色体

7.6　结　　论

本书以汉逊酵母和酿酒酵母为研究对象，通过引入来自酿脓链球菌的 CRISPR-Cas9 系统，在酵母中建立的 CRISPR-Cas9 系统介导的基因组编辑技术，在汉逊酵母中实现了基因敲除(包含多基因敲除)、点突变、整合(包含多位点整合和多拷贝整合)，将多拷贝整合方法成功推广到了真核生物的模式菌株——酿酒酵母中。此外，本书还应用建立的 CRISPR-Cas9 系统介导的基因编辑技术在汉逊酵母中合成白藜芦醇、戊二胺、人血清白蛋白，在酿酒酵母过氧化物酶体中合成白藜芦醇，建立生物柴油的合成途径。主要获得以下成果和研究进展。

(1) 针对汉逊酵母中缺少稳定游离质粒的问题，设计了在染色体上表达 Cas9 蛋白和转录 gRNA 的策略，建立了一套新的 CRISRP-Cas9 系统介导的基因组编辑技术，应用该技术在汉逊酵母中实现了高效的基因组编辑。

(2) 应用建立的 CRISPR-Cas9 系统介导的基因组编辑技术在汉逊酵母中实现了多元基因组编辑，实现了 3 个基因的同时敲除、3 个外源基因在 3 个位点的同时整合和外源基因的多拷贝整合。其中应用多拷贝整合方法能够将多达 11 个拷贝的目的基因一次性无痕整合到基因组上，并通过长期传代培养不断检测拷贝数，证实了多拷贝的目的基因在基因组上具有稳定性。

(3) 应用多拷贝整合方法将约 10 个拷贝的合成白藜芦醇的融合表达盒整合到了汉逊酵母基因组上。该多拷贝整合子的白藜芦醇的产量比单拷贝整合子提高了近 21 倍，证明了该多拷贝整合方法在合成生物学中的实用性。

(4) 应用多拷贝整合方法，分别将人血清白蛋白基因 *HSA* 和来自大肠杆菌的赖氨酸脱羧酶基因 *cadA* 多拷贝地整合到了汉逊酵母基因组上，在汉逊酵母中合成了人血清白蛋白和戊二胺，证明了多拷贝整合方法具有广泛的应用性。

(5) 将多拷贝无痕整合方法成功推广到了真核生物的模式菌株——酿酒酵母,成功地将约 10 个拷贝的绿色荧光蛋白基因整合到了酿酒酵母的 rDNA 位点,并通过长期传代培养不断检测拷贝数,证实了多拷贝的目的基因在基因组上具有稳定性。

(6) 通过研究白藜芦醇在酿酒酵母中的生物合成现状,找到了影响白藜芦醇产量提升的限制因素,提出了应用细胞质和过氧化物酶体两个亚细胞区室同时合成白藜芦醇的新策略,为白藜芦醇的生物合成提供了新的思路。

(7) 对酿酒酵母进行遗传改造。首先,通过引入外源的硫酯酶基因和保幼激素酸氧甲基转移酶基因在酿酒酵母体内构建生物柴油的从头合成途径。然后,通过代谢工程改造提高细胞内游离脂肪酸的浓度,增强细胞内甲基供体 SAM 的供给,从而实现生物柴油的高效合成。本书构建的基因工程菌株能够利用廉价的碳源,在不添加甲醇的情况下在微生物体内从头合成生物柴油,并且其合成的生物柴油能够分泌到细胞外,不需要对细胞进行破壁处理。本项目的完成将为生物柴油的合成提供新的思路,为工业微生物育种提供新的理论基础和实践经验。

7.7 创 新 点

本书主要在酵母中建立 CRISPR-Cas9 系统介导的基因组编辑技术,并将该技术应用到了白藜芦醇、人血清白蛋白、戊二胺及生物柴油的生物合成中,具体来说主要有以下创新点。

(1) 应用 CRISPR-Cas9 系统在汉逊酵母中建立了高效的基因组编辑技术,首次在汉逊酵母中实现了多基因敲除、多位点整合。

(2) 以汉逊酵母 rDNA 簇作为整合位点,应用 CRISPR-Cas9 系统建立了无痕多拷贝整合方法,首次在汉逊酵母中实现了目的基因的无痕多拷贝整合。

(3) 将多拷贝整合方法推广到了酿酒酵母中,实现了目的基因在酿酒酵母 rD-NA 位点的无痕多拷贝整合。

(4) 应用多拷贝整合方法分别将合成白藜芦醇的融合表达盒和合成戊二胺的赖氨酸脱羧酶基因多拷贝地整合到了汉逊酵母基因组上,首次实现了高附加值化合物白藜芦醇和戊二胺在汉逊酵母中的生物合成。

(5) 酿酒酵母作为真核生物的模式菌株在生物能源类物质合成中有着诸多优势,是合成 FAME 的理想出发菌株。然而到目前为止,还没有在酿酒酵母细胞内合成 FAME 的报道,本书对出发菌株进行系统的代谢工程改造,并在酿酒酵母细胞中高效合成了 FAME。

7.8 展　望

本书利用 CRISPR-Cas9 系统在汉逊酵母和酿酒酵母中建立了一套新的基因组编辑技术,在汉逊酵母中实现了多种基因编辑操作,并将多拷贝整合推广到了酿酒酵母中。同时应用该技术实现了多种高附加值化合物在酵母中的合成。本书中的基因编辑技术高效稳定,但是也可以从以下几个方面进行改进。

(1) 本书中 CRISPR-Cas9 系统介导的基因组编辑技术在汉逊酵母中的基因编辑效率在 $23.61\%\sim75.00\%$ 之间,还可以通过以下策略进一步提高:① 改进汉逊酵母内部的同源重组系统,提高自身的同源重组修复效率进而提高基因编辑效率;② 尝试引入外源的重组酶来提高同源重组修复效率,进而提高基因编辑效率。

(2) 本书中建立的多拷贝整合方法最多能将 11 个拷贝的目的基因整合到酵母基因组上,还可以通过以下策略进一步提高目的基因的拷贝数:① 突变 Cas9 核酸酶,提高其活性,造成更多的 DNA 双链断裂,进而通过修复系统将更多拷贝的目的基因整合到酵母基因组;② 改进 gRNA 转录系统,增加 gRNA 的数量,进而引导 Cas9 核酸酶造成更多的 DNA 双链断裂,将更多拷贝的目的基因通过修复系统整合到基因组上。

参 考 文 献

ABUDAYYEH O O, GOOTENBERG J S, KONERMANN S, et al, 2016. C2c2 is a single-component programmable RNA-guided RNA-targeting CRISPR effector[J]. Science, 353(6299): aaf5573.

AGAPHONOV M O, TRUSHKINA P M, SOHN J H, et al, 1999. Vectors for rapid selection of integrants with different plasmid copy numbers in the yeast *Hansenula polymorpha* DL1[J]. Yeast, 15(7): 541-551.

ALEXANDRE H, 2013. Flor yeasts of *Saccharomyces cerevisiae*—their ecology, genetics and metabolism[J]. International Journal of Food Microbiology, 167(2): 269-275.

ALTENBUCHNER J, 2016. Editing of the bacillus subtilis genome by the CRISPR-Cas9 system [J]. Applied and Environmental Microbiology, 82(17): 5421-5427.

AMITAI S, KOLODKIN-GAL I, HANANYA-MELTABASHI M, et al, 2009. *Escherichia coli* MazF leads to the simultaneous selective synthesis of both "death proteins" and "survival proteins" [J]. PLoS Genetics, 5(3): e1000390.

ARQUES S, 2018. Human serum albumin in cardiovascular diseases[J]. European Journal of Internal Medicine, 52: 8-12.

BALTACI A K, ARSLANGIL D, MOGULKOC R, et al, 2017. Effect of resveratrol administration on the element metabolism in the blood and brain tissues of rats subjected to acute swimming exercise[J]. Biological Trace Element Research, 175(2): 421-427.

BAE S, PARK J, KIM J S, 2014. Cas—OFFinder: a fast and versatile algorithm that searches for potential off—target sites of Cas9 RNA—guided endonucleases[J] Bioinformatics, 30(10): 1473-1475.

BANNIKOV A V, LAVROV A V, 2017. CRISPR/CAS9, the king of genome editing tools[J]. Molecular Biology, 51(4): 582-594.

BAO Z H, XIAO H, LIANG J, et al, 2015. Homology-integrated CRISPR-Cas (HI-CRISPR) system for one-step multigene disruption in *Saccharomyces cerevisiae*[J]. ACS Synthetic Biology, 4(5): 585-594.

BARI S M N, WALKER F C, CATER K, et al, 2017. Strategies for editing virulent staphylococcal phages using CRISPR-Cas10[J]. ACS Synthetic Biology, 6(12): 2316-2325.

BESSHO K, IWASA Y, DAY T, 2015. The evolutionary advantage of haploid versus diploid microbes in nutrient-poor environments[J]. Journal of Theoretical Biology, 383: 116-129.

BIRMINGHAM A, ANDERSON E M, REYNOLDS A, et al, 2006. 3' UTR seed matches, but not overall identity, are associated with RNAi off-targets [J]. Nature Methods, 3(3): 199-204.

BLEYKASTEN-GROSSHANS C, FRIEDRICH A, SCHACHERER J, 2013. Genome-wide analysis of intraspecific transposon diversity in yeast[J]. BMC Genomics,14: 399.

BOGDANOVA A I, AGAPHONOV M O, TER-AVANESYAN M D, 1995. Plasmid reorganization during integrative transformation in *Hansenula polymorpha*[J]. Yeast, 11(4): 343-353.

BOYLE E A, ANDREASSON J O L, CHIRCUS L M, et al, 2017. High-throughput biochemical profiling reveals sequence determinants of dCas9 off-target binding and unbinding[J]. PANS, 114(21): 5461-5466.

BRENDEL J, STOLL B, LANGE S J, et al, 2014. A complex of Cas proteins 5, 6, and 7 is required for the biogenesis and stability of clustered regularly interspaced short palindromic repeats (CRISPR)-derived RNAs (crRNAs) in *Haloferax volcanii* [J]. The Journal of Biological Chemistry, 289(10): 7164-7177.

BURSTEIN D, HARRINGTON L B, STRUTT S C, et al, 2017. New CRISPR-Cas systems from uncultivated microbes[J]. Nature, 542: 237-241.

CALVEY C H, SU Y K, WILLIS L B, et al, 2016. Nitrogen limitation, oxygen limitation, and lipid accumulation in *Lipomyces starkeyi* [J]. Bioresource technology, 200: 780-788.

CANNONE G, WEBBER-BIRUNGI M, SPAGNOLO L, 2013. Electron microscopy studies of Type Ⅲ CRISPR machines in *Sulfolobus solfataricus*[J]. Biochemical Society Transactions, 41(6): 1427-1430.

CARDENAS J, DA SILVA N A,2016. Engineering cofactor and transport mechanisms in *Saccharomyces cerevisiae* for enhanced acetyl-CoA and polyketide biosynthesis[J]. Metabolic Engineering, 36: 80-89.

CARMAN A J, VYLKOVA S, LORENZ M C,2008. Role of acetyl coenzyme A synthesis and breakdown in alternative carbon source utilization in *Candida albicans*[J]. Eukaryotic Cell,7(10): 1733-1741.

CARROLL D, BEUMER K J, 2014. Genome engineering with TALENs and ZFNs: repair pathways and donor design[J]. Methods, 69(2): 137-141.

CHARPENTIER E, RICHTER H, VAN DER OOST J, et al, 2015. Biogenesis pathways of RNA guides in archaeal and bacterial CRISPR-Cas adaptive immunity[J]. FEMS Microbiology Reviews, 39(3): 428-441.

CHEAH Y E, ALBERS S C, PEEBLES C A, 2013. A novel counter-selection method for markerless genetic modification in *Synechocystis* sp. PCC 6803 [J]. Biotechnology Progress, 29(1): 23-30.

CHEN F J, ZHOU J W, SHI Z P, et al, 2010. Effect of acetyl-CoA synthase gene overexpression on physiological function of *Saccharomyces cerevisiae* [J]. Acta Microbiologica Sinica, 50(9): 1172-1179.

CHEN J S, DAGDAS Y S, Kleinstiver B P, et al, 2017. Enhanced proofreading governs CRISPR-Cas9 targeting accuracy[J]. Nature, 550: 407-410.

CHEN Y, SIEWERS V, NIELSEN J, 2012. Profiling of cytosolic and peroxisomal acetyl-CoA metabolism in *Saccharomyces cerevisiae*[J]. PLoS One, 7(8): e42475.

CHEN Z, HE Y, SHI B, et al, 2013. Human serum albumin from recombinant DNA technology: challenges and strategies[J]. Biochimica et Biophysica Acta, 1830(12): 5515-5525.

CHEN Z Y, WANG Z Y, HE X P, et al, 2008. Uricase production by a recombinant *Hansenula polymorpha* strain harboring *Candida* utilis uricase gene [J]. Applied Microbiology and Biotechnology, 79: 545-554.

CHEON S A, CHOO J, UBIYVOVK V M, 2009. New selectable host-marker systems for multiple genetic manipulations based on *TRP1*, *MET2* and *ADE2* in the methylotrophic yeast *Hansenula polymorpha*[J]. Yeast, 26: 507-521.

CHEW W L, 2018. Immunity to CRISPR Cas9 and Cas12a therapeutics[J]. Wiley Interdisciplinary Reviews: Systems Biology and Medicine, 10(1): e1408.

CHO J, CARR A N, WHITWORTH L J, et al, 2017a. MazEF toxin-antitoxin proteins alter *Escherichia coli* cell morphology and infrastructure during persister formation and regrowth[J]. Microbiology, 163(3): 308-321.

CHO J S, CHOI K R, PRABOWO C P S, et al, 2017b. CRISPR/Cas9-coupled recombineering for metabolic engineering of *Corynebacterium glutamicum* [J]. Metabolic Engineering, 42: 157-167.

CHOU-ZHENG L, HATOUM-ASLAN A, 2017. Expression and Purification of the Cas10-Csm Complex from *Staphylococci* [J]. Bio-protocol Journal, 7(11): e2353.

CHYLINSKI K, LE RHUN A, CHARPENTIER E, 2013. The tracrRNA and Cas9 families of type II CRISPR-Cas immunity systems[J]. RNA Biology, 10(5): 726-737.

CHYLINSKI K, MAKAROVA K S, CHARPENTIER E, et al, 2014. Classification and evolution of type II CRISPR-Cas systems[J]. Nucleic Acids Research, 42(10): 6091-6105.

CONG L, RAN F A, COX D, et al, 2013. Multiplex genome engineering using CRISPR/Cas systems[J]. Science, 339(6121): 819-823.

DASARI P, SHARKEY D J, NOORDIN E, et al, 2014. Hormonal regulation of the cytokine microenvironment in the mammary gland[J]. Journal of Reproductive Immunology, 106: 58-66.

DE JONG-GUBBELS P, VAN DEN BERG M A, LUTTIK M A, 1998. Overproduction of acetyl-coenzyme A synthetase isoenzymes in respiring *Saccharomyces cerevisiae* cells does not reduce acetate production after exposure to glucose excess[J]. FEMS Microbiology Letters, 165(1): 15-20.

DE JONG-GUBBELS P, VAN DEN BERG M A, STEENSMA H Y, et al, 1997. The *Saccharomyces cerevisiae* acetyl-coenzyme A synthetase encoded by the *ACS1* gene, but not the *ACS2*-encoded enzyme, is subject to glucose catabolite inactivation[J]. FEMS Microbiology Letters, 153(1): 75-81.

DELTCHEVA E, CHYLINSKI K, SHARMA C M, et al, 2011. CRISPR RNA maturation by trans-encoded small RNA and host factor RNase III [J]. Nature, 471(7340): 602-607.

DEVEAU H, GARNEAU J E, MOINEAU S, 2010. CRISPR/Cas system and its role in phage-bacteria interactions[J]. Annual Review of Microbiology, 64: 475-493.

DICARLO J E, NORVILLE J E, MALI P, et al, 2013. Genome engineering in *Saccharomyces cerevisiae* using CRISPR-Cas systems[J]. Nucleic Acids Research, 41(7): 4336-4343.

DIXIT B, GHOSH K K, FERNANDES G, et al, 2016. Dual nuclease activity of a Cas2 protein in CRISPR-Cas subtype I-B of *Leptospira interrogans* [J]. FEBS Letters, 590(7): 1002-1016.

DOENCH J G, FUSI N, SULLENDER M, et al, 2016. Optimized sgRNA design to maximize activity and minimize off-target effects of CRISPR-Cas9[J]. Nature Biotechnology, 34: 184-191.

DÖHLEMANN J, BRENNECKE M, BECKER A, 2016. Cloning-free genome engineering in *Sinorhizobium meliloti* advances applications of Cre/*loxP* site-specific recombination[J]. Journal of Biotechnology, 233: 160-170.

DOLAN A E, HOU Z G, XIAO Y B, et al, 2019. Introducing a spectrum of long-range genomic deletions in human embryonic stem cells using Type I CRISPR-Cas[J]. Molecular Cell, 74(5):936-950. e5.

DONG D, REN K, QIU X L, et al, 2016. The crystal structure of Cpf1 in complex with CRISPR RNA[J]. Nature, 532: 522-526.

DOUDNA J A, CHARPENTIER E, 2014a. Genome editing. The new frontier of genome engineering with CRISPR-Cas9[J]. Science, 346(6213): 1258096.

DOUDNA J A, SONTHEIMER E J, 2014b. Methods in Enzymology: The use of CRISPR/Cas9, ZFNs, and TALENs in generating site-specific genome alterations[M]. New York: Academic Press.

DOW L E, FISHER J, O'ROURKE K P, et al, 2015. Inducible in vivo genome editing with CRISPR-Cas9[J]. Nature Biotechnology, 33(4): 390-394.

DUSNY C, SCHMID A, 2016. The *MOX* promoter in *Hansenula polymorpha* is ultrasensitive to glucose-mediated carbon catabolite repression[J]. FEMS Yeast Research, 16(6): fow067.

FALCÓN A A, CHEN S, WOOD M S, et al, 2010. Acetyl-coenzyme A synthetase 2 is a nuclear protein required for replicative longevity in *Saccharomyces cerevisiae* [J]. Molecular and Cellular Biochemistry, 333 (1-2): 99-108.

FANALI G, DI MASI A, TREZZA V, et al,2012. Human serum albumin: from bench to bedside[J]. Molecular Aspects of Medicine, 33(3):209-290.

FATHABAD S G, ARUMANAYAGAM A S, TABATABAI B,ET al, 2019. Augmenting *Fremyella diplosiphon* cellular lipid content and unsaturated fatty acid methyl esters via sterol desaturase gene overexpression[J]. Applied Biochemistry and Biotechnology,189(4): 1127-1140.

FOKINA A V, CHECHENOVA M B, KARGINOV A V, et al, 2015. Genetic evidence for the role of the vacuole in supplying secretory organelles with Ca^{2+} in *Hansenula polymorpha*[J]. PLoS One, 10(12): e0145915.

FONFARA I, RICHTER H, BRATOVIC M, et al, 2016. The CRISPR-associated DNA-cleaving enzyme Cpf1 also processes precursor CRISPR RNA[J]. Nature, 532: 517-521.

FRIEDLAND A E, BARAL R, SINGHAL P, et al, 2015. Characterization of *Staphylococcus aureus* Cas9: a smaller Cas9 for all-in-one adeno-associated virus delivery and paired nickase applications[J]. Genome Biology, 16: 257.

FUKIYA S, MIZOGUCHI H, MORI H, 2004. An improved method for deleting large regions of *Escherichia coli* K-12 chromosome using a combination of Cre/*loxP* and λ Red[J]. FEMS Microbiology Letters, 234(2): 325-331.

FULLER K K, CHEN S, LOROS J J, et al, 2015. Development of the CRISPR/Cas9 system for targeted gene disruption in *Aspergillus fumigatus*[J]. Eukaryotic Cell, 14(11): 1073-1080.

GANLEY A R D, KOBAYASHI T, 2014. Ribosomal DNA and cellular senescence: new evidence supporting the connection between rDNA and aging[J]. FEMS Yeast Research, 14(1):49-59.

GAO P, YANG H, RAJASHANKAR K R, et al, 2016a. Type V CRISPR-Cas Cpf1 endonuclease employs a unique mechanism for crRNA-mediated target DNA recognition[J]. Cell Research, 26(8): 901-913.

GAO S L, TONG Y Y, WEN Z Q, et al, 2016b. Multiplex gene editing of the *Yarrowia lipolytica* genome using the CRISPR-Cas9 system[J]. Journal of Industrial Microbiology and Biotechnology, 43(8): 1085-1093.

GEMMILL T R, TRIMBLE R B, 1999. Overview of N- and O- linked oligosaccharide structures found in various yeast species[J]. Biochimica et Biophysica Acta, 1426(2): 227-237.

GIBSON M S, KAISER P, FIFE M, 2009. Identification of chicken granulocyte colony-stimulating factor (G-CSF/CSF3): the previously described my-elomonocytic growth factor is actually CSF3[J]. Journal of Interferon and Cytokine Research, 29(6): 339-343.

GLOZAK M A, SENGUPTA N, ZHANG X H, et al, 2005. Acetylation and deacetylation of non—histone proteins[J]. Gene, 363:150-23.

GONZALEZ C, PERDOMO G, TEJERA P, et al, 1999. One-step, PCR-media-ted, gene disruption in the yeast *Hansenula polymorpha* [J]. Yeast, 15(13): 1323-1329.

GU S, ZHANG Y, JIN L, et al, 2014. Weak base pairing in both seed and 3′ re-gions reduces RNAi off-targets and enhances si/shRNA designs[J]. Nucleic Acids Research, 42(19): 12169-12176.

GUNDERSON F F, CIANCIOTTO N P, 2013. The CRISPR-associated gene *cas2* of *Legionella pneumophila* is required for intracellular infection of amoebae[J]. mBio, 4(2): e00074-00013.

GUO M H, ZHANG K M, ZHU Y W, et al, 2019. Coupling of ssRNA cleavage with DNase activity in type Ⅲ-A CRISPR-Csm revealed by cryo-EM and bio-chemistry[J]. Cell Research, 29: 305-312.

GUPTA R M, MUSUNURU K, 2014. Expanding the genetic editing tool kit: ZFNs, TALENs, and CRISPR-Cas9[J]. The Journal of Clinical Investiga-tion, 124(10): 4154-4161.

HAFFKE M, VIOLA C, NIE Y, et al, 2013. Tandem recombineering by SLIC cloning and Cre-*LoxP* fusion to generate multigene expression constructs for protein complex research[J]. Methods in Molecular Biology, 1073: 131-140.

HAINZL S, PEKING P, KOCHE T, et al, 2017. COL7A1 editing via CRISPR/Cas9 in recessive dystrophic epidermolysis bullosa[J]. Molecular Therapy, 25(11): 2573-2584.

HELER R, SAMAI P, MODELL J W, et al, 2015. Cas9 specifies functional vi-ral targets during CRISPR-Cas adaptation[J]. Nature, 519: 199-202.

HIRANO H, GOOTENBERG J S, HORII T, et al, 2016. Structure and engi-neering of *Francisella novicida* Cas9[J]. Cell, 164(5): 950-961.

HOJA U, MARTHOL S, HOFMANN J, et al, 2004. HFA1 encoding an organ-elle-specific acetyl-CoA carboxylase controls mitochondrial fatty acid synthe-sis in *Saccharomyces cerevisiae* [J]. Journal of Biological Chemistry, 279(21):21779-21786.

HSU P D, LANDER E S, ZHANG F, 2014). Development and applications of CRISPR-Cas9 for genome engineering[J]. Cell, 157(6): 1262-1278.

HU Y, ZHU Z W, NIELSEN J, et al, 2019. Engineering *Saccharomyces cerevisiae* cells for production of fatty acid-derived biofuels and chemicals[J]. Open Biology, 9(5): 190049.

HUAI C, LI G, YAO R J, et al, 2017. Structural insights into DNA cleavage activation of CRISPR-Cas9 system[J]. Nature Communications, 8: 1375.

HUANG H, ZHENG G S, JIANG W H, et al, 2015. One-step high-efficiency CRISPR/Cas9-mediated genome editing in *Streptomyces*[J]. Acta Biochimica et Biophysica Sinica, 47(4): 231-243.

IRIBE H, MIYAMOTO K, TAKAHASHI T, et al, 2017. chemical modification of the siRNA seed region suppresses off-target effects by steric hindrance to base-pairing with targets[J]. ACS Omega, 2(5): 2055-2064.

ISHIMA Y, MARUYAMA T, 2016. Human serum albumin as carrier in drug delivery systems[J]. Yakujaku Zasshi,136(1):39-47.

JACKSON A L, BURCHARD J, SCHELTER J, et al, 2006. Widespread siRNA "off-target" transcript silencing mediated by seed region sequence complementarity[J]. RNA, 12(7): 1179-1187.

JAKOCIUNAS T, RAJKUMAR A S, ZHANG J, et al, 2015. CasEMBLR: Cas9-facilitated multiloci genomic integration of in vivo assembled DNA parts in *Saccharomyces cerevisiae*[J]. ACS Synthetic Biology, 4(11): 226-1234.

JEANDET P, DELAUNOIS B, AZIZ A, et al, 2012. Metabolic engineering of yeast and plants for the production of the biologically active hydroxystilbene, resveratrol[J]. Journal of Biotechnology and Biomedicine, 2012: 579089.

JESSOP-FABRE M M, JAKOCIUNAS T, STOVICEK V, et al, 2016. Easy-Clone-MarkerFree: a vector toolkit for marker-less integration of genes into *Saccharomyces cerevisiae* via CRISPR-Cas9 [J]. Biotechnology Journal, 11(8): 1110-1117.

JIANG F G, DOUDNA J A, 2017a. CRISPR-Cas9 structures and mechanisms [J]. Annual Review of Biophysics, 46: 505-529.

JIANG W J, ZHAO X J, GABRIELI T, et al, 2015. Cas9-Assisted targeting of chromosome segments CATCH enables one-step targeted cloning of large gene clusters[J]. Nature Communications, 6: 8101.

JIANG Y, QIAN F H, YANG J J, et al, 2017b. CRISPR-Cpf1 assisted genome editing of *Corynebacterium glutamicum* [J]. Nature Communications, 8: 15179.

JINEK M, CHYLINSKI K, FONFARA I, et al, 2012. A programmable dual-RNA-guided DNA endonuclease in adaptive bacterial immunity[J]. Cell, 337(6096): 816-821.

JINEK M, JIANG F, TAYLOR D W, et al, 2014. Structures of Cas9 endonucleases reveal RNA-mediated conformational activation [J]. Science, 343(6176): 1247997.

JONES J D, O'CONNOR C D, 2011. Protein acetylation in prokaryotes[J]. Proteomics, 11(15):3012-3022.

JUANSSILFERO A B, KAHAR P, AMZA R L, et al, 2019. Lipid production by *Lipomyces starkeyi* using sap squeezed from felled old oil palm trunks[J]. Journal of Bioscience and Bioengineering, 127(6): 726-731.

JUERGENS H, VARELA J A, GORTER DE VRIES A R,et al, 2018. Genome editing in *Kluyveromyces* and *Ogataea* yeasts using a broad-host-range Cas9/gRNA co-expression plasmid[J]. FEMS Yeast Research, 18(3): foy012.

JUNG T Y, AN Y, PARK K H, et al, 2015. Crystal structure of the Csm1 subunit of the Csm complex and its single-stranded DNA-specific nuclease activity[J]. Structure, 23(4): 782-790.

KAMOLA P J, NAKANO Y, TAKAHASHI T, et al, 2015. The siRNA Non-seed region and its target sequences are auxiliary determinants of off-target effects[J]. PLOS Computational Biology, 11: e1004656.

KANG H A, KANG W, HONG W K, et al, 2001. Development of expression systems for the production of recombinant human serum albumin using the *MOX* promoter in *Hansenula polymorpha* DL-1[J]. Biotechnology and Bioengineering, 76(2): 175-185.

KARVELIS T, GASIUNAS G, MIKSYS A, et al, 2013. crRNA and tracrRNA guide Cas9-mediated DNA interference in *Streptococcus thermophilus* [J]. RNA Biology, 10(5): 841-851.

KAZLAUSKIENE M, KOSTIUK G, VENCLOVAS Č, et al, 2017. A cyclic oligonucleotide signaling pathway in type Ⅲ CRISPR-Cas systems[J]. Science, 357(6351): 605-609.

KAZLAUSKIENE M, TAMULAITIS G, KOSTIUK G., et al, 2016. Spatiotemporal control of Type Ⅲ-A CRISPR-Cas immunity: coupling DNA degradation with the target RNA recognition[J]. Molecular Cell, 62 (2): 295-306.

KENNEDY JR G L,2007. Review of the toxicology of three alkyl diamines[J]. Drug and Chemical Toxicology , 30(2):145-157.

KHAIR L, BAKER R E, LINEHAN E K, et al, 2015. Nbs1 ChIP-Seq identifies off-target DNA double-strand breaks induced by AID in activated splenic B cells[J]. PLOS Genetics, 11(8): e1005438.

KIM D, ALPTEKIN B, BUDAK H, 2018. CRISPR/Cas9 genome editing in wheat[J]. Functional and Integrative Genomics, 18: 31-41.

KIM D, BAE S, PARK J, et al, 2015a. Digenome-seq: genome-wide profiling of CRISPR-Cas9 off-target effects in human cells[J]. Nature Methods, 12: 237-243.

KIM E J, KANG K H, JU J H, 2017a. CRISPR-Cas9: a promising tool for gene editing on induced pluripotent stem cells[J]. The Korean Journal of Internal Medicine, 32(1): 42-61.

KIM H, THAK E J, LEE D J, et al, 2015c. *Hansenula polymorpha* Pmt4p plays critical roles in O-Mannosylation of surface membrane proteins and participates in heteromeric complex formation[J]. PLoS One, 10(7): e0129914.

KIM H K, SONG M, LEE J, et al, 2017b. In vivo high-throughput profiling of CRISPR-Cpf1 activity[J]. Nature Methods, 14: 153-159.

KIM H M, COLAIÁCOVO M P, 2019. CRISPR-Cas9-guided genome engineering in *Caenorhabditis elegans*[J]. Current Protocols in Molecular Biology, 129:e106.

KLABUNDE J, DIESEL A, WASCHK D, et al, 2002. Single-step co-integration of multiple expressible heterologous genes into the ribosomal DNA of the methylotrophic yeast *Hansenula polymorpha*[J]. Applied Microbiology and Biotechnology, 58: 797-805.

KLEINSTIVER B P, PATTANAYAK V, PREW M S, et al, 2016. High-fidelity CRISPR-Cas9 nucleases with no detectable genome-wide off-target effects [J]. Nature, 529: 490-495.

KLEINSTIVER B P, PREW M S, TSAI S Q, et al, 2015. Engineered CRISPR-Cas9 nucleases with altered PAM specificities[J]. Nature, 523: 481-485.

KLINGHOFFER R A, MAGNUS J, SCHELTER J, et al, 2010. Reduced seed region-based off-target activity with lentivirus-mediated RNAi[J]. RNA,

16：879-884.

KNIGHT S C, TJIAN R, DOUDNA J A, 2018. Genomes in focus：development and applications of CRISPR-Cas9 imaging technologies[J]. Angewandte Chemie International Edition, 57(16)：4329-4337.

KOBAYASHI T, SASAKI M, 2017. Ribosomal DNA stability is supported by many 'buffer genes'—introduction to the yeast rDNA stability database[J]. FEMS Yeast Research, 17(1)：fox001.

KOONIN E V, MAKAROVA K S, 2017a. Mobile genetic elements and evolution of CRISPR-Cas systems：all the way there and back[J]. Genome Biology and Evolution, 9(10)：2812-2825.

KOONIN E V, MAKAROVA K S, ZHANG F, 2017b. Diversity, classification and evolution of CRISPR-Cas systems[J]. Current Opinion in Microbiology, 37：67-78.

KOZAK B U, VAN ROSSUM H M, BENJAMIN K R, et al, 2014a. Replacement of the *Saccharomyces cerevisiae* acetyl-CoA synthetases by alternative pathways for cytosolic acetyl-CoA synthesis[J]. Metabolic Engineering, 21：46-59.

KOZAK B U, VAN ROSSUM H M, LUTTIK M A H, et al, 2014b. Engineering acetyl coenzyme A supply：functional expression of a bacterial pyruvate dehydrogenase complex in the cytosol of *Saccharomyces cerevisiae* [J]. mBio, 5(5)：e01696-01614.

KULCSAR P I, TALAS A, HUSZAR K, et al, 2017. Crossing enhanced and high fidelity SpCas9 nucleases to optimize specificity and cleavage[J]. Genome Biology, 18(1)：190.

KURDISTANI S K, TAVAZOIE S, GRUNSTEIN M, 2004. Mapping global histone acetylation patterns to gene expression[J]. Cell, 117(6)：721-733.

KURYLENKO O O, RUCHALA J, HRYNIV O B, et al, 2014. Metabolic engineering and classical selection of the methylotrophic thermotolerant yeast *Hansenula polymorpha* for improvement of high-temperature xylose alcoholic fermentation[J]. Microbial Cell Factories, 13：122.

KWAK S, JIN Y S, 2017. Production of fuels and chemicals from xylose by engineered *Saccharomyces cerevisiae*：a review and perspective[J]. Microbial Cell Factories, 16：82.

LAFOUNTAINE J S, FATHE K, SMYTH H D C, 2015. Delivery and therapeutic applications of gene editing technologies ZFNs, TALENs, and CRISPR/Cas9 [J]. International Journal of Pharmaceutics, 494（1）: 180-194.

LAWN R M, ADELMAN J, BOCK S C, et al, 1981. The sequence of human serum albumin cDNA and its expression in *E. coli* [J]. Nucleic Acids Research, 9(22):6103-6114.

LEE H B, SEBO Z L, PENG Y, et al, 2015. An optimized TALEN application for mutagenesis and screening in *Drosophila melanogaster* [J]. Cellular Logistics, 5(1): e1023423.

LEITE F C B, DOS ANJOS R S G, BASILIO A C M, et al, 2013. Construction of integrative plasmids suitable for genetic modification of industrial strains of *Saccharomyces cerevisiae* [J]. Plasmid, 69(1): 114-117.

LEUNG D Y C, WU X, LEUNG M K H, 2010. A review on biodiesel production using catalyzed transesterification [J]. Applied Energy, 87(4): 1083-1095.

LI M J, SCHNEIDER K, KRISTENSEN M, et al, 2016. Engineering yeast for high-level production of stilbenoid antioxidants [J]. Scientific Reports, 6: 36827.

LIAN J Z, SI T, NAIR N U, et al, 2014. Design and construction of acetyl-CoA overproducing *Saccharomyces cerevisiae* strains [J]. Metabolic Engineering, 24: 139-149.

LIAN J Z, ZHAO H M, 2015. Recent advances in biosynthesis of fatty acids derived products in *Saccharomyces cerevisiae* via enhanced supply of precursor metabolites [J]. Journal of Industrial Microbiology and Biotechnology, 42(3): 437-451.

LIU J, WANG Y, LU Y J, et al, 2017a. Development of a CRISPR/Cas9 genome editing toolbox for Corynebacterium glutamicum [J]. Microbial Cell Factories, 16: 205.

LIU L, LI X Y, MA J, et al, 2017b. The molecular architecture for RNA-guided RNA cleavage by Cas13a [J]. Cell, 170(4): 714-726, e10.

LIU L, LI X Y, WANG J Y, et al, 2017c. Two distant catalytic sites are responsible for C2c2 RNase activities [J]. Cell, 168(1): 121-134, e12.

LIN L, LIU Y, XU F P, et al, 2018. Genome-wide determination of on-target and off-target characteristics for RNA-guided DNA methylation by dCas9 methyltransferases[J]. GigaScience, 7(3): 1-19.

LIU Q L, LIU H J, YANG Y Y, et al, 2014a. Scarless gene deletion using *mazF* as a new counter-selection marker and an improved deletion cassette assembly method in *Saccharomyces cerevisiae*[J]. The Journal of General and Applied Microbiology, 60(2): 89-93.

LIU Q L, WU Y Z, YAng P, et al, 2014b. *mazF*-mediated deletion system for large-scale genome engineering in *Saccharomyces cerevisiae*[J]. Research in Microbiology, 165(10): 836-840.

LIU S M, MI J L, SONG K J, et al, 2022. Engineering synthetic microbial consortium for cadaverine biosynthesis from glycerol[J]. Biotechnology Letters, 44(12): 1389-1400.

LIU T, PAN S F, LI Y J, et al, 2018. Type Ⅲ CRISPR-Cas system: introduction and its application for genetic manipulations[J]. Current Issues in Molecular Biology, 26(1): 1-14.

LIU Z Q, XIE Y L, ZHANG X, et al, 2016. Efficient construction of large genomic deletion in *Agrobacterium tumefaciens* by combination of Cre/*loxP* system and triple recombineering[J]. Current Microbiology, 72: 465-472.

LOPES T S, KLOOTWIJK J, VEENSTRA A E, et al, 1989. High-copy-number integration into the ribosomal DNA of *Saccharomyces cerevisiae*: a new vector for high-level expression[J]. Gene, 79(2): 199-206.

LU Y, SHAO D, SHI J, et al, 2016. Strategies for enhancing resveratrol production and the expression of pathway enzymes[J]. Applied Microbiology and Biotechnology, 100: 7407-7421.

MA G J, DAI L M, LIU D H, et al, 2019. Integrated production of biodiesel and concentration of polyunsaturated fatty acid in glycerides through effective enzymatic catalysis[J]. Frontiers in Bioengineering and Biotechnology, 7: 393.

MAHONEN A J, AIRENNE K J, LIND M M, et al, 2004. Optimized self-excising Cre-expression cassette for mammalian cells[J]. Biochemical and Biophysical Research Communications, 320(2): 366-371.

MAIER L K, STACHLER A E, BRENDEL J, et al, 2018. The nuts and bolts of the *Haloferax* CRISPR-Cas system I-B[J]. RNA Biolohy, 16(4): 1-12.

MAKAROVA K S, ARAVIND L, WOLF Y I, et al, 2011. Unification of Cas protein families and a simple scenario for the origin and evolution of CRISPR-Cas systems[J]. Biology Direct, 6: 38.

MAKAROVA K S, KOONIN E V, 2015a. Annotation and classification of CRISPR-Cas systems[J]. Methods in Molecular Biology, 1311: 47-75.

MAKAROVA K S, WOLF Y I, ALKHNBASHI O S, et al, 2015b. An updated evolutionary classification of CRISPR-Cas systems[J]. Nature Reviews Microbiology, 13: 722-736.

MAKAROVA K S, ZHANG F, KOONIN E V, 2017. SnapShot: Class 2 CRISPR-Cas systems[J]. Cell, 168(1-2): 328-328,e1.

MANDAL M K, CHANU N K, CHAURASIA N, 2020. Exogenous addition of indole acetic acid and kinetin under nitrogen-limited medium enhances lipid yield and expression of glycerol-3-phosphate acyltransferase & diacylglycerol acyltransferase genes in indigenous microalgae: a potential approach for biodiesel production[J]. Bioresource technology, 297(1): 122439.

MARTINEZ-LAGE M, TORRES-RUIZ R, RODRIGUEZ-PERALES S, 2017. CRISPR/Cas9 technology: applications and human disease modeling[J]. Progress in Molecular Biology and Translational Science, 152: 23-48.

MARUYAMA Y, TOYA Y, KUROKAWA H, et al, 2018. Characterization of oil-producing yeast *Lipomyces starkeyi* on glycerol carbon source based on metabolomics and ^{13}C-labeling[J]. Applied Microbiology and Biotechnology, 102(20): 8909-8920.

MCNEIL B A, STUART D T, 2018. *Lipomyces starkeyi*: an emerging cell factory for production of lipids, oleochemicals and biotechnology applications [J]. World Journal of Microbiology and Biotechnology, 34(10): 147.

METS T, LIPPUS M, SCHRYER D, et al, 2017. Toxins MazF and MqsR cleave *Escherichia coli* rRNA precursors at multiple sites[J]. RNA Biology, 14(1): 124-135.

MIN K, YOON H, JO I, et al, 2018. Structural insights into the apo-structure of Cpf1 protein from *Francisella novicida*[J]. Biochemical and Biophysical Research Communications, 498(4): 775-781.

MINKENBERG B, WHEATLEY M, YANG Y, 2017. CRISPR/Cas9-enabled multiplex genome editing and its application[J]. Progress in Molecular Biology and Translational Science, 149: 111-132.

MINORIKAWA S, NAKAYAMA M, 2011. Recombinase-mediated cassette exchange (RMCE) and BAC engineering via VCre/*VloxP* and SCre/*SloxP* systems[J]. BioTechniques, 50(4): 235-246.

MIZUTANI A, OHTSUKA M, KIMURA M, et al, 2005. An EYFP insertion mutant containing a modified lox sequence for potential use as a recombination indicator[J]. Nucleic Acids Symposium Series, 49(1): 297-298.

MOGILA I, KAZLAUSKIENE M, VALINSKYTE S, et al, 2019. Genetic dissection of the Type Ⅲ-A CRISPR-Cas system csm complex reveals roles of individual subunits[J]. Cell Reports, 26(10): 2753-2765, e4.

MOON H Y, LEE D W, SIM G H, et al, 2016. A new set of rDNA-NTS-based multiple integrative cassettes for the development of antibiotic-marker-free recombinant yeasts[J]. Journal of Biotechnology, 233: 190-199.

MORIMOTO T, ARA K, OZAKI K, et al, 2009. A new simple method to introduce marker-free deletions in the *Bacillus subtilis* genome[J]. Genes and Genetic Systems, 84(4): 315-318.

MOUSSA M, IBRAHIM M, EL GHAZALY M, et al, 2012. Expression of recombinant staphylokinase in the methylotrophic yeast *Hansenula polymorpha*[J]. BMC Biotechnology, 12: 96.

MULLER M, LEE C M, GASIUNAS G, et al, 2016. *Streptococcus thermophilus* CRISPR-Cas9 systems enable specific editing of the human [J]. Molecular Therapy, 24(3): 636-644.

MURUGAN K, BABU K, SUNDARESAN R, et al, 2017. The revolution continues: newly discovered systems expand the CRISPR-Cas toolkit[J]. Molecular Cell, 68(1) 15-25.

NADY D, ZAKI A H, RASLAN M, et al, 2020. Enhancement of microbial lipase activity via immobilization over sodium titanate nanotubes for fatty acid methyl esters production[J]. International Journal of Biological Macromolecules, 146: 1169-1179.

NAKADE S, YAMAMOTO T, SAKUMA T, 2017. Cas9, Cpf1 and C2c1/2/3—What's next? [J]. Bioengineered, 8(3): 265-273.

NIELSEN J, 2014. Synthetic biology for engineering acetyl coenzyme A metabolism in yeast[J]. mBio, 5(6): e02153.

NELSON C E, HAKIM C H, OUSTEROUT D G, et al, 2016. In vivo genome editing improves muscle function in a mouse model of Duchenne muscular dystrophy[J]. Science, 351(6271): 403-407.

NIEWOEHNER O, GARCIA-DOVAL C, ROSTOL J T, et al, 2017. Type Ⅲ CRISPR-Cas systems produce cyclic oligoadenylate second messengers[J].

Nature, 548: 543-548.

NISHIMASU H, RAN F A, HSU P D, et al, 2014. Crystal structure of Cas9 in complex with guide RNA and target DNA[J]. Cell, 156(5): 935-949.

NISHIMASU H, YAMANO T, GAO L, et al, 2017. Structural basis for the altered PAM recognition by engineered CRISPR-Cpf1[J]. Molecular Cell, 67(1): 139-147,e2.

NUMAMOTO M, MAEKAWA H, KANEKO Y, 2017. Efficient genome editing by CRISPR/Cas9 with a tRNA-sgRNA fusion in the methylotrophic yeast *Ogataea polymorpha*[J]. Journal of Bioscience and Bioengineering, 124(5): 487-492.

NUNEZ J K, HARRINGTON L B, DOUDNA J A, 2016. Chemical and biophysical modulation of Cas9 for tunable genome engineering[J]. ACS Chemical Biology, 11(3): 681-688.

O'CONNELL M R, 2019. Molecular mechanisms of RNA targeting by Cas13-containing Type VI CRISPR-Cas systems[J]. Journal of Molecular Biology, 431(1): 66-87.

ODIPIO J, ALICAI T, INGELBRECHT I, et al, 2017. Efficient CRISPR/Cas9 genome editing of Phytoene desaturase in cassava[J]. Frontiers in Plant Science, 8: 1780.

O'GEEN H, HENRY I M, BHAKTA M S, et al, 2015. A genome-wide analysis of Cas9 binding specificity using ChIP-seq and targeted sequence capture [J]. Nucleic Acids Research, 43(6): 3389-3404.

OGURO Y, YAMAZAKI H, ARA S, et al, 2017. Efficient gene targeting in non-homologous end-joining-deficient *Lipomyces starkeyi* strains[J]. Current Genetics, 63: 751-763.

OH D-B, PARK J-S, KIM M W, et al, 2008. Glycoengineering of the methylotrophic yeast *Hansenula polymorpha* for the production of glycoproteins with trimannosyl coreN-glycan by blocking core oligosaccharide assembly [J]. Biotechnology Journal, 3(5): 659-668.

OH J-H, VAN PIJKEREN J-P, 2014. CRISPR-Cas9-assisted recombineering in *Lactobacillus reuteri*[J]. Nucleic Acids Research, 42(17): e131.

OZCAN A, PAUSCH P, LINDEN A, et al, 2019. Type IV CRISPR RNA processing and effector complex formation in *Aromatoleum aromaticum*[J]. Nature Microbiology, 4: 89-96.

PALERMO G, RICCI C G, FERNANDO A, et al, 2017. Protospacer adjacent motif-induced allostery activates CRISPR-Cas9[J]. Journal of the American Chemical Society, 139(45): 16028-16031.

PATTANAYAK V, GUILINGER J P, LIU D R, 2014. Determining the specificities of TALENs, Cas9, and other genome-editing enzymes[J]. Methods in Enzymology, 546: 47-78.

PATTANAYAK V, LIN S, GUILINGER J P, et al, 2013. High-throughput profiling of off-target DNA cleavage reveals RNA-programmed Cas9 nuclease specificity[J]. Nature Biotechnology, 31: 839-843.

PATTANAYAK V, RAMIREZ C L, JOUNG J K, et al, 2011. Revealing off-target cleavage specificities of zinc-finger nucleases by in vitro selection[J]. Nature Methods, 8: 765-770.

PENG F, WANG X Y, SUN Y, et al, 2017. Efficient gene editing in *Corynebacterium glutamicum* using the CRISPR/Cas9 system[J]. Microbial Cell Factories, 16: 201.

PEREIRA G G, HOLLENBERG C P, 1996. Conserved regulation of the *Hansenula polymorpha MOX* promoter in *Saccharomyces cerevisiae* reveals insights in the transcriptional activation by Adr1p[J]. European Journal of Biochemistry, 238(1): 181-191.

PETERSEN B, NIEMANN H, 2015. Advances in genetic modification of farm animals using zinc-finger nucleases (ZFN)[J]. Chromosome Research, 23(1): 7-15.

PFANNKUCHE K, WUNDERLICH F T, DOSS M X, et al, 2008. Generation of a double-fluorescent double-selectable Cre/*loxP* indicator vector for monitoring of intracellular recombination events[J]. Nature Protocols, 3: 1510-1526.

PFLUEGER C, TAN D, SWAIN T, et al, 2018. A modular dCas9-SunTag DNMT3A epigenome editing system overcomes pervasive off-target activity of direct fusion dCas9-DNMT3A constructs[J]. Genome Research, 28(8): 1193-1206.

PLATT R J, CHEN S, ZHOU Y, et al, 2014. CRISPR-Cas9 knockin mice for genome editing and cancer modeling[J]. Cell, 159(2): 440-455.

PUXBAUM V, MATTANOVICH D, GASSER B, 2015. Quo vadis? The challenges of recombinant protein folding and secretion in *Pichia pastoris*[J].

Applied Microbiology and Biotechnology, 99(7): 2925-2938.

QIAN F, MCCUSKER J E, ZHANG Y, et al, 2002. Catalytic oxidative carbonylation of primary and secondary diamines to cyclic ureas. Optimization and substituent studies [J]. The Journal of Organic Chemistry, 67 (12): 4086-4092.

QIAN W D, SONG H L, LIU Y Y, et al, 2009. Improved gene disruption method and Cre-*loxP* mutant system for multiple gene disruptions in *Hansenula polymorpha*[J]. Journal of Microbiological Methods, 79(3): 253-259.

RAPER A T, STEPHENSON A A, SUO Z, 2018. Functional insights revealed by the kinetic mechanism of CRISPR/Cas9 [J]. Journal of the American Chemical Society, 140(8): 2971-2984.

RASMEY A M, TAWFIK M A, ABDEL-KAREEM M M, 2020. Direct transesterification of fatty acids produced by *Fusarium solani* for biodiesel production: effect of carbon and nitrogen on lipid accumulation in the fungal biomass[J]. Journal of Applied Microbiology, 128(4): 1074-1085.

RAVON M, BERRERA M, EBELING M, et al, 2012. Single base mismatches in the mRNA target site allow specific seed region-mediated off-target binding of siRNA targeting human coagulation factor 7[J]. RNA Biology, 9(1): 87-97.

RICHTER H, ROMPF J, WIEGEL J, et al, 2017. Fragmentation of the CRISPR-Cas Type I-B signature protein Cas8b[J]. Biochimica et Biophysica Acta: General subjects, 1861(11, PartB): 2993-3000.

ROUILLON C, ZHOU M, ZHANG J, et al, 2013. Structure of the CRISPR interference complex CSM reveals key similarities with cascade[J]. Molecular Cell, 52(1): 124-134.

RUDMANN D G, 2013. On-target and off-target-based toxicologic effects[J]. Toxicologic Pathology, 41(2): 310-314.

SADI G, KONAT D, 2016. Resveratrol regulates oxidative biomarkers and antioxidant enzymes in the brain of streptozotocin-induced diabetic rats[J]. Pharmaceutical Biology, 54(7): 1156-1163.

SAHA R P, LOU Z, MENG L, et al, 2013. Transposable prophage Mu is organized as a stable chromosomal domain of E. coli[J]. PLOS Genetics, 9(11): e1003902.

SAKAI K, MITANI K, MIYAZAKI J, 1995. Efficient regulation of gene expression by adenovirus vector-mediated delivery of the CRE recombinase[J]. Biochemical and Biophysical Research Communications, 217(2): 393-401.

SARAYA R, KRIKKEN A M, KIEL J A, et al, 2012. Novel genetic tools for *Hansenula polymorpha*[J]. FEMS Yeast Research, 12(3): 271-278.

SATO M, YASUOKA Y, KODAMA H, et al, 2000. New approach to cell lineage analysis in mammals using the Cre-*loxP* system[J]. Molecular Reproduction and Development, 56(1): 34-44.

SCHMITTGEN T D, LIVAK K J, 2008. Analyzing real-time PCR data by the comparative C_T method[J]. Nature Protocols, 3(6):1101-1108.

SEOK H, LEE H, JANG E S, et al, 2018. Evaluation and control of miRNA-like off-target repression for RNA interference[J]. Cellular and Molecular Life Sciences, 75(5):797-814.

SHERKHANOV S, KORMAN T P, CLARKE S G, et al, 2016. Production of FAME biodiesel in *E. coli* by direct methylation with an insect enzyme[J]. Scientific Reports, 6: 24239.

SHI S B, LIANG Y Y, ZHANG M M, et al, 2016. A highly efficient single-step, markerless strategy for multi-copy chromosomal integration of large biochemical pathways in *Saccharomyces cerevisiae*[J]. Metabolic Engineering, 33: 19-27.

SHMAKOV S, ABUDAYYEH O O, MAKAROVA K S, et al, 2015. Discovery and functional characterization of diverse Class 2 CRISPR-Cas systems[J]. Molecular Cell, 60(3): 385-397.

SHMAKOV S, SMARGON A, SCOTT D, et al, 2017. Diversity and evolution of class 2 CRISPR-Cas systems[J]. Nature Reviews Microbiology, 15: 169-182.

SINGH V, BRADDICK D, DHAR P K, 2017b. Exploring the potential of genome editing CRISPR-Cas9 technology[J]. Gene, 599: 1-18.

SOHN J H, CHOI E S, KIM C H, et al, 1996. A novel autonomously replicating sequence (ARS) for multiple integration in the yeast *Hansenula polymorpha* DL-1[J]. Journal of Bacteriology, 178(15): 4420-4428.

SONG J Y, PARK J S, KANG C D, et al, 2016. Introduction of a bacterial acetyl-CoA synthesis pathway improves lactic acid production in *Saccharomyces cerevisiae*[J]. Metabolic Engineering, 35: 38-45.

SONG P, LIU S, GUO X, et al, 2014. Scarless gene deletion in methylotrophic *Hansenula polymorpha* by using *mazF* as counter-selectable marker[J]. Analytical Biochemistry, 468: 66-74.

SONG X, HUANG H, XIONG Z Q, et al, 2017. CRISPR-Cas9^{D10A} Nickase-assisted genome editing in *Lactobacillus casei*[J]. Applied and Environmental Microbiology, 83(22):e01259-17.

SOPPA J,2010. Protein acetylation in archaea, bacteria, and eukaryotes[J]. Archaea, 2010(1):820681.

SPANGE S, WAGNER T, HEINZEL T, et al, 2009. Acetylation of non-histone proteins modulates cellular signalling at multiple levels[J]. The International Journal of Biochemistry and Cell Biology, 41(1):185-198.

STELLA S, ALCON P, MONTOYA G, 2017. Structure of the Cpf1 endonuclease R-loop complex after target DNA cleavage[J]. Nature, 546: 559-563.

SUN H, ZANG X, LIU Y, et al, 2015. Expression of a chimeric human/salmon calcitonin gene integrated into the *Saccharomyces cerevisiae* genome using rDNA sequences as recombination sites[J]. Applied Microbiology and Biotechnology, 99: 10097-10106.

SUPPI S, MICHELSON T, VIIGAND K, et al, 2013. Repression vs. activation of *MOX*, *FMD*, *MPP1* and *MAL1* promoters by sugars in *Hansenula polymorpha*: the outcome depends on cell's ability to phosphorylate sugar[J]. FEMS Yeast Research, 13(2): 219-232.

SWARTS D C, JINEK M, 2018. Cas9 versus Cas12a/Cpf1: structure-function comparisons and implications for genome editing [J]. WIREs RNA, 9(5): e1481.

TALEBKHAN Y, SAMADI T, SAMIE A, et al, 2016. Expression of granulocyte colony stimulating factor (GCSF) in *Hansenula polymorpha*[J]. Iranian Journal of Microbiology, 8(1): 21-28.

TAMBE A, EAST-SELETSKY A, KNOTT G J, et al, 2018. RNA binding and HEPN-nuclease activation are decoupled in CRISPR-Cas13a[J]. Cell Reports, 24(4): 1025-1036.

TANADUL O, NOOCHANONG W, JIRAKRANWONG P, et al, 2018. EMS-induced mutation followed by quizalofop-screening increased lipid productivity in *Chlorella* sp[J]. Bioprocess and Biosystems Engineering, 41 (5): 613-619.

TAPIA E V, ANSCHAU A, CORADINI A LV, et al, 2012. Optimization of lipid production by the oleaginous yeast *Lipomyces starkeyi* by random mutagenesis coupled to cerulenin screening[J]. AMB Express, 2(1): 64.

TEHLIVETS O, SCHEURINGER K, KOHLWEIN S D,2007. Fatty acid synthesis and elongation in yeast[J]. Biochimica et Biophysica Acta, 1771(3): 255-270.

THOMAS D P, 1980. Unequal meiotic recombination within tandem arrays of yeast ribosomal DNA genes[J]. Cell, 19(3): 765-774.

THOMSON J G, RUCKER E B 3rd, PIEDRAHITA J A, 2003. Mutational analysis of *loxP* sites for efficient Cre-mediated insertion into genomic DNA [J]. genesis, 36(3): 162-167.

TOTHOVA Z, KRILL-BURGER J M, POPOVA K D, et al, 2017. Multiplex CRISPR/Cas9-based genome editing in human hematopoietic stem cells models clonal hematopoiesis and myeloid neoplasia[J]. Cell Stem Cell, 21(4): 547-555,e8.

TSAI S Q, NGUYEN N T, MALAGON-LOPEZ J, et al, 2017. CIRCLE-seq: a highly sensitive in vitro screen for genome-wide CRISPR-Cas9 nuclease off-targets[J]. Nature Methods, 14: 607-614.

TSAI S Q, ZHENG Z, NGUYEN N T, et al, 2015. GUIDE-seq enables genome-wide profiling of off-target cleavage by CRISPR-Cas nucleases[J]. Nature Biotechnology, 3: 187-197.

TSAKONA S, KOPSAHELIS N, CHATZIFRAGKOU A, et al, 2018. Formulation of fermentation media from flour-rich waste streams for microbial lipid production by *Lipomyces starkeyi*[J]. Journal of Biotechnology, 189: 36-45.

UBIYVOVK V M, ANANIN V M, MALYSHEV A Y, et al, 2011. Optimization of glutathione production in batch and fed-batch cultures by the wild-type and recombinant strains of the methylotrophic yeast *Hansenula polymorpha* DL-1[J]. BMC Biotechnology, 11: 8.

UI-TEI K, NAITO Y, NISHI K, et al, 2008. Thermodynamic stability and Watson-Crick base pairing in the seed duplex are major determinants of the efficiency of the siRNA-based off-target effect[J]. Nucleic Acids Research, 36(22): 7100-7109.

VAN DEN BERG M A, DE JONG-GUBBELS P, KORTLAND C J, et al, 1996. The two acetyl-coenzyme A synthetases of *Saccharomyces cerevisiae* differ with respect to kinetic properties and transcriptional regulation[J]. Journal of Biological Chemistry, 271(46): 28953-28959.

VAN DEN BERG M A, DE JONG-GUBBELS P, STEENSMA H Y, 1998. Transient mRNA responses in chemostat cultures as a method of defining putative regulatory elements: application to genes involved in *Saccharomyces cerevisiae* acetyl-coenzyme A metabolism[J]. Yeast, 14(12): 1089-1104.

VAN DEN BERG M A, STEENSMA H Y, 1995. *ACS2*, a *Saccharomyces cerevisiae* gene encoding acetyl-coenzyme A synthetase, essential for growth on glucose[J]. European Journal of Biochemistry, 231(3): 704-713.

VAN PIJKEREN J P, BRITTON R A, 2014. Precision genome engineering in lactic acid bacteria[J]. Microbial Cell Factories, 13(Suppl 1): S10.

VAN ROSSUM H M, KOZAK B U, NIEMEIJER M S, et al, 2016a. Alternative reactions at the interface of glycolysis and citric acid cycle in *Saccharomyces cerevisiae*[J]. FEMS Yeast Researchm, 16(3):fow017.

VAN ROSSUM H M, KOZAK B U, PRONK J T, et al, 2016b. Engineering cytosolic acetyl-coenzyme A supply in *Saccharomyces cerevisiae*: pathway stoichiometry, free-energy conservation and redox-cofactor balancing[J]. Metabolic Engineering, 36: 99-115.

VAN ZYL W F, DICKS L M T, DEANE S M, 2019. Development of a novel selection/counter-selection system for chromosomal gene integrations and deletions in lactic acid bacteria[J]. BMC Molecular Biology, 20: 10.

VESPER O, AMITAI S, BELITSKY M, et al, 2011. Selective translation of leaderless mRNAs by specialized ribosomes generated by MazF in *Escherichia coli*[J]. Cell, 147(1): 147-157.

VORONOVSKY A Y, ROHULYA O V, ABBAS CA, et al, 2009. Development of strains of the thermotolerant yeast *Hansenula polymorpha* capable of alcoholic fermentation of starch and xylan[J]. Metabolic engineering, 11(4-5): 234-242.

WAGNER J M, ALPER H S, 2016. Synthetic biology and molecular genetics in non-conventional yeasts: current tools and future advances[J]. Fungal Genetics and Biology, 89: 126-136.

WALKER F C, CHOU-ZHENG L, DUNKLE J A, et al, 2017. Molecular determinants for CRISPR RNA maturation in the Cas10-Csm complex and roles for non-Cas nucleases[J]. Nucleic Acids Research, 45(4): 2112-2123.

WANG H F, LA RUSSA, M, QI L S, 2016a. CRISPR/Cas9 in genome editing and beyond[J]. Annual Review of Biochemistry, 85: 227-264.

WANG H X, Li M Q, LEE C M, et al, 2017. CRISPR/Cas9-based genome editing for disease modeling and therapy: challenges and opportunities for non-viral delivery[J]. Chemical Reviews, 117(15): 9874-9906.

WANG Y J, CHAN M H, CHEN L, et al, 2016b. Resveratrol attenuates cortical neuron activity: roles of large conductance calcium-activated potassium channels and voltage-gated sodium channels[J]. Journal of Biomedical Science, 23(1): 47.

WANG Z M, CHEN Y C, WANG D P, 2016c. Resveratrol, a natural antioxidant, protects monosodium iodoacetate-induced osteoarthritic pain in rats [J]. Biomedicine and Pharmacotherapy, 83: 763-770.

WEI Y Z, TERNS R M, TERNS M P, 2015. Cas9 function and host genome sampling in Type II-A CRISPR-Cas adaptation[J]. Genes and Development, 29(4): 356-361.

WESTBROOK AW, MOO-YOUNG M, CHOU C P, 2016. Development of a CRISPR-Cas9 tool kit for comprehensive engineering of *Bacillus subtilis*[J]. Applied and Environmental Microbiology, 82(16): 4876-4895.

WITTERS L A, WATTS T D, 1990. Yeast acetyl-CoA carboxylase: in vitro phosphorylation by mammalian and yeast protein kinases[J]. Biochemical and Biophysical Research Communications, 169(2):369-376.

WU J X, FU W Z, LUO J X, et al, 2005. Expression and purification of human endostatin from *Hansenula polymorpha* A16[J]. Protein Expression and Purification, 42(1): 12-19.

WU X B, SCOTT D A, KRIZ A J, et al, 2014. Genome-wide binding of the CRISPR endonuclease Cas9 in mammalian cells[J]. Nature Biotechnol, 32: 670-676.

XIAO Y B, NG S, NAM K H, et al, 2017. How type II CRISPR-Cas establish immunity through Cas1-Cas2-mediated spacer integration[J]. Nature, 550: 137-141.

XU Q, KNOSHAUG E P, WANG W, et al, 2017. Expression and secretion of fungal endoglucanase II and chimeric cellobiohydrolase I in the oleaginous yeast *Lipomyces starkeyi*[J]. Microbial Cell Factories, 16(1): 126.

XU X, REN S, CHEN X, et al, 2014. Generation of hepatitis B virus PreS2-S antigen in *Hansenula polymorpha*[J]. Virologica Sinica, 29(6): 403-409.

YAMADA M, WATANABE Y, GOOTENBERG J S, et al, 2017. Crystal structure of the minimal Cas9 from *Campylobacter jejuni* reveals the molecular diversity in the CRISPR-Cas9 systems[J]. Molecular Cell, 65: 1109-1121, e1-e3.

YAMANO T, NISHIMASU H, ZETSCHE B, et al, 2016. crystal structure of Cpf1 in complex with guide RNA and target DNA[J]. Cell, 165 (4): 949-962.

YAMANO T, ZETSCHE B, ISHITANI R, et al, 2017. Structural basis for the canonical and non-canonical PAM recognition by CRISPR-Cpf1[J]. Molecular Cell, 67(4): 633-645, e1-e3.

YAMAZAKI H, KOBAYASHI S, EBINA S, et al, 2019. Highly selective isolation and characterization of *Lipomyces starkeyi* mutants with increased production of triacylglycerol [J]. Applied microbiology and Biotechnology, 103(15): 6297-6308.

YANG C C, ANDREWS E H, CHEN M H, et al, 2016. iTAR: a web server for identifying target genes of transcription factors using ChIP-seq or ChIP-chip data[J]. BMC Genomics,17: 632.

YANG J, JIANG W, YANG S, 2009. *mazF* as a counter-selectable marker for unmarked genetic modification of *Pichia pastoris* [J]. FEMS Yeast Research, 9(4): 600-609.

YANG X J, SETO E, 2008. Lysine acetylation: codified crosstalk with other posttranslational modifications[J]. Molecular Cell, 31(4):449-461.

YILMAZEL B, HU Y H, SIGOILLOT F, et al, 2014. Online GESS: prediction of miRNA-like off-target effects in large-scale RNAi screen data by seed region analysis[J]. BMC Bioinformatics, 15: 192.

YIN X, BISWAL A K, DIONORA J, et al, 2017. CRISPR-Cas9 and CRISPR-Cpf1 mediated targeting of a stomatal developmental gene *EPFL9* in rice[J]. Plant Cell Reports, 36(5): 745-757.

YOO S J, MOON H Y, KANG H A, 2019. Screening and selection of production strains: secretory protein expression and analysis in *Hansenula polymorpha*[M]// Bill R M. Recombinant Protein Production in Yeast: Methods and Protocols. Clifton:Humana Press: 133-151.

YOON Y G, CHO J H, KIM S C, 1998. Cre/*loxP*-mediated excision and amplification of large segments of the *Escherichia coli* genome[J]. Genetic Analysis: Biomolecular Engineering, 14(3): 89-95.

YU B J, KIM C, 2008. Minimization of the *Escherichia coli* genome using the Tn5-targeted Cre/loxP excision system[M]//OSTERMAN A L, GERDES S Y. Microbial Gene Essentiality: Protocols and Bioinformatics. Clifton: Humana Press:261-277.

YU B J, SUNG B H, KOOB M D, et al, 2002. Minimization of the *Escherichia coli* genome using a Tn5-targeted Cre/*loxP* excision system[J]. Nature Biotechnology, 20: 1018-1023.

YUNUS I S, PALMA A, TRUDEAU D L, et al, 2020. Methanol-free biosynthesis of fatty acid methyl ester (FAME) in *Synechocystis* sp. PCC 6803[J]. Metabolic Engineering, 57: 217-227.

ZAIDI S S, MAHFOUZ M M, MANSOOR S, 2017. CRISPR-Cpf1: a new tool for plant genome editing[J]. Trends in Plant Science, 22(7): 550-553.

ZERBINI F, ZANELLA I, FRACCASCIA D, et al, 2017. Large scale validation of an efficient CRISPR/Cas-based multi gene editing protocol in *Escherichia coli*[J]. Microbial Cell Factories, 16(1): 68.

ZHANG H, DONG C, LI L, et al, 2019. Structural insights into the modulatory role of the accessory protein WYL1 in the Type Ⅵ-D CRISPR-Cas system [J]. Nucleic Acids Research, 47(10):5420-5428.

ZHANG X H, TEE L Y, WANG X G, et al, 2015. Off-target effects in CRISPR/Cas9-mediated genome engineering[J]. Molecular Therapy Nucleic Acids, 4: e264.

ZHANG Y L, MA X L, XIE X R, et al, 2017. CRISPR/Cas9-based genome editing in plants[J]. Progress in Molecular Biology and Translational Science, 149: 133-150.

ZHAO C Z, ZHANG Y, LI G L, et al, 2015. Development of a graphical user interface for sgRNAcas9 and its application[J]. Hereditas(Beijing), 37(10): 1061-1072.

ZHAO D J, ZHENG D Y, 2018. SMARTcleaner: identify and clean off-target signals in SMART ChIP-seq analysis[J]. BMC Bioinformatics, 19: 544.

ZHAO G H，PU J L，TANG B S，2016. Applications of ZFN，TALEN and CRISPR/Cas9 techniques in disease modeling and gene therapy[J]. Chinese Journal of Medical Genetics，33(6)：857-862.

ZHENG X，XING X H，ZHANG C，2017. Targeted mutagenesis：a sniper-like diversity generator in microbial engineering[J]. Synthetic and Systems Biotechnologg，2(2)：75-86.

ZHONG Z H，SRETENOVIC S，REN Q R，et al，2019. Improving plant genome editing with high-fidelity xCas9 and non-canonical PAM-targeting Cas9-NG [J]. Molecular Plant，12(7)：1027-1036.

ZHOU J，CHENG X，SUN Y X，et al，2002. Establishment of *Smad2* conditional gene targeting mice based on the Cre-*LoxP* system[J]. Science in China Series C：Life Sciences，45(2)：129-137.

ZHU X，YE K，2012. Crystal structure of Cmr2 suggests a nucleotide cyclase-related enzyme in type Ⅲ CRISPR-Cas systems[J]. FEBS Letters，586(6)：939-945.

ZISCHEWSKI J，FISCHER R，BORTESI L，2017. Detection of on-target and off-target mutations generated by CRISPR/Cas9 and other sequence-specific nucleases[J]. Biotechnology Advances，35(1)：95-104.

ZORZINI V，MERNIK A，LAH J，2016. Substrate recognition and activity regulation of the *Escherichia coli* mRNA endonuclease MazF[J]. Journal of Biological Chemistry，291(21)：10950-10960.

李艾军，2019. 我国生物柴油产业存在问题与发展建议[J]. 精细与专用化学品，27(6)：1-5.

孙晓璐，孙玉梅，曹芳，等，2007. 对产油脂酵母的细胞破碎方法及油脂提取效果的比较[J]. 河南工业大学学报(自然科学版)，28(4)：67-69.

汪建峰，张嗣良，王勇，2014. 大肠杆菌中从头合成白藜芦醇途径的设计及优化[J]. 中国生物工程杂志，34(2)：71-77.

王海京，杜泽学，高国强，2017. 植物油近/超临界醇解制备生物柴油[J]. 化工进展，36(6)：2131-2136.

王华，李静，王冬梅，等，2010. 金属离子对斯达油脂酵母发酵产油脂的影响[J]. 中国食品学报，10(2)：67-74.

吴开云，耿青伟，李纪元，等，2011. 斯达氏油脂酵母高产油发酵培养条件的优化[J]. 西北农林科技大学学报(自然科学版)，39(2)：150-156.

熊雨，2019. 浅析微生物生产生物柴油的优势[J]. 生物化工，5(4)：158-160.

张雁玲，王家兴，郭世刚，等，2019. 催化合成生物柴油技术综述[J]. 当代石油石化，27(12)：39-45.

附　　录

附录1　本书2～6章所使用的菌株、质粒和引物

附表1　　　　　　　　　　　本书第2～5章所使用的菌株

菌株		特征	来源
大肠杆菌 (*Escherichia coli*)	EC135	F-*mcrA*Δ(*mrr-hsdRMS-mcrBC*) φ80*lacZ*ΔM15 Δ*lacX74araD*139Δ(*ara-leu*) 7697 *galUgalKrpsL* *endA*1*nupG*Δ*dcm*∶∶*FRT recA* + Δ*dam*∶∶*FRT*, genotype of R-M systems; *mcrA*Δ(*mrr-hsdRMS-mcrBC*) Δ*dcm*∶∶*FRT*Δ*dam*∶∶*FRT*	实验室菌株
	DH5α	F-φ80dlacZΔM15Δ(lacZYA-argF)U169 recA1 endA1 hsdR17(rK−,mK+)phoA supE44λ−thi-1 gyrA96 relA1	河南省工业微生物资源与发酵技术重点实验室
汉逊酵母 (*Ogataea polymorpha*)	CGMCC7.89 (OP001)	野生型	实验室菌株
	OP009	*zeo^R*, OP001Δ*OpMET2*∶∶*P*~S-TEF1~-*cas9*	本研究构建
	OP010	*zeo^R*, *G418^R*, OP001Δ*OpMET2*∶∶*P*~S-TEF1~-*cas9* Δ*OpADE2*∶∶*OpLEU2*gRNAΔ*OpLEU2*∶∶*gfpmut3a*	本研究构建
	OP011	*zeo^R*, OP001Δ*OpMET2*∶∶*P*~S-TEF1~-*cas9* Δ*OpLEU2*∶∶*gfpmut3a*	本研究构建
	OP012	OP001Δ*OpLEU2*∶∶*gfpmut3a*	本研究构建
	OP013	*zeo^R*, *G418^R*, OP001Δ*OpMET2*∶∶*P*~S-TEF1~-*cas9* Δ*OpADE2*∶∶*OpURA3*gRNAΔ*OpURA3*∶∶*gfpmut3a*	本研究构建
	OP014	*zeo^R*, OP001Δ*OpMET2*∶∶*P*~S-TEF1~-*cas9* Δ*OpURA3*∶∶*gfpmut3a*	本研究构建

菌株		特征	来源
汉逊酵母 (*Ogataea* *polymorpha*)	OP015	OP001$\Delta OpURA3$::$gfpmut3a$	本研究构建
	OP016	zeo^R, $G418^R$, OP001$\Delta OpMET2$::$P_{S\text{-}TEF1}$-$cas9$ $\Delta OpADE2$::$OpHIS3$gRNA $\Delta OpHIS3$::$gfpmut3a$	本研究构建
	OP017	zeo^R, OP001$\Delta OpMET2$::$P_{S\text{-}TEF1}$-$cas9$ $\Delta OpHIS3$::$gfpmut3a$	本研究构建
	OP018	OP001$\Delta OpHIS3$::$gfpmut3a$	本研究构建
	OP019	zeo^R, $G418^R$, OP001$\Delta OpMET2$::$P_{S\text{-}TEF1}$-$cas9$ $\Delta OpADE2$::$OpHIS3$gRNA-$OpURA3$gRNA-$OpLEU2$gRNA$\Delta OpHIS3$::$4CL$ $\Delta OpURA3$::TAL $\Delta OpLEU2$::STS	本研究构建
	OP020	zeo^R, OP001$\Delta OpMET2$::$P_{S\text{-}TEF1}$-$cas9$ $\Delta OpHIS3$::$4CL$ $\Delta OpURA3$::TAL $\Delta OpLEU2$::STS	本研究构建
	OP021	OP001$\Delta OpHIS3$::$4CL$ $\Delta OpURA3$::TAL $\Delta OpLEU2$::STS	本研究构建
	OP022	zeo^R, OP001$\Delta OpMET2$::P_{OpMOX}-$cas9$	
	OP023	zeo^R, $G418^R$, OP001$\Delta OpMET2$::P_{OpMOX}-$cas9$ $\Delta OpADE2$::rDNAgRNA rDNA::$gfpmut3a$	本研究构建
	OP024	zeo^R, OP001$\Delta OpMET2$::P_{OpMOX}-$cas9$ OP001rDNA::$gfpmut3a$	本研究构建
	OP025	OP001rDNA::$gfpmut3a$	本研究构建
	OP026	zeo^R, $G418^R$, OP001$\Delta OpMET2$::P_{OpMOX}-$cas9$ $\Delta OpADE2$::rDNAgRNA rDNA::$cadA$	本研究构建
	OP027	zeo^R, OP001$\Delta OpMET2$::P_{OpMOX}-$cas9$ rDNA::$cadA$	本研究构建
	OP028	OP001rDNA::$cadA$	本研究构建
	OP029	zeo^R, $G418^R$, OP001$\Delta OpMET2$::P_{OpMOX}-$cas9$ $\Delta OpADE2$::rDNAgRNA rDNA::HSA	本研究构建
	OP030	zeo^R, OP001$\Delta OpMET2$::P_{OpMOX}-$cas9$ rDNA::HSA	本研究构建
	OP031	OP001rDNA::HSA	本研究构建
	OP032	zeo^R, $G418^R$, OP001$\Delta OpMET2$::$P_{S\text{-}TEF1}$-$cas9$ $\Delta OpADE2$::$OpLEU2$gRNA $\Delta OpLEU2$	本研究构建
	OP033	zeo^R, OP001$\Delta OpMET2$::$P_{S\text{-}TEF1}$-$cas9$ $\Delta OpLEU2$	本研究构建

菌株		特征	来源
汉逊酵母 (*Ogataea polymorpha*)	OP034	OP001△*OpLEU2*	本研究构建
	OP035	zeo^R, $G418^R$, OP001△*OpMET2*∷P_{ScTEF1}-*cas9* △*OpADE2*∷*OpURA3* gRNA △*OpURA3*	本研究构建
	OP036	zeo^R, OP001△*OpMET2*∷P_{ScTEF1}-*cas9* △*OpURA3*	本研究构建
	OP037	OP001△*OpURA3*	本研究构建
	OP038	zeo^R, $G418^R$, OP001△*OpMET2*∷P_{ScTEF1}-*cas9* △*OpADE2*∷*OpURA3* gRNA* *OpURA3*^{G73T}	本研究构建
	OP039	zeo^R, OP001△*OpMET2*∷P_{ScTEF1}-*cas9* *OpURA3*^{G73T}	本研究构建
	OP040	OP001*OpURA3*^{G73T}	本研究构建
	OP041	zeo^R, $G418^R$, OP001△*OpMET2*∷P_{OpMOX}-*cas9* △*OpADE2*∷rDNAgRNA rDNA∷*TAL-4CL-STS*	本研究构建
	OP042	zeo^R, OP001△*OpMET2*∷P_{OpMOX}-*cas9* rDNA∷*TAL-4CL-STS*	本研究构建
	OP043	OP001rDNA∷*TAL-4CL-STS*	本研究构建
	OP044	zeo^R, $G418^R$, OP001△*OpMET2*∷P_{ScTEF1}-*cas9* △*OpURA3*∷*OpADE2* gRNA△*OpADE2*	本研究构建
	OP045	zeo^R, OP001△*OpMET2*∷P_{ScTEF1}-*cas9* OP001△*OpADE2*	本研究构建
	OP046	OP001△*OpADE2*	本研究构建
	OP047	zeo^R, $G418^R$, OP001△*OpMET2*∷P_{ScTEF1}-*cas9* △*OpADE2*∷ *OpHIS3* gRNA-*OpURA3* gRNA-*OpLEU2* gRNA △*OpLEU2* △*OpHIS3* △*OpURA3*	本研究构建
	OP048	zeo^R, OP001△*OpMET2*∷P_{ScTEF1}-*cas9* OP001△*OpLEU2* △*OpHIS3* △*OpURA3*	本研究构建
	OP049	OP001△*OpLEU2* △*OpHIS3* △*OpURA3*	本研究构建
	OP050	OP001/pWYE3235	本研究构建
酿酒酵母 (*Saccharo-myces cerevisiae*)	SC001	DAY414 (*MATαhis3*△*200 trp1-901 leu2-3*, -112 *ade2 LYS2*∷(*lexAop*)$_4$-*OpHIS3* *OpURA3*∷(*lexAop*)$_8$-*lacZ GAL4*	实验室菌株
	SC006	SC001/pYES2.0CT-Sc*GAL1*-*cas9*	本研究构建
	SC007	SC001 rDNA∷*gfpmut3a*	本研究构建

附表 2　　　　　　　　　　　　　**本书第 2～5 章所使用的质粒**

质粒	特征	来源
pMD19-T	克隆载体	购于日本 TaKaRa 公司
pBAD43-25	pAD123 衍生物，$gfpmut3a$	BGSC [a]
pWYE3200	zeo^R，汉逊酵母整合载体	受赠于 Dr. Xiuping He
pWYE3201	pWYE3200 衍生物，$G418^R$	本研究构建 [b]
pWYE3202	Amp^R，pCRCT，P_{ScTEF1}-$cas9$	（来源于 Addgene 平台的质粒 ♯60621）
pWYE3208	pWYE3200 衍生物，zeo^R，$OpMET2$ upHA-P_{ScTEF1}-$cas9$-$OpMET2$ downHA	本研究构建
pWYE3209	pWYE3201 衍生物，$G418^R$，$OpADE2$ upHA-$P_{ScSNR52}$-$OpLEU2$ gRNA-SUP4t-$OpADE2$ downHA	本研究构建
pWYE3210	pWYE3200 衍生物，zeo^R，$OpLEU2$ upHA-P_{ScTEF1}-$gfpmut3a$-$OpLEU2$ downHA	本研究构建
pWYE3211	pWYE3201 衍生物，$G418^R$，$OpADE2$ upHA-$P_{ScSNR52}$-$OpURA3$ gRNA-SUP4t-$OpADE2$ downHA	本研究构建
pWYE3212	pWYE3200 衍生物，zeo^R，$OpURA3$ upHA-P_{ScTEF1}-$gfpmut3a$-$OpURA3$ downHA	本研究构建
pWYE3213	pWYE3201 衍生物，$G418^R$，$OpADE2$ upHA-$P_{ScSNR52}$-$OpHIS3$ gRNA-SUP4t-$OpADE2$ downHA	本研究构建
pWYE3214	pWYE3200 衍生物，zeo^R，$OpHIS3$ upHA-P_{ScTEF1}-$gfpmut3a$-$OpHIS3$ downHA	本研究构建
pWYE3215	pWYE3201 衍生物，$G418^R$，$OpADE2$ upHA-$OpLEU2$ gRNA-$OpURA3$ gRNA-$OpHIS3$ gRNA-$OpADE2$ downHA	本研究构建
pWYE3216	pWYE3200 衍生物，zeo^R，$OpLEU2$ upHA-P_{ScTEF2}-STS-$OpLEU2$ downHA	本研究构建
pWYE3217	pWYE3200 衍生物，zeo^R，$OpURA3$ upHA-P_{ScTEF1}-TAL-$OpURA3$ downHA	本研究构建
pWYE3218	pWYE3200 衍生物，zeo^R，$OpHIS3$ upHA-P_{ScTPI1}-4CL-$OpHIS3$ downHA	本研究构建

质粒	特征	来源
pWYE3219	pWYE3200 衍生物，zeo^R，$OpMET2$ upHA-P_{OpMOX}-$cas9$-$OpMET2$ downHA	本研究构建
pWYE3220	pWYE3201 衍生物，$G418^R$，$OpADE2$ upHA-$P_{ScSNR52}$-rDNAgRNA-$OpADE2$ downHA	本研究构建
pWYE3221	pWYE3200 衍生物，zeo^R，OprDNAupHA-P_{ScTEF1}-$gfpmut3a$-OprDNAdownHA	本研究构建
pWYE3222	pYES2.0/CT	来源于 Invitrogen 公司
pWYE3223	pESC-LEU	来源于 Addgene 平台的质粒（＃20120）
pWYE3224	pWYE3222 衍生物，P_{ScGAL1}-$cas9$	本研究构建
pWYE3225	pWYE3223 衍生物，$P_{ScSNR52}$-ScrDNAgRNA	本研究构建
pWYE3226	pWYE3200 衍生物，zeo^R，ScrDNAupHA-P_{ScTEF1}-$gfpmut3a$-ScrDNAdownHA	本研究构建
pWYE3227	pWYE3200 衍生物，zeo^R，$ScScALG9$ partial-$gfpmut3a$ partial-$OpMOX$ partial	本研究构建
pWYE3228	pMD19-T 衍生物，Amp^R，$OPOpMOX$ partial-HSA partial-$cadA$ partial-TAL partial	本研究构建
pWYE3229	pWYE3201 衍生物，$G418^R$，$OpADE2$ upHA-$P_{ScSNR52}$-$OpURA3$ gRNA*-$OpADE2$ downHA	本研究构建
pWYE3230	pWYE3200 衍生物，zeo^R，OprDNAupHA- P_{ScTEF1}-TAL-P_{ScTPI1}-$4CL$-P_{ScTEF2}-STS　OprDNAdownHA	本研究构建
pWYE3231	pWYE3200 衍生物，zeo^R，OprDNAupHA-P_{ScTEF1}-$cadA$-OprDNAdownHA	本研究构建
pWYE3232	pWYE3200 衍生物，zeo^R，OprDNAupHA-P_{ScTEF1}-HSA-OprDNAdownHA	本研究构建
pWYE3233	pWYE3201 衍生物，$G418^R$，$OpURA3$ upHA-$P_{ScSNR52}$-$OpADE2$ gRNA-$OpURA3$ downHA	本研究构建
pWYE3234	zeo^R-pUCorigin-OpARS-MCS	本研究构建
pWYE3235	pWYE3234-$gfpmut3a$	本研究构建
pWYE320X	pWYE3201 衍生物，$G418^R$，TAL-$4CL$-STS	实验室菌株

注：a 表示芽孢杆菌保藏中心；b 表示博来霉素抗性基因 zeo^R 被 G418 抗性基因 $G418^R$ 取代。

附表 3 　　　　　　　　　　　**本书第 2～5 章所使用的引物**

用途	引物编码	序列(5′-3′)	功能描述
用于构建 pWYE3208 的引物	P1	GATTTTGGTCATGCATGAGATCAGATCT-TAGAGTGTATAACAAAGGAT	*OpMET2* 下游正向
	P2	CCCCTGGAGCACTAGTTTTAGCATCTGC-CAGATTGAGG	*OpMET2* 下游反向
	P3	AGATGCTAAAACTAGTGCTC-CAGGGGCACTCAGCTTAG	*OpMET2* 上游正向
	P4	GAAGCTATGCGTCGGTGTGCGAGTT-GAACTCTG	*OpMET2* 上游反向
	P5	GCACACCGACGCATAGCTTCAAAAT-GTTTCTAC	*cas9* 表达盒正向
	P6	CTCTTCTGAGATGAGTTTTTGTTCTAGAA-TAAATCGTAAAGACATAAGAG	*cas9* 表达盒反向
用于检测 pWYE3208 整合的引物	P7	GAGTTGTCCAGCAGGAGCCCATG	正向
	P8	GCTATTTGTGCCGATATCTAAGCC	反向
用于检测 pWYEN 整合的引物	P9	CTCTCATCAGCAGCAGCCGTCCG	正向
	P10	TATGAGTGAAAGCATAATCATAC	反向
用于构建 pWYE3209 的引物	P11	ATTTTGGTCATGCATGAGATCAGATCTAT-AGAGGTTAAATTAATTCAATTAC	*OpADE2* 下游正向
	P12	GGTACAACGGGCATGCACTAGTGGTAC-CAAGCAGGACTTTCAAATCTTC	*OpADE2* 下游反向
	P13	GGTACCACTAGTGCATGCCCGTTGTAC-CTCGTTCGCCAG	*OpADE2* 上游正向
	P14	CATACATTATCTTTTCAAAGAGTAAATTA-AATTAAATTAATATATG	*OpADE2* 上游反向
	P15	AATTTAATTTACTCTTTGAAAAGATAATG-TATG	$P_{S:SNR52}$ 正向
	P16	CTCTAAAACTGAAATCAGAAATCGT-CAAGATCATTTATCTTTCACTGC	$P_{S:SNR52}$ 反向
	P17	ATAAATGATCTTGACGATTTCT-GATTTCAGGTTTTAGAGCTAGAAATAGC	crRNA 正向
	P18	CATTTTGAAGCTATGGTGTGTGGGGGATC-CAGACATAAAAAACAAAAAAAGCACC	crRNA 反向

续表

用途	引物编码	序列(5′-3′)	功能描述
用于检测 *OpLEU2* 敲除的引物	P19	GTGCTCCTCAAAGCTGACCGTCTA	正向
	P20	CCGCAAACCTCCCTGTCGGGCACT	反向
用于构建 pWYE3210 的引物	P21	GATTTTGGTCATGCATGAGAT-CAGATCTAGTTTGCCAAGTATGCCAG	*OpLEU2* 上游正向
	P22	AGTTGGGTGGTCGCTTTCTGATGATTG-CAAAATGATGCAAC	*OpLEU2* 上游反向
	P23	ATCAGAAAGCGACCACCCAACT	*gfpmut3a* 表达盒正向
	P24	GGATCCGCACAAACGAAGGTC	*gfpmut3a* 表达盒反向
	P25	AAGTGAGACCTTCGTTTGTGCGGATCCG-TAGGATCTCGAATAATTCC	*OpLEU2* 下游正向
	P26	TTGAAGCTATGGTGTGTGGGGGATC-CTCTCTTTTGATGGCATTGAAG	*OpLEU2* 下游反向
用于构建 pWYE3211 的引物	P11	ATTTTGGTCATGCATGAGATCAGATCTAT-AGAGGTTAAATTAATTCAATTAC	*OpADE2* 下游正向
	P12	GGTACAACGGGCATGCACTAGTGGTAC-CAAGCAGGACTTTCAAATCTTC	*OpADE2* 下游反向
	P13	GGTACCACTAGTGCATGCCCGTTGTAC-CTCGTTCGCCAG	*OpADE2* 上游正向
	P14	CATACATTATCTTTTCAAAGAGTAAATTA-AATTAAATTAATATATG	*OpADE2* 上游反向
	P15	AATTTAATTTACTCTTTGAAAAGATAATG-TATG	$P_{Sc\text{SNR52}}$ 正向
	P27	CTCTAAAACATCTAAGGTCGCCAG-CAGACGATCATTTATCTTTCACTGC	$P_{Sc\text{SNR52}}$ 反向
	P28	ATAAATGATCGTCTGCTGGCGACCT-TAGATGTTTTAGAGCTAGAAATAGC	crRNA 正向
	P18	CATTTTGAAGCTATGGTGTGTGGGGGATC-CAGACATAAAAAACAAAAAAAGCACC	crRNA 反向
用于检测 *OpURA3* 敲除的引物	P29	ACTTGAGTCAGACGAGGGTAAGG	正向
	P30	AGCGAGCGAAAACGGCCGATTGG	反向

用途	引物编码	序列(5′-3′)	功能描述
用于修复 *OpADE2* 的引物	P31	CTCTCATCAGCAGCAGCCGTCCG	正向
	P32	CTGCTTGGCCGGTGAATCTGCACC	反向
用于修复 *OpMET2* 的引物	P33	CTTCATCAACAACTTCCCAGAC	正向
	P34	GCGAAGGTTCGAGCGATGAGAG	反向
用于构建 pWYE3212 的引物	P35	GATTTTGGTCATGCATGAGATCAGATCTA-AAACAGAAGAGACAGAATGG	*OpURA3* 上游正向
	P36	AGTTGGGTGGTCGCTTTCTGATGTTGAT-TATTATTCAGGGAAATG	*OpURA3* 上游反向
	P37	ATCAGAAAGCGACCACCCAACT	*gfpmut3a* 表达盒正向
	P38	GGATCCGCACAAACGAAGGTC	*gfpmut3a* 表达盒反向
	P39	AAGTGAGACCTTCGTTTGTGCGGATCCCG-GCTTTCAGTTCTATATAC	*OpURA3* 下游正向
	P40	TTGAAGCTATGGTGTGTGGGGGATCCGT-TCTTGCCGTGTCTTCTAAG	*OpURA3* 下游反向
用于构建 pWYE3213 的引物	P11	ATTTTGGTCATGCATGAGATCAGATCTAT-AGAGGTTAAATTAATTCAATTAC	*OpADE2* 下游正向
	P12	GGTACAACGGGCATGCACTAGTGGTAC-CAAGCAGGACTTTCAAATCTTC	*OpADE2* 下游反向
	P13	GGTACCACTAGTGCATGCCCGTTGTAC-CTCGTTCGCCAG	*OpADE2* 上游正向
	P14	CATACATTATCTTTTCAAAGAGTAAATTA-AATTAAATTAATATATG	*OpADE2* 上游反向
	P15	AATTTAATTTACTCTTTGAAAAGATAATG-TATG	$P_{S:SNR52}$ 正向
	P41	CTCTAAAACCCATCCAGACTTAGAA-CAACGATCATTTATCTTTCACTGC	$P_{S:SNR52}$ 反向
	P42	ATAAATGATCGTTGTTCTAAGTCTGGAT-GGGTTTTAGAGCTAGAAATAGC	crRNA 正向
	P18	CATTTTGAAGCTATGGTGTGTGGGGGATC-CAGACATAAAAAACAAAAAAAGCACC	crRNA 反向

用途	引物编码	序列(5'-3')	功能描述
用于构建 pWYE3214 的引物	P43	GATTTTGGTCATGCATGAGAT-CAGATCTTTCCGTACAACGAAATGGTTG	*OpHIS3* 上游正向
	P44	AGTTGGGTGGTCGCTTTCT-GATTTCAGTTTTATTGTAATTTAC	*OpHIS3* 上游反向
	P45	ATCAGAAAGCGACCACCCAACT	*gfpmut3a* 表达盒正向
	P46	GGATCCGCACAAACGAAGGTC	*gfpmut3a* 表达盒反向
	P47	AAGTGAGACCTTCGTTTGTGCGGATCCTA-GACCGGTGCGGGGTGTGC	*OpHIS3* 下游正向
	P48	TTGAAGCTATGGTGTGTGGGGGATC-CCGATTGGTCCAATCGAACAGG	*OpHIS3* 下游反向
用于构建 pWYE3215 的引物	P49	GGTGCTTTTTTTGTTTTTTATGTCTG-GATCCTCTTTGAAAAGATAATGTATGA	*OpHIS3* gRNA 表达盒正向
	P50	CCCAACAGTTGCGCAGCCTGAGACATA-AAAAACAAAAAAAGCACC	*OpHIS3* gRNA 表达盒反向
	P51	CAGGCTGCGCAACTGTTGGGTCTTT-GAAAAGATAATGTATGA	*OpLEU2* gRNA 表达盒正向
	P52	CATTTTGAAGCTATGGTGTGTGGGGAGA-CATAAAAAACAAAAAAAGCACC	*OpLEU2* gRNA 表达盒反向
用于检测在 *OpURA3* 整合的引物	P53	ACTTGAGTCAGACGAGGGTAAGG	正向
	P54	AGCGAGCGAAAACGGCCGATTGG	反向
用于检测在 *OpLEU2* 整合的引物	P55	GTGCTCCTCAAAGCTGACCGTCTA	正向
	P56	CCGCAAACCTCCCTGTCGGGCACT	反向
用于检测在 *OpHIS3* 整合的引物	P57	GCAAGTATTCCTGCTACCGACTTG	正向
	P58	CTTCAGCTCTGTAGAGTACTGCAG	反向

用途	引物编码	序列(5'-3')	功能描述
用于构建 pWYE3216 的引物	P59	GATTTTGGTCATGCATGAGATCAGATCTT-GAGCTTGAGAAACGCCAGTC	*OpLEU2* 上游正向
	P60	GCTAAAAAAACTCTACATAACAAAGTGAT-TGCAAAATGATGCAACTA	*OpLEU2* 上游反向
	P61	ACTTTGTTATGTAGAGTTTTTTTAGC	*STS* 表达盒正向
	P62	TTTGAAAGATGATACTCTTTATTTCTAG	*STS* 表达盒反向
	P63	AATAAGAGTATCATCTTTCAAAGTAG-GATCTCGAATAATTCC	*OpLEU2* 下游正向
	P64	TTGAAGCTATGGTGTGTGGGGGGATCCAT-GCGCGCTTTTCGCTGAGGT	*OpLEU2* 下游反向
用于构建 pWYE3217 的引物	P65	GATTTTGGTCATGCATGAGATCAGATCT-GAGGGCGTGACGCATAATGACG	*OpURA3* 上游正向
	P66	CAAAGTTGGGTGGTCGCTTTCTGGTTGAT-TATTATTCAGGGAAATG	*OpURA3* 上游反向
	P67	CAGAAAGCGACCACCCAACTTTG	*TAL* 表达盒正向
	P68	TTTGAAAGATGATACTCTTTATTTC	*TAL* 表达盒反向
	P69	TAAAGAGTATCATCTTTCAAACG-GCTTTCAGTTCTATATAC	*OpURA3* 下游正向
	P70	TTGAAGCTATGGTGTGTGGGGGGATCCA-CAGGTTGTGTCTGCCTCTTC	*OpURA3* 下游反向
用于构建 pWYE3218 的引物	P71	GATTTTGGTCATGCATGAGATCAGATCTC-CAAAGGCCACGGTTCAGCAG	*OpHIS3* 上游正向
	P72	GTTCCTAGATATAATCTCGAAGGT-TCAGTTTTATTGTAATTTAC	*OpHIS3* 上游反向
	P73	CCTTCGAGATTATATCTAGGAAC	*4CL* 表达盒正向
	P74	TTTGAAAGATGATACTCTTTATTTCC	*4CL* 表达盒反向
	P75	TAAAGAGTATCATCTTTCAAATAGACCG-GTGCGGGGTGTGC	*OpHIS3* 下游正向
	P76	TTGAAGCTATGGTGTGTGGGGGGATCCCT-GTTTAACTTGGTAGTTGATC	*OpHIS3* 下游反向

用途	引物编码	序列(5′-3′)	功能描述
用于构建 pWYE3219 的引物	P1	GATTTTGGTCATGCATGAGATCAGATCT-TAGAGTGTATAACAAAGGAT	*OpMET2* 下游正向
	P2	CCCCTGGAGCACTAGTTTTAGCATCTGC-CAGATTGAGG	*OpMET2* 下游反向
	P3	AGATGCTAAAACTAGTGCTC-CAGGGGCACTCAGCTTAG	*OpMET2* 上游正向
	P77	GATCGTTCTCCGCGTCGAGTCGGTGT-GCGAGTTGAACTCTG	*OpMET2* 上游反向
	P78	CACACCGACTCGACGCGGAGAACGATCTCC	P_{OpMOX} 正向
	P79	TATAATCCATGTGTGTTGTACTTTAGATT-GATG	P_{OpMOX} 反向
	P80	CAATCTAAAGTACAACACACATGGAT-TATAAAGATGACGATG	*cas9* 正向
	P6	CTCTTCTGAGATGAGTTTTTGTTCTAGAA-TAAATCGTAAAGACATAAGAG	*cas9* 反向
用于检测 pWYE3219 整合的引物	P81	GAGTTGTCCAGCAGGAGCCCATG	正向
	P82	GCTCGCCAGCCACCGTGGTCCGC	反向
用于构建 pWYE3220 的引物	P11	ATTTTGGTCATGCATGAGATCAGATCTAT-AGAGGTTAAATTAATTCAATTAC	*OpADE2* 下游正向
	P12	GGTACAACGGGCATGCACTAGTGGTAC-CAAGCAGGACTTTCAAATCTTC	*OpADE2* 下游反向
	P13	GGTACCACTAGTGCATGCCCGTTGTAC-CTCGTTCGCCAG	*OpADE2* 上游正向
	P14	CATACATTATCTTTTCAAAGAGTAAATTA-AATTAAATTAATATATG	*OpADE2* 上游反向
	P15	AATTTAATTTACTCTTTGAAAAGATAATG-TATG	$P_{ScSNR52}$ 正向
	P83	CTCTAAAACTTGTCTATCCAAACGTCTAT-GATCATTTATCTTTCACTGC	$P_{ScSNR52}$ 反向
	P84	ATAAATGATCATAGACGTTTGGATAGA-CAAGTTTTAGAGCTAGAAATAGC	crRNA 正向
	P18	CATTTTGAAGCTATGGTGTGTGGGGGATC-CAGACATAAAAAACAAAAAAGCACC	crRNA 反向

用途	引物编码	序列(5′-3′)	功能描述
用于构建 pWYE3221 的引物	P85	GATTTTGGTCATGCATGAGAT-CAGATCTTTGCCATAGGCTAGTAATC	rDNA 上游正向
	P86	AGTTGGGTGGTCGCTTTCTGATTGATCG-GACGGGAAACGGTGC	rDNA 上游反向
	P87	ATCAGAAAGCGACCACCCAACT	*gfpmut3a* 表达盒正向
	P88	GGATCCGCACAAACGAAGGTC	*gfpmut3a* 表达盒反向
	P89	AAGTGAGACCTTCGTTTGTGCGGATC-CCCAGCGCCAGATAACAAACAG	rDNA 下游正向
	P90	TTGAAGCTATGGTGTGTGGGGGATC-CGGGTTTAGACCGTCGTGAGACAG	rDNA 下游反向
用于检测在汉逊酵母 rDNA 位点整合 *gfpmut3a* 的引物	P91	CTAACTGCATCCATATAGCCCTC	正向
	P92	TGTGCCCATTAACATCACCATC	反向
用于检测在汉逊酵母 rDNA 位点整合 *cadA* 的引物	P93	CTAACTGCATCCATATAGCCCTC	正向
	P94	GTCGTTCGGGTAAACAATCTGGAAG	反向
用于检测在汉逊酵母 rDNA 位点整合 *HSA* 的引物	P95	CTAACTGCATCCATATAGCCCTC	正向
	P96	ACCCAAGTCCTTGAATCTGTGAGC	反向
用于检测在汉逊酵母 rDNA 位点整合 *TAL-4CL-STS* 的引物	P97	CTAACTGCATCCATATAGCCCTC	正向
	P98	GTAGGCGCAAGAAGCTTCAATTTG	反向
用于构建 pWYE3224 的引物	P99	TTAAGCTTGGTACCGAGCTCGGATCCATG-GATTATAAAGATGACGATG	*cas9* 正向
	P100	CACTGTGCTGGATATCTGCAGAATTCATA-AATCGTAAAGACATAAGAG	*cas9* 反向

续表

用途	引物编码	序列(5'-3')	功能描述
用于构建 pWYE3225 的引物	P101	GAAGTTGATTTCCGAAGAAGAC-CTCGAGTCTTTGAAAAGATAATGTATG	$P_{S:SNR52}$ 正向
	P102	GCTCTAAAACCATCGTATATTATAAT-AGATGATCATTTATCTTTCACTGC	$P_{S:SNR52}$ 反向
	P103	ATAAATGATCATCTATTATAATATACGAT-GGTTTTAGAGCTAGAAATAGC	crRNA 正向
	P104	AGAGCGGATCTTAGCTAGCCGCGGTACCA-GACATAAAAAACAAAAAAAGCACCAC-CGACTCGGTGC	crRNA 反向
用于构建 pWYE3226 的引物	P105	GATTTTGGTCATGCATGAGATCAGATC-TACCTACCGACCAACTTTCATG	ScrDNA 上游正向
	P106	AGTTGGGTGGTCGCTTTCTGATAGGACAT-GCCTTTGATATGA	ScrDNA 上游反向
	P107	ATCAGAAAGCGACCACCCAACT	gfpmut3a 表达盒正向
	P108	GGATCCGCACAAACGAAGGTC	gfpmut3a 表达盒反向
	P109	AAGTGAGACCTTCGTTTGTGCGGATCCA-CAAATCAGACAACAAAGGCT	ScrDNA 下游正向
	P110	TTGAAGCTATGGTGTGTGGGGGATC-CGCGAAACCACAGCCAAGGGAAC	ScrDNA 下游反向
用于检测 在酿酒酵母 rDNA 位点 整合 gfpmut3a 的引物	P111	ATCTCTTCCCGTCATTATCGCC	正向
	P112	TGTGCCCATTAACATCACCATC	反向
用于构建 pWYE3227 的引物	P113	GATTTTGGTCATGCATGAGATCAGATCT-GAGATTATGGCCATTATGGGCAT	SCScALG9 正向
	P114	CTTCAGCCAGTGCTCTGCACATCAATGTA-ACGAACACCGTAC	SCScALG9 反向
	P115	GTGCAGAGCACTGGCTGAAGTG	OpMOX 正向
	P116	CTTCTGAGCAACCGGGTCACC	OpMOX 反向
	P117	GTGACCCGGTTGCTCAGAAGATGAGTA-AAGGAGAAGAAC	gfpmut3a 正向
	P118	TTGAAGCTATGGTGTGTGGGGGATCCT-TATTTGTATAGTTCATCCATG	gfpmut3a 反向

用途	引物编码	序列(5′-3′)	功能描述
用于构建pWYE3228的引物	P119	GTACCCGGGGATCCTCTAGAGATGTG-CAGAGCACTGGCTGAAG	*OpMOX*正向
	P120	GATGAAAGTAACCCACTTCATCTTCT-GGGCAACTGGGTCAC	*OpMOX*反向
	P121	ATGAAGTGGGTTACTTTCATC	*HSA* 正向
	P122	ATTCAGCCTTTGGGAATCTTTG	*HSA* 反向
	P123	AAGATTCCCAAAGGCTGAATTTGGAAT-TATGTGAAGAAATTTC	*cadA* 正向
	P124	CGATAGTTGCATGTTGAAATT	*cadA* 反向
	P125	AATTTCAACATGCAACTATCGATGGAC-CAATTGAGATATTACATG	*TAL* 正向
	P126	TTGCATGCCTGCAGGTCGACGATTCATCT-GAACAAGATGATGGA	*TAL* 反向
用于构建pWYE3229的引物	P11	ATTTTGGTCATGCATGAGATCAGATCTAT-AGAGGTTAAATTAATTCAATTAC	*OpADE2*下游正向
	P12	GGTACAACGGGCATGCACTAGTGGTAC-CAAGCAGGACTTTCAAATCTTC	*OpADE2*下游反向
	P13	GGTACCACTAGTGCATGCCCGTTGTAC-CTCGTTCGCCAG	*OpADE2*上游正向
	P14	CATACATTATCTTTTCAAAGAGTAAATTA-AATTAAATTAATATATG	*OpADE2*上游反向
	P15	AATTTAATTTACTCTTTGAAAAGATAATG-TATG	$P_{ScSNR52}$正向
	P127	CTCTAAAACTCAAATTAAGTAGTCTGCTG-GATCATTTATCTTTCACTGC	$P_{ScSNR52}$反向
	P128	ATAAATGATCCAGCAGACTACTTAATTT-GAGTTTTAGAGCTAGAAATAGC	crRNA 正向
	P18	CATTTTGAAGCTATGGTGTGTGGGGGATC-CAGACATAAAAAACAAAAAAGCACC	crRNA 反向

用途	引物编码	序列(5'-3')	功能描述
用于构建 pWYE3230 的引物	P85	GATTTTGGTCATGCATGAGAT-CAGATCTTTGCCATAGGCTAGTAATC	rDNA 上游正向
	P86	AGTTGGGTGGTCGCTTTCTGATTGATCG-GACGGGAAACGGTGC	rDNA 上游反向
	P129	ATCAGAAAGCGACCACCCAACT	$P_{S\&TEF1}$-TAL 表达盒正向
	P130	CTGATGGGTTCCTAGATATAATCTCGAAG-GTTTGAAAGATGATACTCTTTATTTC	$P_{S\&TEF1}$-TAL 表达盒反向
	P131	CCTTCGAGATTATATCTAGGAACCCATCAG	$P_{S\&TPI1}$-4CL 表达盒正向
	P132	TTTGAAAGATGATACTCTTTATTCCTACA-TAAGTAAATGAGTTTATATATTACAAAC-CGTTAGCCAACTTAG	$P_{S\&TPI1}$-4CL 表达盒反向
	P133	AGGAATAAAGAGTATCATCTTTCAAA ACTTTGTTATGTAGAGTTTTTTTAG	$P_{S\&TEF2}$-STS 表达盒正向
	P134	CCTCTTCTGAGATGAGTTTTTGT-TCTAGACTGTGCTGGATATCTGCAGAATTC	$P_{S\&TEF2}$-STS 表达盒反向
	P135	TAAAGAGTATCATCTTTCAAACCAGCGC-CAGATAACAAACAG	rDNA 下游正向
	P90	TTGAAGCTATGGTGTGTGGGGGATC-CGGGTTTAGACCGTCGTGAGACAG	rDNA 下游反向
用于构建 pWYE3231 的引物	P85	GATTTTGGTCATGCATGAGAT-CAGATCTTTGCCATAGGCTAGTAATC	rDNA 上游正向
	P86	AGTTGGGTGGTCGCTTTCTGATTGATCG-GACGGGAAACGGTGC	rDNA 上游反向
	P129	ATCAGAAAGCGACCACCCAACT	$P_{S\&TEF1}$ 正向
	P136	TTTGTAATTAAAACTTAGATTAG	$P_{S\&TEF1}$ 反向
	P137	CTAATCTAAGTTTTAATTACAAAATGAAT-GTTATTGCTATCTTG	cadA 正向
	P138	TTTGAAAGATGATACTCTTTATTTCTAGA-CAGTTATATA TTATTTCTTAGATTCTTCTT	cadA 反向
	P135	TAAAGAGTATCATCTTTCAAACCAGCGC-CAGATAACAAACAG	rDNA 下游正向
	P90	TTGAAGCTATGGTGTGTGGGGGATC-CGGGTTTAGACCGTCGTGAGACAG	rDNA 下游反向

续表

用途	引物编码	序列(5′-3′)	功能描述
用于构建 pWYE3232 的引物	P85	GATTTTGGTCATGCATGAGAT-CAGATCTTTGCCATAGGCTAGTAATC	rDNA 上游正向
	P86	AGTTGGGTGGTCGCTTTCTGATTGATCG-GACGGGAAACGGTGC	rDNA 上游反向
	P129	ATCAGAAAGCGACCACCCAACT	$P_{Sc TEF1}$ 正向
	P136	TTTGTAATTAAAACTTAGATTAG	$P_{Sc TEF1}$ 反向
	P139	CTAATCTAAGTTTTAATTACAAA ATGAAGTGGGTTACTTTCATC	HSA 正向
	P140	TTTGAAAGATGATACTCTTTATTTCTAGA-CAGTTATATATTACAAACCCAAAGCAGCT	HSA 反向
	P135	TAAAGAGTATCATCTTTCAAACCAGCGC-CAGATAACAAACAG	rDNA 下游正向
	P90	TTGAAGCTATGGTGTGTGGGGGATC-CGGGTTTAGACCGTCGTGAGACAG	rDNA 下游反向
用于 qPCR 的引物	P141	TCACGGATAGTGGCTTTGG	ScALG9 正向
	P142	AGTGATACCATTCACGTCCC	ScALG9 反向
	P143	GGTGAAATGGCTGACTGT	HSA 正向
	P144	TTGTCGTGGAAAGCAGTA	HSA 反向
	P145	TGGTCCAAACACTATGAAG	cadA 正向
	P146	TAGCGATGTATTGTTCTGC	cadA 反向
	P147	ACTTTCGGGTATGGTGTTCA	gfpmut3a 正向
	P148	TGTAGTTCCCGTCATCTTTG	gfpmut3a 反向
	P149	TTCCTCATCACCTCCACCAAG	OpMOX 正向
	P150	TCCGCAAGAAATCACAATCTG	OpMOX 反向
	P151	TCGTCAAACATCCACCATCTCC	TAL 正向
	P152	TCTCAAACCGGACAAAGTTTG	TAL 反向

续表

用途	引物编码	序列(5′-3′)	功能描述
用于敲除 *OpLEU2* 的引物	P153	AAGGTGGAGATGGTGTACTG	*OpLEU2* 上游正向
	P154	GAGATCCTACGATTGCAAAATGATGCAAC	*OpLEU2* 上游反向
	P155	CATTTTGCAATCGTAGGATCTCGAATAATTCC	*OpLEU2* 下游正向
	P156	TTCGCTGAGGTTGTCTCTGTC	*OpLEU2* 下游反向
用于敲除 *OpURA3* 的引物	P157	GAGGGCGTGACGCATAATGACG	*OpURA3* 上游正向
	P158	TAGAACTGAAAGCCG GTTGATTATTATTCAGGGAAATG	*OpURA3* 上游反向
	P159	TGAATAATAATCAAC CGGCTTTCAGTTCTATATACATC	*OpURA3* 下游正向
	P160	GCAAAGCTATTTAGGCCGTCTCG	*OpURA3* 下游反向
用于点突变 的引物	P161	GAGGGCGTGACGCATAATGACG	*OpURA3* 上游正向
	P162	TGTTTGCTTGGATTACATCAAATTAAG-TAGTCTGC	*OpURA3* 上游反向
	P163	TACTTAATTTGATGTAATCCAAGCAAA-CAAACCTCTG	*OpURA3* 下游正向
	P164	GCTGGAGCTTCCGCCGCAACTAC	*OpURA3* 下游反向
用于将 *OpADE2* 替换为 *OpADE2* UHA-*G418^R* 的引物	P165	CCGTTGTACCTCGTTCGCCAGCC	*OpADE2* 上游正向
	P166	CATTTTGAAGCTATGGTGTGTGGG GCTGACTTGGATATTATTATC	*OpADE2* 上游反向
	P167	CCCACACACCATAGCTTCAAAATG	*G418^R* 表达盒正向
	P168	AGCTTGCAAATTAAAGCCTTCGAGC	*G418^R* 表达盒反向
	P169	GCTCGAAGGCTTTAATTTGCAAGCTAT-AGAGGTTAAATTAATTCAATTAC	*OpADE2* 上游正向
	P170	AAGCAGGACTTTCAAATCTTCC	*OpADE2* 上游反向

续表

用途	引物编码	序列(5′-3′)	功能描述
用于将 *OpLEU2* 替换为 *OpLEU2* UHA-*G418^R* 的引物	P171	CGCCAGTCTAGAAACAAGGTGGAG	*OpLEU2* 上游正向
	P172	CATTTTGAAGCTATGGTGTGTGGG GATTGCAAAATGATGCAACTAT	*OpLEU2* 上游反向
	P167	CCCACACACCATAGCTTCAAAATG	*G418^R* 表达盒正向
	P168	AGCTTGCAAATTAAAGCCTTCGAGC	*G418^R* 表达盒反向
	P173	GCTCGAAGGCTTTAATTTGCAAGCTGTAG- GATCTCGAATAATTCCTA	*OpLEU2* 上游正向
	P174	GGCTCCGATTCCTGCTGCCGCAC	*OpLEU2* 上游反向
用于将 *OpURA3* 替换为 *OpURA3* UHA-*G418^R* 的引物	P175	GAGGGCGTGACGCATAATGACG	*OpURA3* 上游正向
	P176	CATTTTGAAGCTATGGTGTGTGGG GTTGATTATTATTCAGGGAAATG	*OpURA3* 上游反向
	P167	CCCACACACCATAGCTTCAAAATG	*G418^R* 表达盒正向
	P168	AGCTTGCAAATTAAAGCCTTCGAGC	*G418^R* 表达盒反向
	P177	GCTCGAAGGCTTTAATTTGCAAGCTCG- GCTTTCAGTTCTATATACATC	*OpURA3* 上游正向
	P178	GCAAAGCTATTTAGGCCGTCTCG	*OpURA3* 上游反向
用于将 *OpHIS3* 替换为 *OpHIS3* UHA-*G418^R* 的引物	P179	GACCGTTCACCAGGCACTGATTC	*OpHIS3* 上游正向
	P180	CATTTTGAAGCTATGGTGTGTGGG ATTTATGCTGAGATTAGTCAGAC	*OpHIS3* 上游反向
	P167	CCCACACACCATAGCTTCAAAATG	*G418^R* 表达盒正向
	P168	AGCTTGCAAATTAAAGCCTTCGAGC	*G418^R* 表达盒反向
	P181	GCTCGAAGGCTTTAATTTGCAAGCT- TAGACCGGTGCGGGGTGTGCTG	*OpHIS3* 上游正向
	P182	CTTTATTGCTCAGCTGGGACAG	*OpHIS3* 上游反向

用途	引物编码	序列(5′-3′)	功能描述
用于构建 pWYE3233 的引物	P183	ATTTTGGTCATGCATGAGATCAGATCTCG-GCTTTCAGTTCTATATAC	*OpURA3* 下游正向
	P184	GCATGCACTAGTGGTACCTGATTTG-GAGAAATTGGAGAAG	*OpURA3* 下游反向
	P185	GGTACCACTAGTGCATGCAAGTGATATCT-CAAGTTCCCAAG	*OpURA3* 上游正向
	P186	CTTTTCAAAGA GTTGATTATTATTCAGGGAAATG	*OpURA3* 上游反向
	P187	AATAATCAACTCTTTGAAAAGATAATGTATG	$P_{ScSNR52}$ 正向
	P188	GCTCTAAAACACGCGTGTGGGGTTTCAAGC GATCATTTATCTTTCACTGCG	$P_{ScSNR52}$ 反向
	P189	GATAAATGATC GCTTGAAACCCCACACGCGT GTTTTAGAGCTAGAAATAGC	crRNA 正向
	P190	CATTTTGAAGCTATGGTGTGTGGGGGATCC AGACATAAAAAACAAAAAAA GCACC	crRNA 反向
用于敲除 *OpADE2* 的引物	P191	CTGAGGTTACGTAATATGCACTA	*OpADE2* 50 bp UHA 正向
	P192	TAATTTAACCTCTATGCTGACTTGGATAT-TATTATCTATG	*OpADE2* 50 bp UHA 反向
	P193	AATATCCAAGTCAGCATAGAGGTTAAAT-TAATTCAATTAC	*OpADE2* 50 bp DHA 正向
	P194	TTTATTTTCAAAAAATAAATGC	*OpADE2* 50 bp DHA 反向
	P195	CAAGTACTACTTCGAGGACGGCG	*OpADE2* 100 bp UHA 正向
	P196	TAATTTAACCTCTATGCTGACTTGGATAT-TATTATCTATG	*OpADE2* 100 bp UHA 反向
	P197	AATATCCAAGTCAGCATAGAGGTTAAAT-TAATTCAATTAC	*OpADE2* 100 bp DHA 正向
	P198	GTGGAAAAATATCGAACGTGACTG	*OpADE2* 100 bp DHA 反向
	P199	CTATACGTACTGTTCAGATACTTC	*OpADE2* 250 bp UHA 正向
	P200	TAATTTAACCTCTATGCTGACTTGGATAT-TATTATCTATG	*OpADE2* 250 bp UHA 反向
	P201	AATATCCAAGTCAGCATAGAGGTTAAAT-TAATTCAATTAC	*OpADE2* 250 bp DHA 正向

用途	引物编码	序列(5′-3′)	功能描述
用于敲除 *OpADE2* 的引物	P202	GTCGTATCTCGTAAGTTGATTTAGG	*OpADE2* 250 bp DHA 反向
	P203	GTCAGAAGTCAACAAGATCCAGG	*OpADE2* 500 bp UHA 正向
	P204	TAATTTAACCTCTATGCTGACTTGGATAT-TATTATCTATG	*OpADE2* 500 bp UHA 反向
	P205	AATATCCAAGTCAGCATAGAGGTTAAAT-TAATTCAATTAC	*OpADE2* 500 bp DHA 正向
	P206	CCCGACCTCACCTTTACGACCTTC	*OpADE2* 500 bp DHA 反向
	P207	GCCCTACTCCGGAACCATGGTCTC	*OpADE2* 750 bp UHA 正向
	P208	TAATTTAACCTCTATGCTGACTTGGATAT-TATTATCTATG	*OpADE2* 750 bp UHA 反向
	P209	AATATCCAAGTCAGCATAGAGGTTAAAT-TAATTCAATTAC	*OpADE2* 750 bp DHA 正向
	P210	CATCATGGTTGTCCCAACAGGAAC	*OpADE2* 750 bp DHA 反向
	P211	CGTACGAGGGCGACCAGCTCTCCG	*OpADE2* 1000 bp UHA 正向
	P212	TAATTTAACCTCTATGCTGACTTGGATAT-TATTATCTAT	*OpADE2* 1000 bp UHA 反向
	P213	AATATCCAAGTCAGCATAGAGGTTAAAT-TAATTCAATTAC	*OpADE2* 1000 bp DHA 正向
	P214	GACACGTTCATTGAGGTCTACG	*OpADE2* 1000 bp DHA 反向
用于检测 *OpADE2* 敲除的引物	P215	CAAATCCTCACGCTTTCGCGC	*OpADE2* 正向
	P216	CCTTGGATGGGAAACACGTCATCC	*OpADE2* 反向

续表

用途	引物编码	序列(5′-3′)	功能描述
用于在 OP040 (OP001 *OpURA3*^G73T) 里扩增潜在脱靶位点的引物	P217	TCTGCGTTCTGGGCATAGAGACG	位点 A 正向
	P218	CCCCCACACCCAAAATTGTGCAG	位点 A 反向
	P219	TCGTATATTTTCATCGTCTTTGCCG	位点 B 正向
	P220	TGCGCGGATAATGACGCCGGAGGAT	位点 B 反向
	P221	TGGTACGTCCAATTCTTGCAGAG	位点 C 正向
	P222	GTTGGCGAGGATTTGAAGGATCTC	位点 C 反向
	P223	TTGTCTGGTTATACTGATTCTGCGC	位点 D 正向
	P224	CCCGGCATGGCTGAAAACGCTCAGG	位点 D 反向
	P225	TGCCGTCGTTAGGCCAGTACAAGC	位点 E 正向
	P226	CCAGCAGCAGTTCTGCAATGCTGAC	位点 E 反向
	P227	CTCAGTCTGCGGCCGCGGCATACG	位点 F 正向
	P228	TTCCTTTAGTATGGAGGACACAAGC	位点 F 反向
	P229	GGACATGGTCACCCGGCTAGAAGGG	位点 G 正向
	P230	TCGTCCATGAGTGGAATGATATACC	位点 G 反向
用于构建 pWYE3234 的引物	P231	GATCCCCCACACACCATAGCTTCAAAATG	zeocin 表达盒正向
	P232	AGATCTGATCTCATGCATGACCAAAATC	zeocin 表达盒反向
	P233	GATTTTGGTCATGCATGAGATCAGATCT-TAGTGCTGATTATGATTTGACG	*Op*ARS 正向
	P234	TTTCGCCAGCTGGCGTA TCAACATCTTTGGATAATATCAG	*Op*ARS 反向
	P235	CTGATATTATCCAAAGATGTTGATACGC-CAGCTGGCGAAAGGGGGATG	多克隆位点正向
	P236	ACATTTGAAGCTATGGTGTGTGGGGGATC GAGCGCAACGCAATTAATGTGAG	多克隆位点反向

续表

用途	引物编码	序列(5'-3')	功能描述
用于构建 pWYE3235 的引物	P237	GATCCCCCACACACCATAGCTTCAAAATG	zeocin 表达盒正向
	P238	AGATCTGATCTCATGCATGACCAAAATC	zeocin 表达盒反向
	P239	GATTTTGGTCATGCATGAGATCAGATCT-TAGTGCTGATTATGATTTGACG	OpARS 正向
	P240	ATCTCGAAGG TCAACATCTTTGGATAATATCAG	OpARS 反向
	P241	AAGATGTTGACCTTCGAGATTATATCTAG-GAAC	启动子 TPI1 正向
	P242	CTTTACTCAT TTTTAGTTTATGTATGTG	启动子 TPI1 反向
	P243	TAAACTAAAAATGAGTAAAG-GAGAAGAACTTTTCACTGG	gfpmut3a 正向
	P244	AAGCTATGGTGTGTGGGGGGATCCGGATC-CGCACAAACGAAGGTCTCACTT	gfpmut3a 反向

注：表中的"引物编码"不同于正文中的引物名称，可根据表中的"功能描述"对应正文中的引物名称。如引物编码为 P1 和 P2 的两条引物，根据功能描述可分别对应引物 OP230 和引物 OP231，用于扩增 OpMET2 下游同源臂，附表 6 同。

附表 4　　　　　　　　　　　　第 6 章所使用的菌株

菌株		特征	来源
酿酒酵母 (Saccharomyces cerevisiae)	BY4742	Mat α；his3△1；leu2△0；lys2△0；ura3△0	河南省工业微生物资源与发酵技术重点实验室
	SC01	BY4742/pESC-HIS-UcFatB1	本研究构建
	SC02	BY4742/pESC-HIS-UcFatB1-DmJHAMT	本研究构建
	SC03	BY4742 X-4∷ACC1	本研究构建
	SC04	BY4742 X-4∷ACC1 X-1∷UcFat1	本研究构建
	SC05	BY4742 X-4∷ACC1 X-1∷UcFat1 △POX1	本研究构建
	SC06	BY4742 X-4∷ACC1 X-1∷UcFat1 △POX1 △FAA1 △FAA4	本研究构建

续表

菌株		特征	来源
酿酒酵母（*Saccharomyces cerevisiae*）	SC07	BY4742 X-4：：*ACC1* X-1：：*UcFat1* Δ*POX1* Δ*FAA1* Δ*FAA4* XII-1：：*MET6*	本研究构建
	SC08	BY4742 X-4：：*ACC1* X-1：：*UcFat1* Δ*POX1* Δ*FAA1* Δ*FAA4* XII-1：：*MET6* XII-2：：*SAM2*	本研究构建
	SC09	BY4742 X-4：：*ACC1* X-1：：*UcFat1* Δ*POX1* Δ*FAA1* Δ*FAA4* XII-1：：*MET6* XII-2：：*SAM2* Δ*CYS4*	本研究构建
	SC10	BY4742 X-4：：*ACC1* X-1：：*UcFat1* Δ*POX1* Δ*FAA1* Δ*FAA4* XII-1：：*MET6* XII-2：：*SAM2* Δ*CYS4* Δ*ADO1*	本研究构建
	SC11	BY4742 X-4：：*ACC1* X-1：：*UcFat1* Δ*POX1* Δ*FAA1* Δ*FAA4* XII-1：：*MET6* XII-2：：*SAM2* Δ*CYS4* Δ*ADO1*/pESC-HIS-DmJHAMT	本研究构建

附表 5　　　　　　　　　　　　第 6 章所使用的质粒

质粒	特征	来源
pCRCT	Amp^R，P_{TEF1}-cas9，包含 URA3 筛选标记	本研究构建
pDB78	Amp^R，包含 HIS1 筛选标记	河南省工业微生物资源与发酵技术重点实验室
pDB78-1	pDB78 衍生物，*FAA1* gRNA	本研究构建
pDB78-2	pDB78 衍生物，*FAA4* gRNA	本研究构建
pDB78-3	pDB78 衍生物，*POX1* gRNA	本研究构建
pDB78-4	pDB78 衍生物，*SAM2* gRNA	本研究构建
pDB78-5	pDB78 衍生物，*ADO1* gRNA	本研究构建
pDB78-6	pDB78 衍生物，*ACC1* gRNA	本研究构建
pDB78-7	pDB78 衍生物，*UcFatB1* gRNA	本研究构建
pDB78-8	pDB78 衍生物，*MET6* gRNA	本研究构建
pDB78-9	pDB78 衍生物，*CYS4* gRNA	本研究构建

续表

质粒	特征	来源
pESC-HIS	Amp^R，包含 $HIS1$ 筛选标记	河南省工业微生物资源与发酵技术重点实验室
pESC-HIS-UcFatB1	pESC-HIS 衍生物，P_{TDH1}-$UcFat1$	本研究构建
pESC-HIS-UcFatB1-DmJHAMT	pESC-HIS 衍生物，P_{TDH1}-$UcFat1$ P_{TPI1}-$DmJHAMT$	本研究构建

附表 6 　　　　　　　　　第 6 章所使用的引物

用途	引物编码	序列（5′-3′）	功能描述
用于构建 pDB78-1 的引物	F1	TTGGAGCTCCACCGCGGTGGCGGC-CGCTCTTTGAAAAGATAATGTATG	$P_{S:SNR52}$ 正向
	F2	GCTCTAAAACCTCGTCAGACCGCCTAA-CACGATCATTTATCTTTCACTGC	$P_{S:SNR52}$ 反向
	F3	ATAAATGATCGTGTTAGGCGGTCT-GACGAGGTTTTAGAGCTAGAAATAGC	crRNA 正向
	F4	GATAAGCTTGATATCGAATTCAGACATA-AAAAACAAAAAAAGCACCACCGACTCGGTGC	crRNA 反向
用于扩增敲除 $FAA1$ 所用修复模板的引物	F5	ACTTAGAATATGGATGATGCAG	$FAA1$ 上游正向
	F6	GGAAATGTTGATCCAATTGTT-GTCTTTTTTTGTCT	$FAA1$ 上游反向
	F7	AAAGACAACAATTGGATCAACATTTCCAT-GATAG	$FAA1$ 下游正向
	F8	TTGCTATGGTTTGTCTTCCATG	$FAA1$ 下游反向
用于构建 pDB78-2 的引物	F9	TTGGAGCTCCACCGCGGTGGCGGC-CGCTCTTTGAAAAGATAATGTATG	$P_{S:SNR52}$ 正向
	F10	GCTCTAAAACCGTCCAATGTCGTGCAT-TACGATCATTTATCTTTCACTGC	$P_{S:SNR52}$ 反向
	F11	ATAAATGATCGTAATGCACGACATTG-GACGGTTTTAGAGCTAGAAATAGC	crRNA 正向
	F12	GATAAGCTTGATATCGAATTCAGACATA-AAAAACAAAAAAGCACCACCGACTCGGTGC	crRNA 反向

用途	引物编码	序列 (5′-3′)	功能描述
用于扩增敲除 *FAA4* 所用修复模板的引物	F13	CGGCTTTTTGGCTGCGCGTCTTTG	*FAA4* 上游正向
	F14	AACTATGTCTTCCTTTTGATGCGTACT-TCTTAG	*FAA4* 上游反向
	F15	GAAGTACGCATCAAAAGGAAGACAT-AGTTTTTTAC	*FAA4* 下游正向
	F16	TTCAAACTTGGTGTACTATAG	*FAA4* 下游反向
用于构建 pDB78-3 的引物	F17	TTGGAGCTCCACCGCGGTGGCGGC-CGCTCTTTGAAAAGATAATGTATG	$P_{ScSNR52}$ 正向
	F18	GCTCTAAAACTGTCCTAACTCAGTCATT-GCGATCATTTATCTTTCACTGC	$P_{ScSNR52}$ 反向
	F19	ATAAATGATCGCAATGACTGAGTTAGGA-CAGTTTTAGAGCTAGAAATAGC	crRNA 正向
	F20	GATAAGCTTGATATCGAATTCAGACATA-AAAAACAAAAAAAGCACCACCGACTCGGTGC	crRNA 反向
用于扩增敲除 *POX1* 所用修复模板的引物	F21	CTTTTCTTAATTCTCTTTG	*POX1* 上游正向
	F22	GAAACCTCTACATCGCAATACTAATTTAT-TATA	*POX1* 上游反向
	F23	GTATTGCGATGTAGAGGTTTCCTGTTTTCC	*POX1* 下游正向
	F24	GATTGTTACCATAGCAACTCATG	*POX1* 下游反向
用于构建 pDB78-4 的引物	F25	TTGGAGCTCCACCGCGGTGGCGGC-CGCTCTTTGAAAAGATAATGTATG	$P_{ScSNR52}$ 正向
	F26	GCTCTAAAACTGTAACGCGTTAT-GAAACTCGATCATTTATCTTTCACTGC	$P_{ScSNR52}$ 反向
	F27	ATAAATGATCGAGTTTCATAACGCGTTA-CAGTTTTAGAGCTAGAAATAGC	crRNA 正向
	F28	GATAAGCTTGATATCGAATTCAGACATA-AAAAACAAAAAAAGCACCACCGACTCGGTGC	crRNA 反向

用途	引物编码	序列（5'-3'）	功能描述
用于扩增整合 *SAM2* 所用修复模板的引物	F29	GAGCGAACGTAAGAGAGGTTA	XII-2 上游正向
	F30	GATAATAGTATGAG-GCGAATTTTCGCGTTTTGATG	XII-2 上游反向
	F31	AAACGCGAAAATTCGCCTCATACTATTAT-CAGGGC	PGK1 启动子正向
	F32	GTTTTGCTCTTGGACATTGTTTTATATTT-GTTGTAAAAAG	PGK1 启动子反向
	F33	AACAAATATAAAACAATGTCCAAGAG-CAAAACTTTC	*SAM2* 正向
	F34	TTTGAAAGATGATACTCTTTATTTCTAGA-CAGTTATATATTAAAATTCCAATTTCTTTG	*SAM2* 反向
	F35	GTCTAGAAATAAAGAGTAT-CATCTTTCAAACGTTAATATTTCTGCTTTTTC	XII-2 下游正向
	F36	AATCCCATATGTGACGCAGCG	XII-2 下游反向
用于构建 pDB78-5 的引物	F37	TTGGAGCTCCACCGCGGTGGCGGC-CGCTCTTTGAAAAGATAATGTATG	$P_{ScSNR52}$ 正向
	F38	GCTCTAAAACTCGGTAAGGACAAGT-TCAGCGATCATTTATCTTTCACTGC	$P_{ScSNR52}$ 反向
	F39	ATAAATGATCGCTGAACTTGTCCTTAC-CGAGTTTTAGAGCTAGAAATAGC	crRNA 正向
	F40	GATAAGCTTGATATCGAATTCAGACATA-AAAAACAAAAAAAGCACCACCGACTCGGTGC	crRNA 反向
用于扩增敲除 *ADO1* 所用修复模板的引物	F41	ACAGCTAAACATTTGCCCAAAAC	*ADO1* 上游正向
	F42	GTAAGAAGAATAATTGCTT-GCTCTTTCTTTTGC	*ADO1* 上游反向
	F43	AGCAAGCAATTATTCTTCTTACAATATAATAG	*ADO1* 下游正向
	F44	GAGTTACACCAAGATAGTAGAAC	*ADO1* 下游反向

用途	引物编码	序列（5′-3′）	功能描述
用于构建 pDB78-6 的引物	F45	TTGGAGCTCCACCGCGGTGGCGGC-CGCTCTTTGAAAAGATAATGTATG	$P_{S\&SNR52}$ 正向
	F46	GCTCTAAAACTGGTAGTTGGAGCGCAATT-AGATCATTTATCTTTCACTGC	$P_{S\&SNR52}$ 反向
	F47	ATAAATGATCTAATTGCGCTCCAACTAC-CAGTTTTAGAGCTAGAAATAGC	crRNA 正向
	F48	GATAAGCTTGATATCGAATTCAGACATA-AAAAACAAAAAAAGCACCACCGACTCGGTGC	crRNA 反向
用于扩增整合 ACC1 所用修复模板的引物	F49	GCCCAAAGCTAAGAGTCCCAT	X-4 上游正向
	F50	CAAAGTTGGGTGGTCGCTTTCTGCAGCAT-GGCGCGCACGTGACTAC	X-4 上游反向
	F51	GCGCGCCATGCTGCAGAAAGCGACCAC-CCAACTTTG	ACC1 正向
	F52	ACTTCTTGCAGACATCTTTGAAAGATGAT-ACTCTTTATTTC	ACC1 反向
	F53	GAAATAAAGAGTATCATCTTTCAAAGAT-GTCTGCAAGAAGTAACAGGC	X-4 下游正向
	F54	CTGGTGAGGATTTACGGTATGATC	X-4 下游反向
用于构建 pDB78-7 的引物	F55	TTGGAGCTCCACCGCGGTGGCGGC-CGCTCTTTGAAAAGATAATGTATG	$P_{S\&SNR52}$ 正向
	F56	GCTCTAAAACGTTACCCATCTGGCCCCT-GAGATCATTTATCTTTCACTGC	$P_{S\&SNR52}$ 反向
	F57	ATAAATGATCTCAGGGGCCAGATGGGTA-ACGTTTTAGAGCTAGAAATAGC	crRNA 正向
	F58	GATAAGCTTGATATCGAATTCAGACATA-AAAAACAAAAAAAGCACCACCGACTCGGTGC	crRNA 反向
用于扩增整合 UcFatB1 所用修复模板的引物	F59	AATAATGAGCATTTTGAATTTTA	X-1 上游正向
	F60	GGGTTCCTAGATATAATCTCGAAGG TAGTGCTCTGTCTGAGTGACTG	X-1 上游反向
	F61	ATTACAGTCACTCAGACAGAGCACTACCT-TCGAGATTATATCTAGGAAC	UcFatB1 正向
	F62	CTCCACTAATTCTAATTTTCCTCGCTTT-GAAAGATGATACTCTTTATTCC	UcFatB1 反向

用途	引物编码	序列（5′-3′）	功能描述
用于扩增整合 *UcFatB1* 所用修复模板的引物	F63	GGAATAAAGAGTATCATCTTTCAAAGCGAGGAAAATTAGAATTAGTGG	X-1 下游正向
	F64	ACCAGCAAGAGCGGCAGCGGCTTTGG	X-1 下游反向
用于构建 pDB78-8 的引物	F65	TTGGAGCTCCACCGCGGTGGCGGC-CGCTCTTTGAAAAGATAATGTATG	$P_{Sc SNR52}$ 正向
	F66	GCTCTAAAACTACTGCTCTCCTTCCGTG-TAGATCATTTATCTTTCACTGC	$P_{Sc SNR52}$ 反向
	F67	ATAAATGATCTACACGGAAGGAGAGCAG-TAGTTTTAGAGCTAGAAATAGC	crRNA 正向
	F68	GGTATCGATAAGCTTGATATCGAAT-TCAGACATAAAAAACAAAAAAAGCACCAC-CGACTCGGTGCCACTTTTTCAAGTTGATAACG	crRNA 反向
用于扩增整合 *MET6* 所用修复模板的引物	F69	GAGCGAACGTAAGAGAGGTTAATG	XII-1 上游正向
	F70	ATAACAAAGTCGAATTTTCGCGTTTTGATGAAGC	XII-1 上游反向
	F71	CGCGAAAATTCGACTTTGTTATG-TAGAGTTTTTTTAGC	*MET6* 基因正向
	F72	CGAAAAAGAAAAGAAA TTTGAAAGATGATACTC	*MET6* 基因反向
	F73	GTATCATCTTTCAAATTTCTTTTCTTTTT-CGTTAATATTTCTGC	XII-1 下游正向
	F74	AATCCCATATGTGACGCAGCG	XII-1 下游反向
用于构建 pDB78-9 的引物	F75	TTGGAGCTCCACCGCGGTGGCGGC-CGCTCTTTGAAAAGATAATGTATG	$P_{Sc SNR52}$ 正向
	F76	GCTCTAAAACGTGTTACCAGAAGTAGGT-TCGATCATTTATCTTTCACTGC	$P_{Sc SNR52}$ 反向
	F77	ATAAATGATCGAACCTACTTCTGGTAA-CACGTTTTAGAGCTAGAAATAGC	crRNA 正向
	F78	GATAAGCTTGATATCGAATTCAGACATA-AAAAACAAAAAAAGCACCACCGACTCGGTGC	crRNA 反向

用途	引物编码	序列（5'-3'）	功能描述
用于扩增敲除 CYS4 所用修复模板的引物	F79	GTGTTCTCATCCGACCCTCTGA	*CYS4* 上游正向
	F80	AGCGTGGGTTCTTATTTTTATTCT-TACGTCGTATTTAT	*CYS4* 上游反向
	F81	GACGTAAGAATAAAAATAAGAAC-CCACGCTTCAAAT	*CYS4* 下游正向
	F82	TCTTCTTCTGGGATCTGTCAT	*CYS4* 下游反向
用于验证 *FAA1* 缺失的引物	F83	ACTTAGAATATGGATGATGCAG	正向
	F84	TGAATTAGCCCTTTCTCTCCC	反向
用于验证 *FAA4* 缺失的引物	F85	GACAAAAGCGCAAACCGAACCG	正向
	F86	AATTTGGACAACAGCTGGTTG	反向
用于验证 *POX1* 缺失的引物	F87	CTGAACAACTAATCAAAATATC	正向
	F88	ACGCGCGTACCCAATTGAGGATC	反向
用于验证 *SAM2* 整合的引物	F89	CTATCAGTCCAATGACAGTA	正向
	F90	TAATTACTTCCTTGATGATCT	反向
用于验证 *ADO1* 缺失的引物	F91	GGGATGTCCGCTTACTAATTCC	正向
	F92	GGTTTGCTGTTCTCTTTAGCA	反向
用于验证 *ACC1* 整合的引物	F93	GCCCAAAGCTAAGAGTCCCAT	正向
	F94	CTGGTGAGGATTTACGGTATGATC	反向
用于验证 *UcFatB1* 整合的引物	F95	AATAATGAGCATTTTGAATTTTA	正向
	F96	ACCAGCAAGAGCGGCAGCGGCTTTGG	反向

用途	引物编码	序列（5'-3'）	功能描述
用于验证 *MET6* 整合的引物	F97	GAGCGAACGTAAGAGAGGTTAATG	正向
	F98	AATCCCATATGTGACGCAGCG	反向
用于验证 *CYS4* 缺失的引物	F99	GTGTTCTCATCCGACCCTCTGA	正向
	F100	TCTTCTTCTGGGATCTGTCAT	反向
用于构建 pESC-HIS- UcFatB1 的引物	F101	GCCCTATAGTGAGTCGTATTACGGATC- CACTTTGTTATGTAGAGTTTTTTTAGC	TDH1 启动子正向
	F102	CCATTCCAACATGTTTAGTTAATTATAGTTCG	TDH1 启动子反向
	F103	ATTAACTAAACATGTTGGAATGGAAGC- CAAAACC	*UcFatB1* 正向
	F104	CGGCCGCCCTTTAGTGAGGGTTGAAT- TCTTTGAAAGATGATACTCTTTATTCCTA- CATAAGTAAATGAGTTTATATAT- CAGACTCTTGGTTCAGC	*UcFatB1* 反向
用于构建 pESC-HIS- UcFatB1- DmJHAMT 的引物	F105	GCCCTATAGTGAGTCGTATTACGGATC- CCCTTCGAGATTATATCTAGG	TDH1 启动子正向
	F106	GCTTGGTTCATTTTTAGTTTATGTATGTG	TDH1 启动子反向
	F107	ATAAACTAAAAATGAACCAAGCTTCTCTT- TACC	*UcFatB1* 正向
	F108	TTTGAAAGATGATACTCTTTATTTCTAGA- CAGTTATATATCAGTTGACACCTTTGACAA	*UcFatB1* 反向
	F109	TAAAGAGTATCATCTTTCAAAACTTTGT- TATGTAGAGTTTTTTTAGC	TPI1 启动子正向
	F110	CCATTCCAACATGTTTAGTTAATTATAGTTCG	TPI1 启动子反向
	F111	ATTAACTAAACATGTTGGAATGGAAGC- CAAAACC	*DmJHAMT* 正向
	F112	CGGCCGCCCTTTAGTGAGGGTTGAAT- TCTTTGAAAGATGATACTCTTTATTCCTA- CATAAGTAAATGAGTTTATATAT- CAGACTCTTGGTTCAGC	*DmJHAMT* 反向

附录2　CRISPR-Cas9系统及白藜芦醇生物合成相关基因序列及启动子序列

cas9 基因序列如下。

```
ATGGATTATAAAGATGACGATGACAAACCTCCAAAAAAGAAGAGAAA
GGTCGATAAGAAATACTCAATAGGCTTAGATATCGGCACAAATAGCGT
CGGATGGGCGGTGATCACTGATGAATATAAGGTTCCGTCTAAAAAGTT
CAAGGTTCTGGGAAATACAGACCGCCACAGTATCAAAAAAAATCTTAT
AGGGGCTCTTTTATTTGACAGTGGAGAGACAGCGGAAGCGACTCGTCT
CAAACGGACAGCTCGTAGAAGGTATACACGTCGGAAGAATCGTATTTG
TTATCTACAGGAGATTTTTTCAAATGAGATGGCGAAAGTAGATGATAG
TTTCTTTCATCGACTTGAAGAGTCTTTTTTTGGTGGAAGAAGACAAGAAG
CATGAACGTCATCCTATTTTTGGAAATATAGTAGATGAAGTTGCTTAT
CATGAGAAATATCCAACTATCTATCATCTGCGAAAAAAATTGGTAGAT
TCTACTTATAAAGCGGATTTGCGCTTAATCTATTTGGCCTTAGCGCAT
ATGATTAAGTTTCGTGGTCATTTTTTGATTGAGGGAGATTTAAATCCT
GATAATAGTGATGTGGACAAACTATTTATCCAGTTGGTACAAACCTAC
AATCAATTATTTGAAGAAACCCTATTAACGCAAGTGGAGTAGATGCT
AAAGCGATTCTTTCTGCACGATTGAGTAAATCAAGACGATTAGAAAAT
CTCATTGCTCAGCTCCCCGGTGAGAAGAAAAATGGCTTATTTGGGAATC
TCATTGCTTTGTCATTGGGTTTGACCCCTAATTTTAAATCAAATTTTGA
TTTGGCAGAAGATGCTAAATTACAGCTTTCAAAAGATACTTACGATGA
TGATTTAGATAATTTATTGGCGCAAATTGGAGATCAATATGCTGATTT
GTTTTTGGCAGCTAAGAATTTATCAGATGCTATTTTACTTTCAGATAT
CCTAAGAGTAAATACTGAAATAACTAAGGCTCCCCTATCAGCTTCAAT
GATTAAACGCTACGATGAACATCATCAAGACTTGACTCTTTTAAAAGC
TTTAGTTCGACAACAACTTCCAGAAAAGTATAAAGAAATCTTTTTTGA
TCAATCAAAAAACGGATATGCAGGTTATATTGATGGGGGAGCTAGCCA
AGAAGAATTTTATAAATTTATCAAACCAATTTTAGAAAAAATGGATG
GTACTGAGGAATTATTGGTGAAACTAAATCGTGAAGATTTGCTGCGCA
AGCAACGGACCTTTGACAACGGCTCTATTACCCATCAAATTCACTTGGG
TGAGCTGCATGCTATTTTGAGAAGACAAGAAGACTTTTATCCATTTTT
```

AAAAGACAATCGTGAGAAGATTGAAAAAATCTTGACTTTTCGAATTCC
TTATTATGTTGGTCCATTGGCGCGTGGCAATAGTCGTTTTGCATGGATG
ACTCGGAAGTCTGAAGAAACAATTACCCCATGGAATTTTGAAGAAGTT
GTCGATAAAGGTGCTTCAGCTCAATCATTTATTGAACGCATGACAAAC
TTTGATAAAAATCTTCCAAATGAAAAGTACTACCAAAACATAGTTTG
CTTTATGAGTATTTTACGGTTTATAACGAATTGACAAAGGTCAAATAT
GTTACTGAAGGAATGCGAAAACCAGCATTTCTTTCAGGTGAACAGAAG
AAAGCCATTGTTGATTTACTCTTCAAAACAAATCGAAAAGTAACCGTT
AAGCAATTAAAAGAAGATTATTTCAAAAAAATAGAATGTTTTGATAG
TGTTGAAATTTCAGGAGTTGAAGATAGATTTAATGCTTCATTAGGTAC
CTACCATGATTTGCTAAAAATTATTAAAGATAAAGATTTTTTGGATAA
TGAAGAAATGAAGATATCTTAGAGGATATTGTTTTAACATTGACCTT
ATTTGAAGATAGGGAGATGATTGAGGAAAGACTTAAAACATATGCTCA
CCTCTTTGATGATAAGGTGATGAAACAGCTTAAACGTCGCCGTTATACT
GGTTGGGGACGTTTGTCTCGAAAATTGATTAATGGTATTAGGGATAAG
CAATCTGGCAAAACAATATTAGATTTTTTGAAATCAGATGGTTTTGCC
AATCGCAATTTTATGCAGCTGATCCATGATGATAGTTTGACATTTAAA
GAAGACATTCAAAAAGCACAAGTGTCTGGACAAGGCGATAGTTTACAT
GAACATATTGCAAATTTAGCTGGTAGCCCTGCTATTAAAAAAGGTATT
TTACAGACTGTAAAAGTTGTTGATGAATTGGTCAAAGTAATGGGGCGG
CATAAGCCAGAAAATATCGTTATTGAAATGGCACGTGAAAATCAGACA
ACTCAAAAGGGCCAGAAAAATTCGCGAGAGCGTATGAAACGAATCGAA
GAAGGTATCAAAGAATTAGGAAGTCAGATTCTTAAAGAGCATCCTGTT
GAAAATACTCAATTGCAAAATGAAAAGCTCTATCTCTATTATCTCCAA
AATGGAAGAGACATGTATGTGGACCAAGAATTAGATATTAATCGTTTA
AGTGATTATGATGTCGATCACATTGTTCCACAAAGTTTCCTTAAAGAC
GATTCAATAGACAATAAGGTCTTAACGCGTTCTGATAAAAATCGTGGT
AAATCGGATAACGTTCCAAGTGAAGAAGTAGTCAAAAAGATGAAAAA
CTATTGGAGACAACTTCTAAACGCCAAGTTAATCACTCAACGTAAGTT
TGATAATTTAACGAAAGCTGAACGTGGAGGTTTGAGTGAACTTGATAA
AGCTGGTTTTATCAAACGCCAATTGGTTGAAACTCGCCAAATCACTAAG
CATGTGGCACAAATTTTGGATAGTCGCATGAATACTAAATACGATGAA
AATGATAAACTTATTCGAGAGGTTAAAGTGATTACCTTAAAATCTAAA
TTAGTTTCTGACTTCCGAAAAGATTTCCAATTCTATAAAGTACGTGAG

ATTAACAATTACCATCATGCCCATGATGCGTATCTAAATGCCGTCGTT
GGAACTGCTTTGATTAAGAAATATCCAAAACTTGAATCGGAGTTTGTC
TATGGTGATTATAAAGTTTATGATGTTCGTAAAATGATTGCTAAGTCT
GAGCAAGAAATAGGCAAAGCAACCGCAAAATATTTCTTTTACTCTAAT
ATCATGAACTTCTTCAAAACAGAATTACACTTGCAAATGGAGAGATT
CGCAAACGCCCTCTAATCGAAACTAATGGGGAAACTGGAGAAATTGTCT
GGGATAAAGGGCGAGATTTTGCCACAGTGCGCAAAGTATTGTCCATGCC
CCAAGTCAATATTGTCAAGAAACAGAAGTACAGACAGGCGGATTCTC
CAAGGAGTCAATTTTACCAAAAAGAAATTCGGACAAGCTTATTGCTCG
TAAAAAAGACTGGGATCCAAAAAAATATGGTGGTTTTGATAGTCCAAC
GGTAGCTTATTCAGTCCTAGTGGTTGCTAAGGTGGAAAAAGGGAAATC
GAAGAAGTTAAAATCCGTTAAAGAGTTACTAGGGATCACAATTATGGA
AAGAAGTTCCTTTGAAAAAAATCCGATTGACTTTTTAGAAGCTAAAGG
ATATAAGGAAGTTAAAAAAGACTTAATCATTAAACTACCTAAATATAG
TCTTTTTGAGTTAGAAAACGGTCGTAAACGGATGCTGGCTAGTGCCGGA
GAATTACAAAAAGGAAATGAGCTGGCTCTGCCAAGCAAATATGTGAAT
TTTTTATATTTAGCTAGTCATTATGAAAAGTTGAAGGGTAGTCCAGAA
GATAACGAACAAAAACAATTGTTTGTGGAGCAGCATAAGCATTATTTA
GATGAGATTATTGAGCAAATCAGTGAATTTTCTAAGCGTGTTATTTTA
GCAGATGCCAATTTAGATAAAGTTCTTAGTGCATATAACAAACATAGA
GACAAACCAATACGTGAACAAGCAGAAAATATTATTCATTTATTTACG
TTGACGAATCTTGGAGCTCCCGCTGCTTTTAAATATTTTGATACAACAA
TTGATCGTAAACGATATACGTCTACAAAGAAGTTTTAGATGCCACTC
TTATCCATCAATCCATCACTGGTCTTTATGAAACACGCATTGATTTGAG
TCAGCTAGGAGGTGACCCTCCAAAAAAGAAGAGAAAGGTCTGA

$P_{S-SNR52}$ 启动子的序列如下。

TCTTTGAAAAGATAATGTATGATTATGCTTTCACTCATATTTATACAG
AAACTTGATGTTTTCTTTCGAGTATATACAAGGTGATTACATGTACGT
TTGAAGTACAACTCTAGATTTTGTAGTGCCCTCTTGGGCTAGCGGTAAA
GGTGCGCATTTTTTCACACCCTACAATGTTCTGTTCAAAAGATTTTGGT
CAAACGCTGTAGAAGTGAAAGTTGGTGCGCATGTTTCGGCGTTCGAAAC
TTCTCCGCAGTGAAAGATAAATGATC

crRNA 的序列如下。

GTTTTAGAGCTAGAAATAGCAAGTTAAAATAAGGCTAGTCCGTTATCA
ACTTGAAAAAGTGGCACCGAGTCGGTGGTGC

SUP4t 的序列如下。

TTTTTTTGTTTTTTATGTCT

P_{S-TEF1} 启动子的序列如下。

CAGAAAGCGACCACCCAACTTTGGCTGATAATAGCGTATAAACAATGCA
TACTTTGTACGTTCAAAATACAATGCAGTAGATATATTTATGCATATT
ACATATAATACATATCACATAGGAAGCAACAGGCGCGTTGGACTTTTA
ATTTTCGAGGACCGCGAATCCTTACATCACACCCAATCCCCCACAAGTGA
TCCCCCACACACCATAGCTTCAAAATGTTTCTACTCCTTTTTTACTCTTC
CAGATTTTCTCGGACTCCGCGCATCGCCGTACCACTTCAAAACACCCAAG
CACAGCATACTAAATTTCCCCTCTTTCTTCCTCTAGGGTGTCGTTAATTA
CCCGTACTAAAGGTTTGGAAAAGAAAAAAGAGACCGCCTCGTTTCTTTT
TCTTCGTCGAAAAAGGCAATAAAAATTTTTATCACGTTTCTTTTTCTTG
AAAATTTTTTTTTTGATTTTTTTCTCTTTCGATGACCTCCCATTGATA
TTTAAGTTAATAAACGGTCTTCAATTTCTCAAGTTTCAGTTTCATTTTT
CTTGTTCTATTACAACTTTTTTTACTTCTTGCTCATTAGAAAGAAAGCA
TAGCAATCTAATCTAAGTTTTAATTACAAA

P_{S-TPI1} 启动子的序列如下。

CCTTCGAGATTATATCTAGGAACCCATCAGGTTGGTGGAAGATTACCCG
TTCTAAGACTTTTCAGCTTCCTCTATTGATGTTACACCTGGACACCCCTT
TTCTGGCATCCAGTTTTTAATCTTCAGTGGCATGTGAGATTCTCCGAAA
TTAATTAAAGCAATCACACAATTCTCTCGGATACCACCTCGGTTGAAAC
TGACAGGTGGTTTGTTACGCATGCTAATGCAAAGGAGCCTATATACCTT
TGGCTCGGCTGCTGTAACAGGGAATATAAAGGGCAGCATAATTTAGGA
GTTTAGTGAACTTGCAACATTTACTATTTTCCTTCTTACGTAAATATT
TTTCTTTTTAATTCTAAATCAATCTTTTTCAATTTTTTGTTTGTATTCT
TTTCTTGCTTAAATCTATAACTACAAAAAACACATACATAAACTAAAA

P_{ScTEF2}启动子的序列如下。

ACTTTGTTATGTAGAGTTTTTTTAGCTACCTATATTCCACCATAACATC
AATCATGCGGTTGCTGGTGTATTTACCAATAATGTTTAATGTATATAT
ATATATATATATATGGGGCCGTATACTTACATATAGTAGATGTCAAGC
GTAGGCGCTTCCCCTGCCGGCTGTGAGGGCGCCATAACCAAGGTATCTAT
AGACCGCCAATCAGCAAACTACCTCCGTACATTCATGTTGCACCCACACA
TTTATACACCCAGACCGCGACAAATTACCCATAAGGTTGTTTGTGACGG
CGTCGTACAAGAGAACGTGGGAACTTTTTAGGCTCACCAAAAAAGAAA
GAAAAAATACGAGTTGCTGACAGAAGCCTCAAGAAAAAAAAAATTCTT
CTTCGACTATGCTGGAGGCAGAGATGATCGAGCCGGTAGTTAACTATAT
ATAGCTAAATTGGTTCCATCACCTTCTTTTCTGGTGTCGCTCCTTCTAGT
GCTATTTCTGGCTTTTCCTATTTTTTTTTTTTCCATTTTTCTTTCTCTCTT
TCTAATATATAAATTCTCTTGCATTTTCTATTTTTCTCTCTATCTATTC
TACTTGTTTATTCCCTTCAAGGTTTTTTTTTAAGGAGTACTTGTTTTT
AGAATATACGGTCAACGAACTATAATTAACTAAAC

TAL 基因序列如下。

ATGTCCACCACCTTGATTTTGACTGGTGAAGGTTTGGGTATCGATGAT
GTTGTTAGAGTTGCTAGACACCAAGATAGAGTTGAATTGACTACTGAT
CCAGCTATTTTGGCTCAAATTGAAGCTTCTTGCGCCTACATCAATCAAG
CTGTAAAAGAACATCAACCAGTTTACGGTGTTACTACTGGTTTTGGTGG
TATGGCTAACGTTATTATCTCTCCAGAAGAAGCTGCTGAATTGCAAAAC
AACGCTATCTGGTATCATAAGACTGGTGCTGGTAAGTTGTTGCCATTCA
CTGATGTTAGAGCTGCAATGTTGTTGAGAGCTAATTCACATATGAGAG
GTGCCTCTGGTATTAGATTGGAAATCATCCAAAGAATGGTCACCTTCTT
GAACGCTAATGTTACTCCACATGTTAGAGAATTCGGTTCTATTGGTGCT
TCTGGTGATTTGGTTCCATTGATTTCTATTACCGGTGCTTTGTTGGGTA
CTGATCAAGCTTTTATGGTTGACTTCAACGGTGAAACCTTGGATTGCAT
TTCTGCTTTGGAAAGATTGGGTTTGCCAAGATTGAGATTGCAACCTAAA
GAAGGTTTAGCTATGATGAACGGTACTTCTGTTATGACTGGTATTGCTG
CTAACTGTGTTCATGATGCCAGAATTTTGTTGGCTTTGGCTTTAGAAGC
TCATGCCTTGATGATTCAAGGTTTACAAGGTACTAATCAATCCTTCCAT
CCATTCATCCATAGACATAAGCCACATACTGGTCAAGTTTGGGCTGCTG
ATCATATGTTGGAATTATTGCAAGGTTCCCAATTGTCCAGAAACGAATT

GGATGGTTCTCACGATTATAGAGATGGTGACTTGATTCAAGACAGATA
CTCTTTGAGATGCTTGCCACAATTTTTGGGTCCAATTATTGATGGTATG
GCCTTCATCTCTCATCACTTGAGAGTTGAAATCAATTCCGCTAACGATA
ACCCTTTGATTGATACTGCTTCTGCTGCTTCTTATCACGGTGGTAATTT
CTTGGGTCAATATATCGGTGTTGGTATGGACCAATTGAGATATTACAT
GGGTTTGATGGCTAAGCACTTGGATGTTCAAATTGCCTTGTTGGTTTCT
CCACAATTCAACAATGGTTTGCCAGCTTCTTTGGTTGGTAACATTCAAA
GAAGGTTAATATGGGTTTAAAGGGTTTACAATTGACCGCCAACTCCA
TTATGCCAATTTTGACTTTTTTGGGTAACTCCTTGGCTGATAGATTTCC
AACTCATGCCGAACAATTCAATCAAAACATCAACTCCCAAGGTTTTGGT
TCTGCTAATTTGGCTAGACAAACCATTCAAACATTGCAACAATATATCG
CCATCACCTTGATGTTTGGTGTTCAAGCTGTTGATTTGAGAACCCATAA
GTTGGCTGGTCATTACAATGCTGCAGAATTATTGTCTCCATTGACCGCT
AAAATCTACCATGCTGTTAGATCTATCGTCAAACATCCACCATCTCCAG
AAAGACCTTACATTTGGAATGATGACGAACAAGTTTTGGAAGCCCATA
TTTCAGCTTTGGCTCATGATATTGCTAACGACGGTTCTTTAGTTTCCGC
TGTTGAACAAACTTTGTCCGGTTTGAGATCCATCATCTTGTTCAGATGA

4CL 基因序列如下。

ATGGCTCCACAAGAACAAGCTGTTTCTCAAGTTATGGAAAAGCAATCT
AACAACAACAACTCTGACGTTATCTTCAGATCTAAGTTGCCAGACATCT
ACATCCCAAACCACTTGTCTTTGCACGACTACATCTTCCAAAACATCTC
TGAATTCGCTACTAAGCCATGTTTGATCAACGGTCCAACTGGTCACGTT
TACACTTACTCTGACGTTCACGTTATCTCTAGACAAATCGCTGCTAACT
TCCACAAGTTGGGTGTTAACCAAAACGACGTTGTTATGTTGTTGTTGC
CAAACTGTCCAGAATTCGTTTTGTCTTTCTTGGCTGCTTCTTTCAGAGG
TGCTACTGCTACTGCTGCTAACCCATTCTTCACTCCAGCTGAAATCGCTA
AGCAAGCTAAGGCTTCTAACACTAAGTTGATCATCACTGAAGCTAGAT
ACGTTGACAAGATCAAGCCATTGCAAAACGACGACGGTGTTGTTATCG
TTTGTATCGACGACAACGAATCTGTTCCAATCCCAGAAGGTTGTTTGAG
ATTCACTGAATTGACTCAATCTACTACTGAAGCTTCTGAAGTTATCGAC
TCTGTTGAAATCTCTCCAGACGACGTTGTTGCTTTGCCATACTCTTCTG
GTACTACTGGTTTGCCAAAGGGTGTTATGTTGACTCACAAGGGTTTGG
TTACTTCTGTTGCTCAACAAGTTGACGGTGAAAACCCAAACTTGTACT

TCCACTCTGACGACGTTATCTTGTGTGTTTTGCCAATGTTCCACATCTA
CGCTTTGAACTCTATCATGTTGTGTGGTTTGAGAGTTGGTGCTGCTATC
TTGATCATGCCAAAGTTCGAAATCAACTTGTTGTTGGAATTGATCCAA
AGATGTAAGGTTACTGTTGCTCCAATGGTTCCACCAATCGTTTTGGCTA
TCGCTAAGTCTTCTGAAACTGAAAAGTACGACTTGTCTTCTATCAGAGT
TGTTAAGTCTGGTGCTGCTCCATTGGGTAAGGAATTGGAAGACGCTGTT
AACGCTAAGTTCCCAAACGCTAAGTTGGGTCAAGGTTACGGTATGACTG
AAGCTGGTCCAGTTTTGGCTATGTCTTTGGGTTTCGCTAAGGAACCATT
CCCAGTTAAGTCTGGTGCTTGTGGTACTGTTGTTAGAAACGCTGAAATG
AAGATCGTTGACCCAGACACTGGTGACTCTTTGTCTAGAAACCAACCAG
GTGAAATCTGTATCAGAGGTCACCAAATCATGAAGGGTTACTTGAACA
ACCCAGCTGCTACTGCTGAAACTATCGACAAGGACGGTTGGTTGCACAC
TGGTGACATCGGTTTGATCGACGACGACGACGAATTGTTCATCGTTGAC
AGATTGAAGGAATTGATCAAGTACAAGGGTTTCCAAGTTGCTCCAGCT
GAATTGGAAGCTTTGTTGATCGGTCACCCAGACATCACTGACGTTGCTG
TTGTTGCTATGAAGGAAGAAGCTGCTGGTGAAGTTCCAGTTGCTTTCG
TTGTTAAGTCTAAGGACTCTGAATTGTCTGAAGACGACGTTAAGCAAT
TCGTTTCTAAGCAAGTTGTTTTCTACAAGAGAATCAACAAGGTTTTCT
TCACTGAATCTATCCCAAAGGCTCCATCTGGTAAGATCTTGAGAAAGG
ACTTGAGAGCTAAGTTGGCTAACGGTTTGTAA

STS 基因序列如下。

ATGGCTTCTGTTGAAGAAATCAGAAACGCTCAAAGAGCTAAGGGTCCA
GCTACTATCTTGGCTATCGGTACTGCTACTCCAGACCACTGTGTTTACC
AATCTGACTACGCTGACTTCTACTTCAGAGTTACTAAGTCTGAACACAT
GACTGCTTTGAAGAAGAAGTTCAACAGAATCTGTGACAAGTCTATGAT
CAAGAAGAGATACATCCACTTGACTGAAGAAATGTTGGAAGAACACCC
AAACATCGGTGCTTACATGGCTCCATCTTTGAACATCAGACAAGAAATC
ATCACTGCTGAAGTTCCAAAGTTGGGTAAGGAAGCTGCTTTGAAGGCTT
TGAAGGAATGGGGTCAACCAAAGTCTAAGATCACTCACTTGGTTTTCTG
TACTACTTCTGGTGTTGAAATGCCAGGTGCTGACTACAAGTTGGCTAAC
TTGTTGGGTTTGGAACCATCTGTTAGAAGAGTTATGTTGTACCACCAAG
GTTGTTACGCTGGTGGTACTGTTTTGAGAACTGCTAAGGACTTGGCTGA
AAACAACGCTGGTGCTAGAGTTTTGGTTGTTTGTTCTGAAATCACTGT

TGTTACTTTCAGAGGTCCATCTGAAGACGCTTTGGACTCTTTGGTTGGT
CAAGCTTTGTTCGGTGACGGTTCTGCTGCTGTTATCGTTGGTTCTGACC
CAGACATCTCTATCGAAAGACCATTGTTCCAATTGGTTTCTGCTGCTCA
AACTTTCATCCCAAACTCTGCTGGTGCTATCGCTGGTAACTTGAGAGAA
GTTGGTTTGACTTTCCACTTGTGGCCAAACGTTCCAACTTTGATCTCTG
AAAACATCGAAAGTGTTTGACTCAAGCTTTCGACCCATTGGGTATCTC
TGACTGGAACTCTTTGTTCTGGATCGCTCACCAGGTGGTCCAGCTATC
TTGGACGCTGTTGAAGCTAAGTTGAACTTGGACAAGAAGAAGTTGGAA
GCTACTAGACACGTTTTGTCTGAATACGGTAACATGTCTTCTGCTTGTG
TTTTGTTCATCTTGGACGAAATGAGAAGAAGTCTTTGAAGGGTGAAA
GAGCTACTACTGGTGAAGGTTTGGACTGGGGTGTTTTGTTCGGTTTCG
GTCCAGGTTTGACTATCGAAACTGTTGTTTTGCACTCTATCCCAATGGT
TACTAACTAA

P_{OpMOX} 启动子序列如下。

TCGACGCGGAGAACGATCTCCTCGAGCTGCTCGCGGATCAGCTTGTGGC
CCGGTAATGGAACCAGGCCGACGGCACGCTCCTTGCGGACCACGGTGGC
TGGCGAGCCCAGTTTGTGAACGAGGTCGTTTAGAACGTCCTGCGCAAAG
TCCAGTGTCAGATGAATGTCCTCCTCGGACCAATTCAGCATGTTCTCGA
GCAGCCATCTGTCTTTGGAGTAGAAGCGTAATCTCTGCTCCTCGTTACT
GTACCGGAAGAGGTAGTTTGCCTCGCCGCCCATAATGAACAGGTTCTCT
TTCTGGTGGCCTGTGAGCAGCGGGGACGTCTGGACGGCGTCGATGAGGC
CCTTGAGGCGCTCGTAGTACTTGTTCGCGTCGCTGTAGCCGGCCGCGGTG
ACGATACCCACATAGAGGTCCTTGGCCATTAGTTTGATGAGGTGGGGCA
GGATGGGCGACTCGGCATCGAAATTTTTGCCGTCGTCGTACAGTGTGAT
GTCACCATCGAATGTAATGAGCTGCAGCTTGCGATCTCGGATGGTTTTG
GAATGGAAGAACCGCGACATCTCCAACAGCTGGGCCGTGTTGAGAATGA
GCCGGACGTCGTTGAACGAGGGGGCCACAAGCCGGCGTTTGCTGATGGC
GCGGCGCTCGTCCTCGATGTAGAAGGCCTTTTCCAGAGGCAGTCTCGTG
AAGAAGCTGCCAACGCTCGGAACCAGCTGCACGAGCCGAGACAATTCGG
GGGTGCCGGCTTTGGTCATTTCAATGTTGTCGTCGATGAGGAGTTCGAG
GTCGTGGAAGATTTCCGCGTAGCGGCGTTTTGCCTCAGAGTTTACCATG
AGGTCGTCCACTGCAGAGATGCCGTTGCTCTTCACCGCGTACAGGACGA
ACGGCGTGGCCAGCAGGCCCTTGATCCATTCTATGAGGCCATCTCGACG

GTGTTCCTTGAGTGCGTACTCCACTCTGTAGCGACTGGACATCTCGAGA
CTGGGCTTGCTGTGCTGGATGCACCAATTAATTGTTGCCGCATGCATCC
TTGCACCGCAAGTTTTTAAAACCCACTCGCTTTAGCCGTCGCGTAAAAC
TTGTGAATCTGGCAACTGAGGGGGGTTCTGCAGCCGCAACCGAACTTTTC
GCTTCGAGGACGCAGCTGGATGGTGTCATGTGAGGCTCTGTTTGCTGGC
GTAGCCTACAACGTGACCTTGCCTAACCGGACGGCGGTACCCACTGCTGT
CTGTGCCTGCTACCAGCAAATCACCAGAGCAGCAGAGGGCCGATGTGGC
AACTGGTGGGGTGTCGGACAGGCTGTTTCTCCACAGTGCAAATGCGGGT
GAACCGGCCAGCAAGTAAATTCTTATGCTACCGTGCAGTGACTCCGACA
TCCCCAGTTTTTGCCCTACTTGATCACAGATGGGGTCAGCGCTGCCGCTA
AGTGTACCCAACCGTCCCCACACGGTCCATCTATAAATACTGCTGCCAGT
GCACGGTGGTGACATCAATCTAAAGTACAACACAC

P_{S-GAL1} 启动子序列如下。
ACGGATTAGAAGCCGCCGAGCGGGTGACAGCCCTCCGAAGGAAGACTCT
CCTCCGTGCGTCCTCGTCTTCACCGGTCGCGTTCCTGAAACGCAGATGTG
CCTCGCGCCGCACTGCTCCGAACAATAAAGATTCTACAATACTAGCTTT
TATGGTTATGAAGAGGAAAAATTGGCAGTAACCTGGCCCCACAAACCT
TCAAATGAACGAATCAAATTAACAACCATAGGATGATAATGCGATTAG
TTTTTTAGCCTTATTTCTGGGGTAATTAATCAGCGAAGCGATGATTTT
TGATCTATTAACAGATATATAAATGCAAAAACTGCATAACCACTTTAA
CTAATACTTTCAACATTTTCGGTTTGTATTACTTCTTATTCAAATGTA
ATAAAAGTATCAACAAAAAATTGTTAATATACCTCTATACTTTAACGT
CAAGGAGAAAAAACC

HSA 基因序列如下。
ATGAAGTGGGTTACTTTCATCTCTTTGTTGTTCTTGTTCTCTTCTGCTT
ACTCTAGAGGTGTTTTCAGAAGAGACGCTCACAAGTCTGAAGTTGCTC
ACAGATTCAAGGACTTGGGTGAAGAAAACTTCAAGGCTTTGGTTTTGA
TCGCTTTCGCTCAATACTTGCAACAATGTCCATTCGAAGACCACGTTAA
GTTGGTTAACGAAGTTACTGAATTCGCTAAGACTTGTGTTGCTGACGA
ATCTGCTGAAAACTGTGACAAGTCTTTGCACACTTTGTTCGGTGACAAG
TTGTGTACTGTTGCTACTTTGAGAGAAACTTACGGTGAAATGGCTGACT
GTTGTGCTAAGCAAGAACCAGAAAGAAACGAATGTTTCTTGCAACACA

AGGACGACAACCCAAACTTGCCAAGATTGGTTAGACCAGAAGTTGACGT
TATGTGTACTGCTTTCCACGACAACGAAGAAACTTTCTTGAAGAAGTAC
TTGTACGAAATCGCTAGAAGACACCCATACTTCTACGCTCCAGAATTGT
TGTTCTTCGCTAAGAGATACAAGGCTGCTTTCACTGAATGTTGTCAAGC
TGCTGACAAGGCTGCTTGTTTGTTGCCAAAGTTGGACGAATTGAGAGAC
GAAGGTAAGGCTTCTTCTGCTAAGCAAAGATTGAAGTGTGCTTCTTTGC
AAAAGTTCGGTGAAAGAGCTTTCAAGGCTTGGGCTGTTGCTAGATTGTC
TCAAAGATTCCCAAAGGCTGAATTCGCTGAAGTTTCTAAGTTGGTTACT
GACTTGACTAAGGTTCACACTGAATGTTGTCACGGTGACTTGTTGGAAT
GTGCTGACGACAGAGCTGACTTGGCTAAGTACATCTGTGAAAACCAAGA
CTCTATCTCTTCTAAGTTGAAGGAATGTTGTGAAAAGCCATTGTTGGAA
AAGTCTCACTGTATCGCTGAAGTTGAAAACGACGAAATGCCAGCTGACT
TGCCATCTTTGGCTGCTGACTTCGTTGAATCTAAGGACGTTTGTAAGAA
CTACGCTGAAGCTAAGGACGTTTTCTTGGGTATGTTCTTGTACGAATAC
GCTAGAAGACACCCAGACTACTCTGTTGTTTTGTTGTTGAGATTGGCTA
AGACTTACGAAACTACTTTGGAAAAGTGTTGTGCTGCTGCTGACCCACA
CGAATGTTACGCTAAGGTTTTCGACGAATTCAAGCCATTGGTTGAAGAA
CCACAAAACTTGATCAAGCAAAACTGTGAATTGTTCGAACAATTGGGTG
AATACAAGTTCCAAAACGCTTTGTTGGTTAGATACACTAAGAAGGTTCC
ACAAGTTTCTACTCCAACTTTGGTTGAAGTTTCTAGAAACTTGGGTAAG
GTTGGTTCTAAGTGTTGTAAGCACCCAGAAGCTAAGAGAATGCCATGTG
CTGAAGACTACTTGTCTGTTGTTTTGAACCAATTGTGTGTTTTGCACGA
AAAGACTCCAGTTTCTGACAGAGTTACTAAGTGTTGTACTGAATCTTTG
GTTAACAGAAGACCATGTTTCTCTGCTTTGGAAGTTGACGAAACTTACG
TTCCAAAGGAATTCAACGCTGAAACTTTCACTTTCCACGCTGACATCTG
TACTTTGTCTGAAAAGGAAAGACAAATCAAGAAGCAAACTGCTTTGGT
TGAATTGGTTAAGCACAAGCCAAAGGCTACTAAGGAACAATTGAAGGC
TGTTATGGACGACTTCGCTGCTTTCGTTGAAAAGTGTTGTAAGGCTGAC
GACAAGGAAACTTGTTTCGCTGAAGAAGGTAAGAAGTTGGTTGCTGCT
TCTCAAGCTGCTTTGGGTTTGTAA

　　野生型 *cadA* 基因序列如下。

ATGAACGTTATTGCAATATTGAATCACATGGGGGTTTATTTTAAAGAA
GAACCCATCCGTAACTTCATCGCGCGCTTGAACGTCTGAACTTCCAGAT

TGTTTACCCGAACGACCGTGACGACTTATTAAAACTGATCGAAAACAAT
GCGCGTCTGTGCGGCGTTATTTTTGACTGGGATAAATATAATCTCGAGC
TGTGCGAAGAAATTAGCAAAATGAACGAGAACCTGCCGTTGTACGCGT
TCGCTAATACGTATTCCACTCTCGATGTAAGCCTGAATGACCTGCGTTT
ACAGATTAGCTTCTTTGAATATGCGCTGGGTGCTGCTGAAGATATTGCT
AATAAGATCAAGCAGACCACTGACGAATATATCAACACTATTCTGCCTC
CGCTGACTAAAGCACTGTTTAAATATGTTCGTGAAGGTAAATATACTT
TCTGTACTCCTGGTCACATGGGCGGTACTGCATTCCAGAAAAGCCCGGT
AGGTAGCCTGTTCTATGATTTCTTTGGTCCGAATACCATGAAATCTGAT
ATTTCCATTTCAGTATCTGAACTGGGTTCTCTGCTGGATCACAGTGGTC
CACACAAAGAAGCAGAACAGTATATCGCTCGCGTCTTTAACGCAGACCG
CAGCTACATGGTGACCAACGGTACTTCCACTGCGAACAAAATTGTTGGT
ATGTACTCTGCTCCAGCAGGCAGCACCATTCTGATTGACCGTAACTGCC
ACAAATCGCTGACCCACCTGATGATGATGAGCGATGTTACGCCAATCTA
TTTCCGCCCGACCCGTAACGCTTACGGTATTCTTGGTGGTATCCCACAG
AGTGAATTCCAGCACGCTACCATTGCTAAGCGCGTGAAAGAAACACCAA
ACGCAACCTGGCCGGTACATGCTGTAATTACCAACTCTACCTATGATGG
TCTGCTGTACAACACCGACTTCATCAAGAAAACACTGGATGTGAAATCC
ATCCACTTTGACTCCGCGTGGGTGCCTTACACCAACTTCTCACCGATTTA
CGAAGGTAAATGCGGTATGAGCGGTGGCCGTGTAGAAGGGAAAGTGAT
TTACGAAACCCAGTCCACTCACAAACTGCTGGCGGCGTTCTCTCAGGCTT
CCATGATCCACGTTAAAGGTGACGTAAACGAAGAAACCTTTAACGAAGC
CTACATGATGCACACCACCACTTCTCCGCACTACGGTATCGTGGCGTCCA
CTGAAACCGCTGCGGCGATGATGAAAGGCAATGCAGGTAAGCGTCTGAT
CAACGGTTCTATTGAACGTGCGATCAAATTCCGTAAAGAGATCAAACGT
CTGAGAACGGAATCTGATGGCTGGTTCTTTGATGTATGGCAGCCGGATC
ATATCGATACGACTGAATGCTGGCCGCTGCGTTCTGACAGCACCTGGCAC
GGCTTCAAAAACATCGATAACGAGCACATGTATCTTGACCCGATCAAAG
TCACCCTGCTGACTCCGGGGATGGAAAAAGACGGCACCATGAGCGACTT
TGGTATTCCGGCCAGCATCGTGGCGAAATACCTCGACGAACATGGCATC
GTTGTTGAGAAAACCGGTCCGTATAACCTGCTGTTCCTGTTCAGCATCG
GTATCGATAAGACCAAAGCACTGAGCCTGCTGCGTGCTCTGACTGACTT
TAAACGTGCGTTCGACCTGAACCTGCGTGTGAAAAACATGCTGCCGTCT
CTGTATCGTGAAGATCCTGAATTCTATGAAAACATGCGTATTCAGGAA

CTGGCTCAGAATATCCACAAACTGATTGTTCACCACAATCTGCCGGATC
TGATGTATCGCGCATTTGAAGTGCTGCCGACGATGGTAATGACTCCGTA
TGCTGCATTCCAGAAAGAGCTGCACGGTATGACCGAAGAAGTTTACCTC
GACGAAATGGTAGGTCGTATTAACGCCAATATGATCCTTCCGTACCCGC
CGGGAGTTCCTCTGGTAATGCCGGGTGAAATGATCACCGAAGAAAGCCG
TCCGGTTCTGGAGTTCCTGCAGATGCTGTGTGAAATCGGCGCTCACTAT
CCGGGCTTTGAAACCGATATTCACGGTGCATACCGTCAGGCTGATGGCC
GCTATACCGTTAAGGTATTGAAGAAGAAAGCAAAAAATAA//

密码子优化后的 *cadA* 基因序列如下。

ATGAATGTTATTGCTATCTTGAACCATATGGGTGTTTACTTCAAGGAA
GAACCAATCAGAGAATTGCATAGAGCATTGGAAAGATTGAACTTCCAA
ATCGTTTACCCAAACGATAGAGATGATTTGTTGAAGTTGATCGAAAAC
AACGCTAGATTGTGTGGTGTTATTTTCGATTGGGATAAGTACAATTTG
GAATTATGTGAAGAAATTTCAAAAATGAATGAAAATTTGCCATTGTAC
GCATTCGCTAACACATACTCAACTTTGGATGTTTCTTTGAACGATTTGA
GATTGCAAATCTCTTTCTTTGAATATGCTTTAGGTGCTGCAGAAGATA
TCGCAAATAAGATTAAACAAACTACAGATGAATACATCAACACAATCT
TGCCACCATTGACTAAGGCTTTGTTTAAATACGTTAGAGAGGGTAAAT
ACACATTTTGTACTCCAGGTCATATGGGTGGTACAGCATTTCAAAAAT
CACCAGTTGGTTCTTTGTTTTATGATTTCTTTGGTCCAAACACTATGAA
GTCTGATATCTCTATCTCAGTTTCTGAATTGGGTTCATTGTTAGATCAT
TCTGGTCCACATAAAGAAGCAGAACAATACATCGCTAGAGTTTTTAAT
GCAGATAGATCATACATGGTTACTAATGGTACATCTACTGCTAATAAG
ATTGTTGGCATGTACTCAGCACCAGCTGGTTCTACAATCTTGATCGATA
GAAACTGTCATAAGTCATTGACTCATTTGATGATGATGTCTGATGTTA
CACCAATCTATTTCAGACCAACTAGAAACGCTTACGGTATTTTGGGTGG
TATTCCACAATCAGAATTTCAACATGCAACTATCGCTAAGAGAGTTAAG
GAAACACCAAATGCTACTTGGCCAGTTCATGCAGTTATTACAAACTCTA
CTTACGATGGTTTGTTATACAATACAGATTTCATTAAGAAAACTTTGG
ATGTTAAGTCAATTCATTTTGATTCTGCTTGGGTTCCATACACAAACTT
CTCACCAATCTATGAGGGTAAATGTGGCATGTCTGGTGGTAGAGTTGAG
GGTAAAGTTATATATGAAACACAATCTACTCATAAGTTGTTGGCTGCA
TTTTCACAAGCTTCTATGATCCATGTTAAGGGTGACGTTAACGAAGAA

ACTTTTAATGAAGCTTACATGATGCATACTACAACTTCACCACATTACG
GTATTGTTGCATCTACAGAAACTGCTGCAGCTATGATGAAGGGTAACG
CTGGTAAAAGATTGATTAATGGTTCAATCGAAAGAGCTATTAAGTTTA
GAAAGGAAATTAAAAGATTGAGAACAGAATCTGATGGTTGGTTTTTCG
ATGTTTGGCAACCAGATCATATTGATACAACTGAATGTTGGCCATTAA
GATCAGATTCTACTTGGCATGGTTTTAAAAACATCGATAACGAACATA
TGTATTTGGATCCAATTAAAGTTACATTGTTGACTCCTGGTATGGAAA
AAGATGGTACAATGTCAGATTTTGGTATCCCAGCATCTATCGTTGCTAA
GTATTTGGATGAACATGGTATCGTTGTTGAAAAGACTGGTCCATACAA
TTTGTTATTTTTGTTTTCAATCGGTATCGATAAAACAAAAGCTTTGTC
TTTGTTGAGAGCATTGACTGATTTTAAAAGAGCTTTCGATTTGAATTT
GAGAGTTAAAAATATGTTGCCATCTTTGTACAGAGAAGATCCAGAATT
CTACGAAAACATGAGAATCCAAGAATTAGCTCAAAACATCCATAAGTT
GATCGTTCATCATAATTTGCCAGATTTGATGTACAGAGCATTCGAAGT
TTTACCAACAATGGTTATGACTCCATACGCAGCTTTCCAAAAGGAATTG
CATGGTATGACAGAAGAAGTTTATTTGGATGAAATGGTTGGTAGAATT
AATGCTAACATGATCTTGCCATACCCACCAGGTGTTCCATTGGTTATGC
CAGGTGAAATGATTACTGAAGAATCAAGACCAGTTTTGGAATTCTTGC
AAATGTTGTGTGAAATCGGTGCACATTATCCAGGTTTTGAAACAGATA
TTCATGGTGCATATAGACAAGCTGATGGTAGATACACTGTTAAAGTTT
TGAAAGAAGAATCTAAGAAATAA

gfpmut3a 基因序列如下。

ATGAGTAAAGGAGAAGAACTTTTCACTGGAGTTGTCCCAATTCTTGTT
GAATTAGATGGTGATGTTAATGGGCACAAATTTTCTGTCAGTGGAGAG
GGTGAAGGTGATGCAACATACGGAAAACTTACCCTTAAATTTATTTGC
ACTACTGGAAAACTACCTGTTCCATGGCCAACACTTGTCACTACTTTCG
GGTATGGTGTTCAATGCTTTGCGAGATACCCAGATCATATGAAACAGC
ATGACTTTTTCAAGAGTGCCATGCCCGAAGGTTATGTACAGGAAAGAA
CTATATTTTTCAAAGATGACGGGAACTACAAGACACGTGCTGAAGTCA
AGTTTGAAGGTGATACCCTTGTTAATAGAATCGAGTTAAAAGGTATTG
ATTTTAAAGAAGATGGAAACATTCTTGGACACAAATTGGAATACAACT
ATAACTCACACAATGTATACATCATGGCAGACAAACAAAGAATGGAA
TCAAAGTTAACTTCAAAATTAGACACAACATTGAAGATGGAAGCGTTC

AACTAGCAGACCATTATCAACAAAATACTCCAATTGGCGATGGCCCTGT
CCTTTTACCAGACAACCATTACCTGTCCACACAATCTGCCCTTTCGAAAG
ATCCCAACGAAAGAGAGACCACATGGTCCTTCTTGAGTTTGTAACAGC
TGCTGGGATTACACATGGCATGGATGAACTATACAAA

自主复制序列 *Op*ARS 序列如下。
TAGTGCTGATTATGATTTGACGTTTATATACATGTTATGTTAATATGG
TAAATTTTAGATATTTGGTAGGAGTGTCGGTCCTTGAAATATATGTAA
TATACCCATTATACCAAGGAAAGATTGATTTAACTATATTGGATTAGC
AGATATCTAATTTGTTTTTTTGTTCTTAACCTCTGGTGAGTTATTATG
ATGTTTTTATATTTTATCTTTTTTAATTAAAAGTCATTATTTAGAACA
AAATATTAAAATAATTATTAAAGTGTATTAGTATTCTTAATGAACGTC
GGGAAGAACAAAATTTTAAACATTTTGAAGTTAAACATCACTTTTAGT
CCTAAAAGTTTAAAAAACTGATATTGATGGAAAGAACTAAAGAAGTGC
AAAGAGCTCACCAAAAAACGTACTGCGTATCTGTTCTTTCTCATTCTG
ATATTATCCAAAGATGTTGA

*Op*ADE2 基因序列如下。
ATGGACTCAAAGGTCGTTGGAATTTTGGGCGGCGGCCAGCTCGGCCGCA
TGATGGTCGAGGCAGCCAGCCGGCTGAATATCAAGACAGTGATTCTTGA
GAACGGTGCAGATTCACCGGCCAAGCAGATCAATTCCAGTACAGAACAC
ATCGACGGCTCCTTCAACGATGAGGCGGCCATCCGCAAGCTCGCGGAAA
AATGCAACGTGCTGACCGTCGAGATTGAGCACGTTGATGTTGAGGCCTT
GAAGAAAGTGCAGGAGCAGACTTCCGTCAAGATTTATCCATCTCCTGAG
ACCATTGCTCTTATCAAGGACAAATACTTGCAAAAAGAGCATCTGATCA
GAAACCAGATCGCGGTTGCCGAGTCCACTGCTGTTGAAAGCACTTCAGG
AGCCTTGCAATCTGTGGGACAGAAGTATGGATACCCGTACATGCTCAAG
TCCAGAACGATGGCTTATGACGGTAGGGGTAACTTTGTTGTTGAGGACG
ATTCCAAGATCCCAGAGGCTTTGGAGGCCTTGAAGGACAGACCGTTATA
TGCTGAAAAATGGGCTCCTTTCACCAAGGAGCTAGCAGTGATGGTGGTT
CGGGGTCTTGGCGGAGACGTCCATGCCTACCCAACCGTAGAGACTATTCA
CAAAAACAATATCTGCCACACAGTGTTTGCACCTGCGCGTGTCAATGAC
ACCATACAGAAGCGCGCGCAACTCCTGGCAGAGAAGGCTGTGTCTGCAT
TTTCGGGAGCAGGAATTTTTGGTGTCGAAATGTTCCTGCTTCCAAATGA

CGAGTTGTTGATCAACGAAATTGCCCCTAGACCGCACAACTCTGGACAT
TACACTATCGACGCGTGCGTGACGAGCCAGTTTGAGGCCCACATCCGTG
CCGTTTGCAGTCTGCCGCTACCAAAGAACTTTACTTCTCTATCCACACCA
TCTACCCATGCTATCATGCTAAACGTGTTGGGTAGCTCTAACCCAGAAG
AATGGTTGCAAAAGTGCAAGAGAGCGCTTGAAACCCCACACGCGTCGGT
TTACCTGTACGGAAAATCCAACAGACCGGGCCGGAAACTGGGTCACATC
AACATTGTCTCCCAGTCCATGGACGACTGCATCCGTCGTCTAGAGTACA
TAGACGGCCAATCCGACACACTGAAAGAGCCTAAAGACAACATACATGT
TGCAGGAACTAGCAGCAAACCGCTCGTCGGCGTGATAATGGGCTCAGAC
TCGGATCTGCCTGTGATGTCCGTTGGTTGCAATATTTTAAAGGCTTTTG
GTGTTCCTTTCGAGGTTACCATTGTGTCTGCCCACAGAACGCCTCAGAG
AATGGTCAAGTACGCTGCCGAAGCCCCAGAGAGGGGAATACGGTGCATC
ATCGCTGGTGCTGGGGGAGCTGCCCATCTACCAGGAATGGTTGCTGCCA
TGACTCCATTGCCGGTCATTGGTGTTCCCGTCAAGGGATCGACTCTCGAC
GGAGTCGACTCGCTGTATTCGATAGTTCAGATGCCAAGAGGAGTGCCTG
TGGCCACTGTTGCCATCAACAATGCCACCAACGCTGCGCTTCTGGCCGTG
CGTATTCTTGGCTCGTCCGACCCCGTGTATTTCAGCAAGATGGCTAAAT
ACATGAGCGAGATGGAGAATGAGGTTCTTGAAAAAGCTGAACGACTGG
GCTCTGTTGGCTATGAGGAATACCTTAACAAATAG

OpMET2 基因序列如下。

ATGGGGTACAAGATCGTCAAAGAACAGCCCGAAAACCCATTTTCGAAG
CTCGTGAGTGGCCAGACAATTGTAGAGATCCCAGAGTTCGAGCTCGAA
TCGGGTGACGTGCTGTACAAAGTGCCGGTGGCGTACAAGACATGGGGA
AAGCTCAACGACAAAGGAGACAACTGCATGCTTATAGCACACGCCCTG
ACCGGCTCTGCGGATGTAAAGGACTGGTGGGGACCATTGATAGGACGC
GACCGTGCGTTCGACCCTACCAAGTATTTCATCATCTGCCTGAACTCGC
TAGGGTCTCCGTATGGATCTGCCTCGCCTGTGACTATGGATCCCGAGTA
TAACCAGCTGTACGGCCCGGAATTTCCGATCTGCACGGTGCGTGATGAT
GTGCGTATTCATAAGCTGGTTCTGGACTCTCTGGGAGTGAAACAGATA
GCGATGTGTGTGGGTGGATCCATGGGAGGCATGCTCGCTCTGGAATGGT
GTTTTGTTGACGAAGGACGGTTTGTGAAAAACCTTGTTGCGCTGGCAA
CCAGTGCGAGACACTCGGCATGGTGCATCTCGTGGGGAGAGGCCCAGAG
ACAGTGCATATATTCCGACCCCAAATACGACGACGGCTACTATAGTCTG

GAAGACCCTCCTGTGAATGGGCTTGGAGCTGCGCGGATGGCAGCTTTAC
TCACATACAGGTCGCGAAATTCGTTTGAGAGCAGATTTGGTCGTGGAC
AGCCAACAGAACAGCAGAAGAATAAGAGCCAACAGAGCACTCCGGGCCC
CGACGAGGCTAATGCGATCGAGGACTCTCCTTCGGCAAAGGAAGAGCAT
TGGCAAATCCACAACCACGGTGCCTCTGTGCACAGGAGATCGTTTGAGT
CGAGACACGCTAGTCGCTCAAACTCAATGGACTCATCAGTTTCCTCGGC
AGACACAGAAAGCCTAAGCTCTGCCACATCGGCTAGAACCAGACCAAAA
CGCAGACCGCAACACTACTTCTCAGCACAGAGCTATCTCAGGTACCAAG
CACAAAAGTTCCACCATCGATTTGACGCCAACTGCTACATATCCATCAC
GAGGAAGCTCGACACGCACGACGTCGGCCGCGACCGCCCAGAATTCGAC
AATGACGCCGCAAAAGCACTGCAGAGCCTGAAGCAGCCGTCCCTGATTA
TTGGAATCGACTCGGACGCGCTGTTCACGCTCAGTGAGCAGATCTTCAT
TGCCAAAAACATGCCAAACTCAACGCTCAAGAAAATCAACTCTCCAGAA
GGACATGATGCGTTCCTGCTAGAATTCAAGGAAATCAATGACTTGATA
TTAAATTTCGAAAAAGCCCATATCAAGGAGATTATGGACCACGAGGGC
AATAATCCAGATTGGCAGGACGACGACACAGAACACAAGGAAAGCGTT
TTCGGTGAGGCTGAGGACGTTGCAAATTGGTGA

zeocin 基因序列如下。

ATGGCCAAGTTGACCAGTGCCGTTCCGGTGCTCACCGCGCGCGACGTCGC
CGGAGCGGTCGAGTTCTGGACCGACCGGCTCGGGTTCTCCCGGGACTTCG
TGGAGGACGACTTCGCCGGTGTGGTCCGGGACGACGTGACCCTGTTCAT
CAGCGCGGTCCAGGACCAGGTGGTGCCGGACAACACCCTGGCCTGGGTGT
GGGTGCGCGGCCTGGACGAGCTGTACGCCGAGTGGTCGGAGGTCGTGTC
CACGAACTTCCGGGACGCCTCCGGGCCGGCCATGACCGAGATCGGCGAGC
AGCCGTGGGGGCGGGAGTTCGCCCTGCGCGACCCGGCCGGCAACTGCGTG
CACTTCGTGGCCGAGGAGCAGGACTGA

G418 基因序列如下。

ATGAGCCATATTCAACGGGAAACGTCTTGCTCGAGGCCGCGATTAAATT
CCAACATGGATGCTGATTTATATGGGTATAAATGGGCTCGCGATAATGT
CGGGCAATCAGGTGCGACAATCTATCGATTGTATGGGAAGCCCGATGC
GCCAGAGTTGTTTCTGAAACATGGCAAAGGTAGCGTTGCCAATGATGT
TACAGATGAGATGGTCAGACTAAACTGGCTGACGGAATTTATGCCTCT

TCCGACCATCAAGCATTTTATCCGTACTCCTGATGATGCATGGTTACTC
ACCACTGCGATCCCCGGGAAAACAGCATTCCAGGTATTAGAAGAATATC
CTGATTCAGGTGAAAATATTGTTGATGCGCTGGCAGTGTTCCTGCGCCG
GTTGCATTCGATTCCTGTTTGTAATTGTCCTTTTAACAGCGATCGCGTA
TTTCGTCTCGCTCAGGCGCAATCACGAATGAATAACGGTTTGGTTGATG
CGAGTGATTTTGATGACGAGCGTAATGGCTGGCCTGTTGAACAAGTCTG
GAAAGAAATGCATAAGCTTTTGCCATTCTCACCGGATTCAGTCGTCACT
CATGGTGATTTCTCACTTGATAACCTTATTTTTGACGAGGGGAAATTAA
TAGGTTGTATTGATGTTGGACGAGTCGGAATCGCAGACCGATACCAGG
ATCTTGCCATCCTATGGAACTGCCTCGGTGAGTTTTCTCCTTCATTACAG
AAACGGCTTTTTCAAAAATATGGTATTGATAATCCTGATATGAATAAA
TTGCAGTTTCATTTGATGCTCGATGAGTTTTTCTAA

附录 3　CRISRP-Cas9 系统介导的基因组
编辑技术在汉逊酵母中的编辑效率

附表 7　　　　　　　　　　　　**CRISRP-Cas9 系统介导的基因组**
编辑技术在汉逊酵母中的编辑效率

基因位点	修饰类型	同源臂长度/bp	正确/分析菌落			编辑效率/%
OpLEU2	敲除	～1000/1000	4/8	5/8	4/8	58.33±7.22
	整合	～1000/1000	5/8	5/8	5/8	62.50
OpURA3	敲除	～1000/1000	6/8	6/8	5/8	65.28±2.41
	点突变	～1000/1000	14/52	18/52	17/52	31.40±4.02
	整合	～1000/1000	6/8	5/8	5/8	66.70±7.22
OpHIS3	整合	～1000/1000	5/8	5/8	6/8	66.70±7.22
OpLEU2& *OpURA3*& *OpHIS3*	多拷贝整合	～1000/1000	7/24	7/24	8/24	30.56±2.40
OprDNA	多拷贝整合	～1000/1000	18/24	21/24	15/24	75.00±12.5

续表

基因位点	修饰类型	同源臂长度/bp	正确/分析菌落			编辑效率/%
ScrDNA	多拷贝整合	~1000/1000	12/24	9/24	12/24	45.83±7.22
OpADE2	敲除	~1000/1000	32/52	36/52	29/52	62.18±6.17
	敲除	~750/750	27/52	28/52	24/52	50.64±4.00
	敲除	~500/500	17/52	23/52	18/52	37.18±6.18
	敲除	~250/250	4/52	6/52	7/52	10.90±2.94
	敲除	~100/100	1/52	2/52	4/52	4.49±2.94
	敲除	~50/50	0/52	0/52	0/52	0
OpLEU2& *OpURA3*& *OpHIS3*	多位点敲除	~1000/1000	4/24	6/24	7/24	23.61±6.36